油田化学理论与应用研究

余兰兰　著

·北京·

内 容 提 要

本书以油田化学的发展为主线，对油田发展的理论基础和化学应用技术相结合进行全面详细的阐述，其中包括油田管道除垢技术、油田含油污泥的化学处理方法和技术研究、油田处理技术中化学助剂的开发和应用、高分子、表面活性剂、石油地质及开发等知识，在此基础上，还介绍了高分子材料、表面活性剂和无机材料在石油工程各环节中应用研究的最新进展。

本书可作为石油院校石油工程专业、应用化学专业、精细化工专业的教学用书，也可作为从事相关专业的研究人员和工程人员的参考书。

图书在版编目（CIP）数据

油田化学理论与应用研究 / 余兰兰著. -- 北京 : 中国水利水电出版社, 2019.12
ISBN 978-7-5170-8309-2

Ⅰ. ①油… Ⅱ. ①余… Ⅲ. ①油田化学－研究 Ⅳ. ①TE39

中国版本图书馆CIP数据核字(2019)第279993号

责任编辑：陈 洁　　加工编辑：鲁春如　　封面设计：邓利辉

书　　名	油田化学理论与应用研究 YOUTIAN HUAXUE LILUN YU YINGYONG YANJIU
作　　者	余兰兰　著
出版发行	中国水利水电出版社 （北京市海淀区玉渊潭南路 1 号 D 座　100038） 网址：www. waterpub. com. cn E-mail：mchannel@ 263. net（万水） sales@ waterpub. com. cn 电话：（010）68367658（营销中心）、82562819（万水）
经　　售	全国各地新华书店和相关出版物销售网点
排　　版	北京万水电子信息有限公司
印　　刷	三河市元兴印务有限公司
规　　格	170mm×240mm　16 开本　13.5 印张　246 千字
版　　次	2020 年 1　月第 1 版　2020 年 1　月第 1 次印刷
印　　数	0001—3000 册
定　　价	63.00 元

前　言

石油作为一种不可再生能源,其地下蕴藏量十分有限。在目前的水驱采油技术条件下,原油采收率仅为地质储量的35%～50%。也就是说，水驱采油结束后尚有大部分原油留在地下。如何最大限度地开采地下剩余原油以及提高石油采收率已成为石油工业的一项重要任务。油田化学是一门与提高采收率技术紧密相关的学科，尤其在聚合物驱、碱水驱以及复合驱等采油技术领域更是如此。

油田化学在油田开发中起着越来越重要的作用。油田化学剂在油田开发各个环节（如注水、压裂、酸化、调剖堵水和提高采收率等）中应用十分广泛，具有增加黏度、稳定黏土、降低摩阻、防止腐蚀、杀灭细菌、降低界面张力、防止滤失、堵塞高渗透层和提高驱油效率等作用。在注水中应用的化学剂有黏土稳定剂、杀菌剂、防垢剂和缓蚀剂等，在压裂中应用的有增稠剂、交联剂、破胶剂、降阻剂、防滤失剂、助排剂和杀菌剂等，在酸化中应用的有各种类型酸、缓蚀剂、稠化剂和铁离子稳定剂等，在提高采收率中应用的有各类聚合物、表面活性剂、发泡剂和牺牲剂等。

本书共分5章，第一、二章主要介绍了油田化学的研究内容、发展和油田化学的重要性以及含油污泥的化学处理；第三章着重介绍油田化学助剂的应用分析基础知识和应用；第四章主要介绍了油田管道的腐蚀与防护技术；第五章主要讲解油田化学应用技术研究的新进展。

本书在内容撰写过程中，将基础知识和应用技术紧密联系在一起，方便广大读者更好地理解和研究，既适合石油工程与勘探方面的科研人员和技术人员使用，也适合高校石油开采专业高年级学生参考学习。本书还有助于读者发展基础理论和应用的创新思维，来面对油田化学和开采技术未来的挑战。

本书参考并引用了大量的国内外相关文献，在此对相关作者深表感谢。由于时间仓促和水平有限，书中谬误之处难以避免，恳请同行专家和读者不吝赐教，批评指正。

东北石油大学余兰兰

2019 年 10 月

目　录

第一章 概述

随着石油资源的短缺，石油勘探已向深层、超深层发展，勘探开发技术得到了很大的提高。尤其是近年来如何提高石油采收率是大家共同关心的问题，为此对注水开发、酸化、压裂等储层改造、提高原油采收率、减少产出水等增产措施提出了更高要求。而要满足这些技术，均有大量的油田化学问题需要解决，油田化学剂在石油工业中的重要性日益增加。

我国新发现油田储量有限，老油田挖潜任务艰巨，特别是针对我国油田特点，加强油田勘探开发，提高油田采收率，加强环境保护，需要更多的新型、高效、降低污染的油田化学品。

第一节 油田化学的研究内容

使用化学的手段研究和解决各应用领域化学问题的科学统称为应用化学。在油气开发、使用等应用领域，使用化学的手段研究和解决该领域化学问题的科学称为油气应用化学，其包括三个子学科：研究油气勘探开发相应各环节，钻井、采出和集输过程中化学问题的油田化学；研究以石油为原料进行炼制深加工过程中化学问题的石油化学；研究以天然气为原料进行深加工过程中化学问题的天然气化学。20世纪60年代，在国际石油界首先出现了“油田化学”（Oil Field Chemistry）这一名词。目前已广泛应用到石油地质、钻井工程、油藏工程、采油工程、油气集输工程以及微生物工程等各个领域，是油气应用化学领域的一支新兴边缘学科。

油田化学是使用化学的手段与方法，研究、解决油气勘探、开发、储运等过程中，所形成的化学工程应用技术与化学产品技术的总称。油田化学技术是石油工程技术中的关键技术之一。油田化学品包括钻井液化学品、固井化学品、井下采油化学品、提高采收率化学品、集输化学品、水处理化学品、防腐化学品等化学助剂，它作为保障石油开发目标实现和石油生产安全的重要战略物资，不仅具有高新技术特点，而且具有不可替代的作用。

油田化学包括钻井化学（研究钻井液、固井液与完井液中的化学问题）、采油化学（研究提高原油采收率中的化学问题）、集输化学三部分。

本节主要介绍的是钻井液化学、完井液化学、采油化学和集输化学。

一、钻井液化学

钻井液（Drilling Fluids）是油气钻井工程中使用的一类工作流体的总称，具有满足钻井工程所需的多种功能，是一种分散相粒子（配浆土、加重剂、油）多级分散在分散介质（水、油、气）中形成的溶胶—悬浮体。根据分散介质的不同，钻井液可分为水基钻井液、油基钻井液和气基钻井液三大类型。其中水基钻井液应用最为广泛，成本相对较低，占钻井液使用量95%以上。水基钻井液是黏土高度分散在水中，并与处理剂吸附而形成的溶胶—悬浮体。在现场工作中，钻井液通常简称为泥浆。

钻井液是油气钻井系统工程中极为重要的组成部分，承担着清洁井眼、稳定井壁、保护油气层、传递水动力等诸多功能，是预防和解决钻井工程中各类井下复杂事故的技术措施、手段和方法的载体。钻井液技术的合理应用对钻井工程有着直接或间接的影响，是安全、优质、快速、高效钻井的重要保障。“泥浆是钻井的血液”是对钻井液在钻井工程中重要作用的最好诠释。

进入21世纪以来，全球经济发展对油气资源的需求迫使油气勘探开发向深层迈进，油气钻探遇到更多的复杂地层和复杂地质条件，如巨厚盐膏层、破碎性白云岩、溶洞和裂缝发育的石灰岩、火成岩及超深、超高温、超高压地层等。这使钻井难度大大增加，带来更多的漏、喷、塌、卡等复杂事故隐患，对钻井液技术提出了更高的要求。目前，钻井液使用技术分别是：应对复杂地质条件的“三高”（高温、高密度、高盐）钻井液技术、超高温钻井液技术、破碎性地层井壁稳定技术以及大位移水平井防卡、解卡技术，这几项技术也是当前钻井液研究的重点方向。未来钻井液技术发展包括三个方向：一是以降低钻井工程事故复杂为目标、应对复杂地质条件的钻井液技术；二是以减少钻井液对油气层污染为目标的油气层保护技术；三是以降低钻井液对环境污染为目标的环保型钻井液技术。

水基钻井液的基本组成包括配浆水、配浆土和调节控制钻井液各项性能的处理剂。黏土（钻井液用的黏土也称膨润土）是钻井液最基础、最重要的组分，构成黏土的主要成分为黏土矿物。黏土在水中的分散程度和水化能力直接影响钻井液的各项性能。而在钻井过程中，最常见的泥岩、砂岩地层含有大量的黏土矿物，侵入钻井液必然引起钻井液性能的变化。此外，井壁稳定程度与油气层受污染程度均与地层中黏土矿物的类型和特性密切相关。因此对黏土矿物的基本结构和特性的了解，是学习钻井液技术的重要基础。

（一）黏土与黏土矿物

黏土（Clay）是自然界中分布最为广泛的一类物质，是颗粒非常小的可塑的铝硅酸盐。黏土的矿物构成包括三部分：一是黏土矿物，具有晶体结构、粒度细小、多数呈片状结构的颗粒聚集体，如蒙脱石、高岭石、伊利石等；二是非晶质的胶体矿物，如蛋白石、氢氧化铝、氢氧化铁等；三是具有晶体结构的非黏土矿物，如石英、长石、云母等。通常在黏土中，黏土矿物所占的比例极高，非晶质胶体矿物和非黏土矿物所占比例很低。

化学分析表明，黏土的化学成分主要为氧化硅、氧化铝、水以及少量的铁、钠、钾、钙和镁。而黏土矿物的化学成分主要为含水铝硅酸盐。

黏土矿物（Clay Minerals）的种类较多，主要包括高岭石、伊利石、蒙脱石、蛭石以及海泡石等矿物。以蒙脱石为主的膨润土因其水化分散性好、吸附性强、造浆率高而成为钻井液最佳的配浆用土。在地层中，高岭石、蒙脱石、伊利石、伊蒙混层等黏土矿物广泛分布于各类砂岩、泥岩等沉积岩中，在火成岩中也有一定分布。本节重点介绍上述几种黏土矿物的晶体结构和特点。

1. 黏土矿物的基本构造

（1）硅氧四面体及硅氧四面体晶片。硅氧四面体由一个硅原子与四个氧原子以相等的距离相连而成，硅原子在四面体中心，四个氧原子在四面体顶点，如图 1-1（a）所示。在大多数黏土矿物中，硅氧四面体在平面上沿 a、b 两个方向有序排列组成六角形的硅氧四面体晶片，如图 1-1（b）、（c）所示。

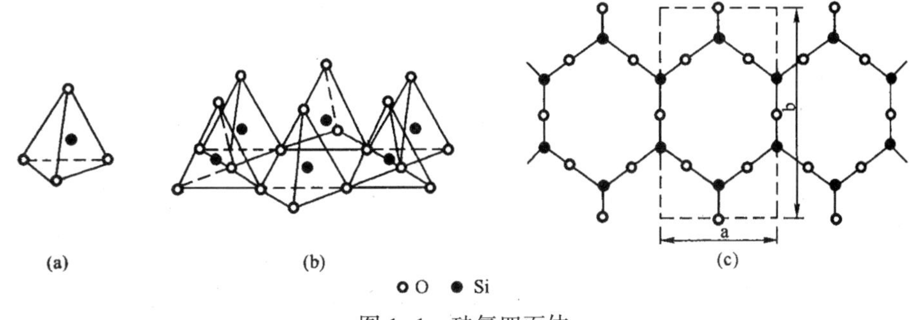

图 1-1　硅氧四面体

（2）铝氧八面体及铝氧八面体晶片。铝氧八面体由一个铝原子（铁或镁原子）与六个氧原子或氢氧原子团组成，铝、铁或镁原子居于八面体中心，六个氧原子或氢氧原子团在八面体顶点，如图 1-2（a）所示。多个铝氧八面体在 a、b 两个方向上有序排列组成铝氧八面体晶片，如图 1-2（b）所示。

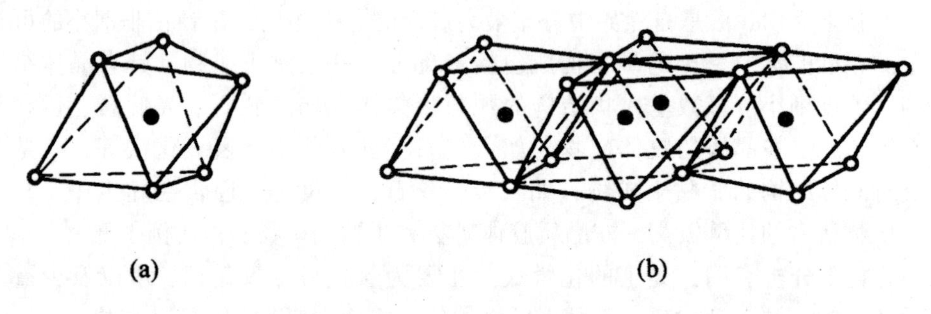

图 1-2　铝氧八面体

（3）晶片组合与晶层。四面体晶片与八面体晶片是黏土矿物的基本构造单元，两者通过共用氧原子结合在一起构成单元晶层，单元晶层在 c 轴方向上层层堆叠，在 a、b 轴方向无限延伸，即构成了层状黏土矿物。

根据硅氧四面体和铝氧八面体晶片的比例不同，可将黏土矿物分为以下两类。

1）1∶1 型。这种基本结构层是由一个硅氧四面体晶片与一个铝氧八面体晶片通过共用氧原子结合形成晶层。高岭石的晶体结构即是由这种晶层构成的。

2）2∶1 型。这种基本结构层是由一个铝氧八面体晶片夹在两个硅氧四面体中间通过共价键连接在一起构成单元晶层。蒙脱石、伊利石即属此类晶层结构。

2. 黏土矿物基本特点

（1）蒙脱石。蒙脱石是由颗粒极细的含水铝硅酸盐构成的层状矿物，分子式为$(Al,Mg)_2[Si_4O_{10}](OH)_2 \cdot nH_2O$。中间为铝氧八面体，上下为硅氧四面体所组成的 2∶1 型晶层片状结构的黏土矿物，如图 1-3 所示；在晶体构造层间含水及一些可交换性阳离子，如图 1-4 所示，类似于“三明治”的结构，有较高的离子交换容量，具有很高的吸水膨胀能力。

蒙脱石主要由基性火成岩在碱性环境中风化而成，或是海底沉积的火山灰分解后的产物。在自然界蒙脱石主要以膨润土矿的形式存在，是膨润土的主要成分，其含量在 85% 以上。而膨润土是水基钻井液的最佳配浆原料。

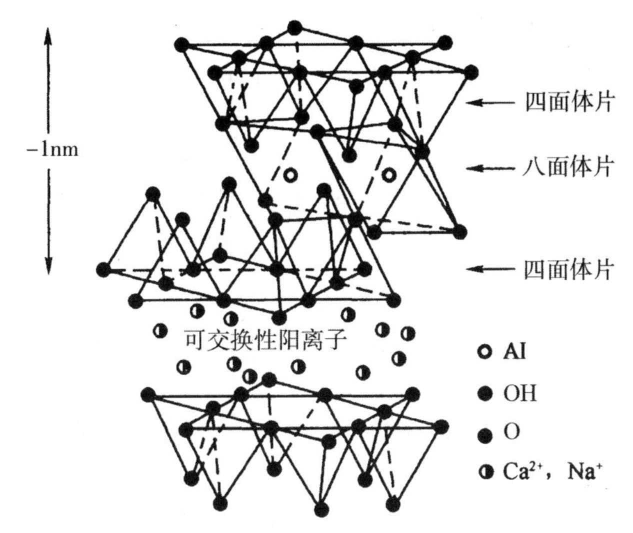

图 1-3 蒙脱石的晶体结构

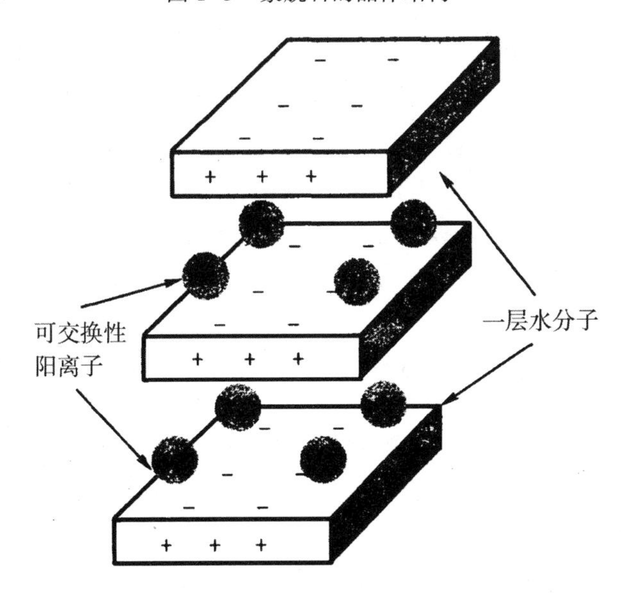

图 1-4 蒙脱石的“三明治”结构

在蒙脱石的晶体结构中，硅氧四面体层中的部分 Si 可被 Al^{3+} 取代，铝氧八面体层中的 Al^{3+} 可被 Fe^{2+}、Mg^{2+}、Zn^{2+} 等阳离子取代，如图 1-5 所示。由于高价阳离子被低价金属离子的晶格取代，晶层带负电，因此能吸附等电量的阳离子，具有较强的离子交换能力。同时晶层间靠微弱的分子间力连接，晶层连接不紧密，水分子容易进入两个晶层之间引起晶体发生膨胀，而水化的阳离子进入晶层之间，同样使c轴方向上的晶层间距增大，使蒙脱石具有很强的膨胀性。此外，蒙脱石晶层的内、外表面都具有水化和阳离子交换能力，因此蒙脱石具有很强的分散性和很大的表面积。

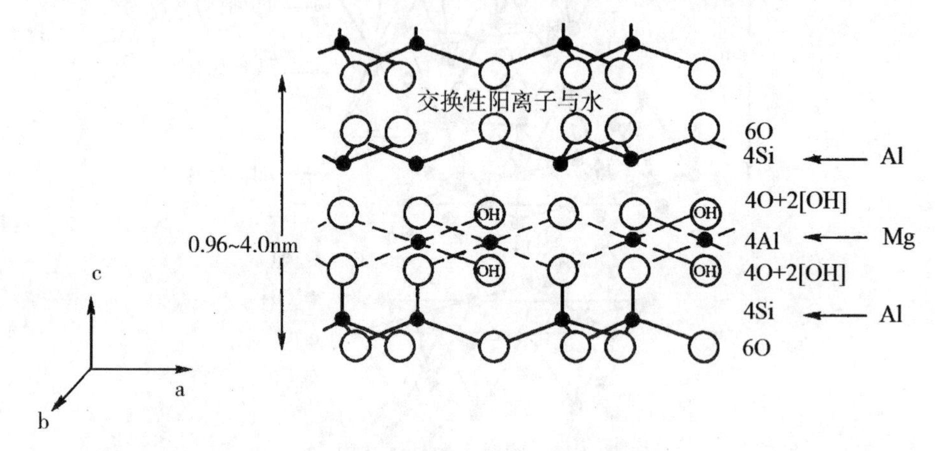

图 1-5　蒙脱石的平面晶体结构图

蒙脱石层间吸附阳离子的种类决定了蒙脱石的类型及其膨胀性，层间阳离子为Na^+时称钠蒙脱石，层间阳离子为Ca^{2+}时称钙蒙脱石。二价Ca^{2+}比一价Na^+电荷密度大，颗粒之间产生的静电引力较强，使颗粒间连接的能力强，因此钙蒙脱石的分散能力比钠蒙脱石要弱。这就是配制钻井液基浆时，更多使用钠蒙脱石（或钠膨润土）的原因。但自然界中钙质土的分布远多于钠质土，优质钠土的资源较为稀缺，因此通常要对钙质土进行改性，使它成为钠质土。

在多数泥质沉积岩中，蒙脱石占有相当比例，尤其是在新生代以及埋藏较浅的中生代泥岩地层中，蒙脱石含量较高。这类泥岩地层水敏性强，易出现吸水膨胀缩径、大段划眼等井下复杂问题，且水化分散性好、造浆性强，对钻井液流变性能影响大。对于这类泥岩地层，需采用强抑制性的聚合物不分散钻井液。

（2）伊利石。伊利石的晶体结构与蒙脱石相似，均为2∶1型晶层结构的含水铝硅酸盐层状矿物。化学组成为$K_{0.75}(Al_{1.75}Mg)[Si_{3.5}Al_{0.5}O_{10}](OH)_2$。与蒙脱石不同之处在于伊利石中硅氧四面体晶层中有较多的硅被铝取代，因晶格取代产生的负电荷由处于两个硅氧层之间的K^+补偿。由于K^+直径与硅氧四面体中氧原子构成的六角网格直径相近，使K^+易进入其中不易释出。此外，晶格取代所产生的负电荷主要集中在硅氧四面体晶片上，离晶层表面近，K^+与晶层负电荷之间的静电引力比氢键强，增强了晶层之间的连接力，水不易进入其中，因此与相似结构的蒙脱石比较起来，伊利石水化膨胀性较弱。

伊利石是自然界中较为丰富的黏土矿物，几乎存在于所有的沉积年代中。地层中的伊利石通常是由蒙脱石在较高温度条件下，受钾离子取代转化而成。随着沉积物埋藏深度的增加，泥岩中的蒙脱石将逐步转变为伊利石。由于转化过程有一定温度门限，决定了伊利石主要在古生代沉积地层，以及埋藏较深的中生代泥质沉积岩中含量较高。但也有观点认为，黏土矿物类型及含量并不完全受层位所控制，而主要与温度和压力的作用有关。据墨西哥湾岸地区资料，蒙脱石开始向伊利石转化的深度大约在1800m，在大约2740～3660m处已无蒙脱石存在。由蒙脱石向伊利石转化过程中，在蒙脱石晶格间的几层单分子水层会释放出来变成粒间自由水。由于最后几层层间水的相对密度为1.4，故当它变成相对密度为1.0的自由水时就会引起体积增大，导致地层压力异常。在火成岩中，因热液蚀变作用，也有一定量的伊利石存在。虽然伊利石的水敏性较弱，但在钻井过程中，遇到伊利石含量较高的泥页岩地层，常常出现井壁剥落掉块、硬脆性垮塌等井壁失稳现象。主要原因是伊利石含量高的泥页岩存在微裂缝发育，因此需要采用强封堵的抑制性防塌钻井液。

（3）高岭石。高岭石的晶体结构是由一个硅氧四面体和一个铝氧八面体构成，属1∶1型晶层结构的含水铝硅酸盐层状矿物。其化学组成为$Al_4[Si_4O_{10}]\cdot(OH)_8$。

高岭石的晶层结构中，一面为OH层，另一面为O层，而OH键具有很强的极性，晶层之间容易形成氢键而紧密连接，水分子不易进入其间，如图1-6所示。

高岭石的晶格取代几乎没有，它的晶体表面的可交换阳离子非常有限，构造单位中原子电荷是平衡的。因此阳离子交换容量很小，加上晶层间的氢键作用，决定了高岭石水化性差，膨胀性弱，造浆性能不好，不能用于钻井液基浆的配制。高岭石是瓷器和陶器的主要原料。

高岭石是长石和其他硅酸盐矿物天然蚀变的产物，自然界中分布较为广泛，常见于岩浆岩和变质岩的风化壳中，在泥页岩地层和火成岩地层中均有一定含量。这类岩石虽水敏性不强，但往往微裂缝发育，易出现剥落掉块的现象。

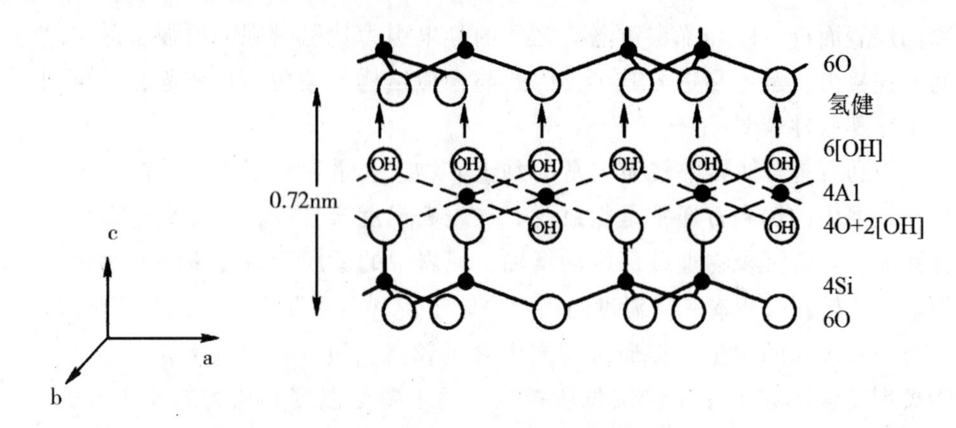

图 1-6　高岭石平面晶体结构图

3. 黏土矿物的电性

黏土颗粒表面电荷是影响黏土电化学性质的内在原因，与钻井液性能密切相关，对黏土的分散、水化、膨胀、吸附等特性均有影响。在钻井液中，无机、有机处理剂以及盐和石膏污染均是通过影响黏土颗粒表面电荷，进而影响钻井液中黏土颗粒的分散度以及胶体稳定性，从而改变钻井液性能。

（1）黏土-水界面双电层。1809 年莱斯观察到水中黏土颗粒在直流电场中向阳极移动的现象。研究发现，许多胶体系统都有类似现象，这种胶体颗粒在电场中向某一极移动的现象，称为电泳。若电场中固相静止而液相向某一极移动称为电渗。电泳现象表明黏土颗粒在水中带有负电荷。

1）扩散双电层理论。既然胶体颗粒带电，在它周围必然分布着电荷相等的反离子，这些反离子一方面受到固相表面电荷的吸引不能远离，另一方面由于反离子的热运动，又有扩散到液相内部的动力。这两种相反作用的结果，使得反离子扩散分布在固液界面周围，构成扩散双电层，如图1-7所示。

从固体表面到过剩正电荷为零处的这一层称为扩散双电层，由吸附溶剂化层和扩散层两部分组成。其中固体表面紧密连接的部分反离子和水分子构成吸附溶剂化层，其余的反离子带着溶剂化水扩散分布在液相中形成扩散层。两层之间的界面称为滑动面。胶粒运动时带着滑动面以内的吸附溶剂化层一同运动。从滑动面到均匀液相的电位称为电动电位；从固体表面到均匀液相内部的电位称为热力学电位。热力学电位反映了固体表面所带的总电荷，而电动电位则反映了固体表面电荷与吸附溶剂化层内反离子电荷之差。

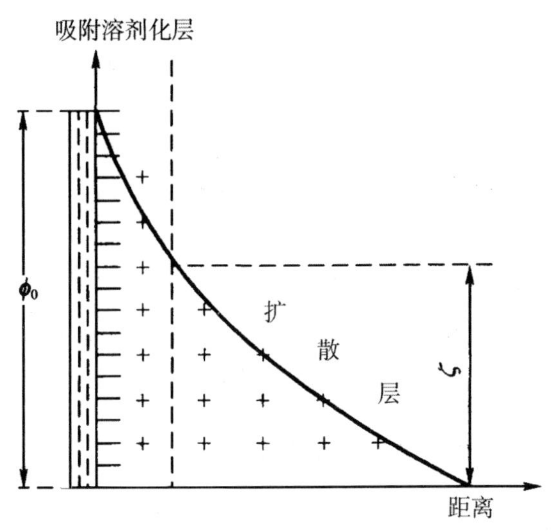

图 1-7　扩散双电层示意图

φ_0—热力学电位；ζ—电动电位

2）黏土颗粒表面双电层。黏土矿物的电性主要取决于晶格取代。对于蒙脱石，因晶格取代，晶层表面吸附有一定数量的可交换阳离子，当黏土矿物遇水后，可交换阳离子趋向于向水中解离、扩散，导致黏土矿物表面带上了负电，于是又对扩散在水中的阳离子以静电吸引，这种解离与吸引的矛盾使阳离子以扩散的形式分布在水中。黏土表面上紧密连接的部分阳离子（带有溶剂化水）和水分子，构成吸附溶剂化层，解离的阳离子带着它们的溶剂化水扩散地分布在水相中组成扩散层，如图 1-8 所示。

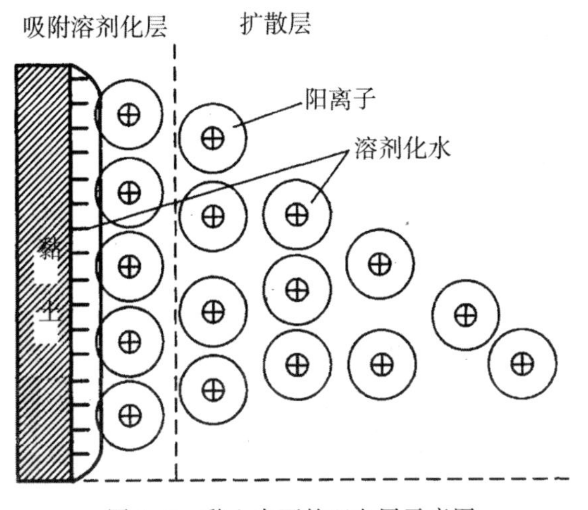

图 1-8　黏土表面的双电层示意图

伊利石也有晶格取代，同样因吸附阳离子的解离、扩散而使晶层带负电。但因晶格取代所吸附的为 K^+，恰有合适的直径进入晶层间相对应的两个六角环中，解离程度较低，负电性比蒙脱石弱。

高岭石几乎没有晶格取代，但其晶层表面有裸露的 Al—OH，在碱性条件下 H^+部分电离使黏土表面带负电，而电离产生的 H^+，一部分被黏土表面吸附，连同水分子构成吸附溶剂化层，剩余的 H^+带着它们的溶剂化水扩散地分布在液相中形成扩散层。总体来看，高岭石的负电性比较弱。

此外，黏土矿物表面也会因吸附 OH^-、吸附含阴离子基团的有机处理剂而增加负电量。这是许多处理剂调控钻井液性能、增强钻井液热稳定性、提高钻井液抗盐钙污染能力的重要途径。

综上所述，黏土颗粒表面负电荷的来源包括：①晶格取代；②碱性条件下，裸露的 OH^-层的电离；③吸附阴离子。通常晶格取代的负电荷较多，电动电位（ζ 电位）较高，黏土的水化能力较强。无论哪种情况，作为反离子的阳离子均呈扩散双电层的形态分布于黏土颗粒表面周围。其 ζ 电位高低取决于黏土类型、水相 pH 值、钻井液处理剂类型和加量、电解质（可溶性盐）的类型及浓度。

3）电解质对双电层的压缩。黏土分散在水中形成溶胶悬浮体，胶体的稳定性与双电层厚度、ζ 电位密切相关。双电层越厚，ζ 电位越高，胶体越稳定。电泳实验表明，任何电解质的加入均要影响双电层的 ζ 电位。主要原因是电解质电离后，反离子浓度增大，更多的反离子进入吸附溶剂化层，扩散层反离子数减少，导致双电层变薄，ζ 电位下降，如图 1-9 所示，这个

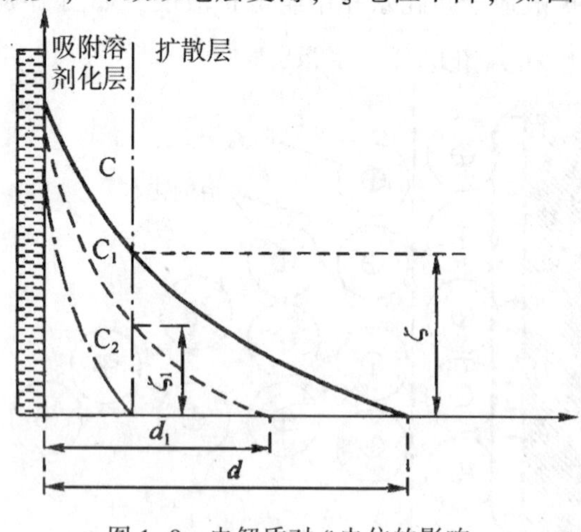

图 1-9　电解质对 ζ 电位的影响

过程就是电解质压缩双电层的作用。当所加入电解质把双电层压缩到吸附溶剂化层的厚度时，扩散层消失，胶粒不带电，ζ电位降低为零。这种状态称为等电态，此时胶体之间没有电性斥力，稳定性极差，胶体容易聚结。

在钻穿盐层时，地层 NaCl 溶解在钻井液中，电离产生大量 Na^+ 压缩双电层，引起ζ电位显著下降，导致钻井液性能恶化，严重者钻井液失去胶体性质，黏土聚沉，结构解体。为避免这种情况的发生，盐水钻井液中必须加入抗盐处理剂，降低电解质的影响，提高ζ电位，保护钻井液的胶体性质，维持合理钻井液性能。

（2）黏土的阳离子交换容量。黏土带有负电性，为保持电荷平衡，黏土必然从分散介质中吸附等电量的阳离子，这些被黏土吸附的阳离子，可以被分散介质中的其他阳离子所交换，因此称为黏土的可交换阳离子。在分散介质 pH 值为 7 的条件下，单位质量黏土所能交换下来的阳离子总量称为黏土的阳离子交换容量。一般以 100g 黏土所能交换的阳离子毫摩尔数来表示，命名为 CEC 值。

1）影响因素。影响黏土阳离子交换容量的因素包括：①黏土矿物的种类，黏土矿物的负电性主要来自于晶格取代，晶格取代越多的黏土矿物，其阳离子交换容量越大。因此蒙脱石的阳离子交换容量最高，伊利石次之，高岭石最低。②黏土颗粒的分散度，同一种黏土矿物，阳离子交换容量随分散度的增加而增大。尤其是高岭石，负电性主要是由于裸露的氢氧根中氢的解离，颗粒越小，露在外面的氢氧根越多，交换容量越高。③溶液的 pH 值，在黏土矿物种类和分散度相同时，碱性条件下，阳离子交换容量增大。其原因是铝氧八面体中的 Al—O—H 键是两性的，在酸性环境中 OH^- 易电离，增加黏土表面正电荷；在碱性环境中 H^+ 易电离，增加黏土表面负电荷。此外碱性条件下，溶液中 OH^- 增多，通过氢键吸附在黏土表面，使黏土表面负电荷增多，从而增加黏土的阳离子交换容量。

黏土的阳离子交换容量及吸附的阳离子种类对黏土矿物的水化性和膨胀性影响很大。蒙脱石阳离子交换容量大，水化能力和膨胀性也大，常用于钻井液基浆的配制，钻追蒙脱石含量高的地层，也容易出现吸水膨胀而缩径的复杂情况。相反，高岭右阳离子交换容量低，黏土的水化能力和膨胀性就很弱，惰性较强。

2）测量方法。黏土阳离子交换容量的测量方法较多，测量原理均是利用某些化学试剂中的阳离子交换黏土吸附的补偿阳离子，通过计算试剂阳离子的减少量或观察颜色的改变显示交换当量点，推算出黏土的阳离子交换量。亚甲基蓝法是较为常用的方法之一。

亚甲基蓝分子式为$C_{16}H_{18}N_3SCl \cdot 3H_2O$，其有机阳离子在水中呈蓝色，在黏土晶层上的吸附力很强，能将黏土颗粒外表面所有的补偿阳离子交换下来。在吸附未饱和前，补偿阳离子未被完全交换出来，此时溶液中不存在游离的亚甲基蓝，滴在滤纸上溶液扩散层无色。而当黏土吸附亚甲基蓝达饱和后，溶液中出现游离的亚甲基蓝，滴在滤纸上的溶液扩散层呈蓝色，根据吸附达饱和时所耗亚甲基蓝量即可计算出黏土的阳离子交换容量。

4. 黏土矿物的水化性

黏土矿物的水化性是指黏土颗粒表面或晶层表面能吸附水分子，使黏土晶层间距增大，产生膨胀以致分散的特性。这个过程称为黏土的水化作用，膨胀和分散是水化作用的结果。黏土矿物的水化性是影响水基钻井液性能和泥页岩井壁稳定的重要因素。

(1) 黏土水化机理。黏土颗粒与分散介质之间存在界面。根据能量最低原则，黏土颗粒必然要吸附水分子，以最大限度降低体系的表面能。黏土颗粒表面负电荷对极性水分子的静电引力促使水分子定向排列、浓集在黏土表面。黏土晶格中的氧或氢氧层还会通过氢键吸引水分子。

此外，黏土表面的吸附溶剂化层里，紧密地吸附着补偿阳离子。这些阳离子的水化间接给黏土颗粒带来水化膜。

(2) 黏土水化影响因素。

1) 补偿阳离子。黏土吸附的补偿阳离子对其水化膜的厚度有很大影响。例如，钠蒙脱石的水化膜比钙蒙脱石水化膜要厚，钠蒙脱石水化后的晶层间距更大，因此钠蒙脱石水化能力更强，如图1-10所示。

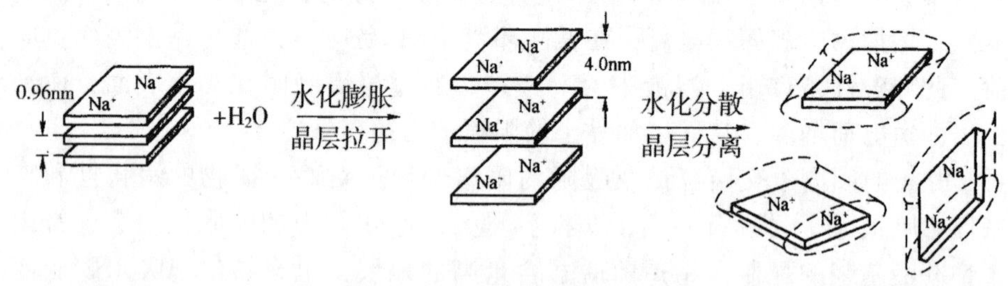

图 1-10　钠蒙脱石水化作用

补偿阳离子对黏土水化能力影响的机理是：钠蒙脱石晶层间静电引力较小，在极性水分子的作用下，晶层之间可以产生较大的晶层间距（4nm）。而钙蒙脱石晶层间的静电引力较大，极性水分子不易进入晶层之间。因此，钙蒙脱石晶层间产生的距离（1.7nm）明显比钠蒙脱石小。此外补偿阳离子形成的扩散双电层厚度与反离子价数的两次方成反比，即阳离子价高，水化膜薄，膨胀倍数低，而阳离子价低，水化膜厚，膨胀倍数高。这是造成钠蒙脱石与钙蒙脱石在水中的膨胀性和分散性差异的原因。

2）黏土矿物种类。不同黏土矿物，因其晶格构造不同，水化作用也有很大差异。

蒙脱石晶格取代程度较高，阳离子交换容量大，晶层间由较弱的分子间力连接,水分子容易进入晶层之间。因此水化能力最强,分散性也高。1∶1型晶层构造的高岭石，一面为—OH层，另一面为—O层，晶层间以较强的氢键力连接，水分子不易进入。此外高岭石几乎没有晶格取代，阳离子交换容量小，水化能力和分散性差。

与蒙脱石具有相似晶层结构的伊利石，因硅氧四面体中铝取代硅所缺的正电荷由处于两个硅氧层之间的 K^+ 补偿，K^+ 尺寸正好嵌入两个硅氧层之间的六角环内，形成最紧密的结构，水分子不易进入晶层间，水化能力和分散性均较差。

3）可溶性盐类。溶解在水中的盐类电离产生正负离子，其中的阳离子会压缩黏土颗粒表面的双电层，降低 ζ 电位，水化膜减薄，黏土水化能力下降。可溶性盐类的浓度越高，提供的阳离子浓度越大，ζ 电位越低，黏土的水化能力越差。阳离子的价位越高，压缩双电层的作用越强，对黏土水化能力的影响越大。

4）有机处理剂。钻井液有机处理剂分子链上均有两种重要的基团：其一是吸附基团，吸附在黏土颗粒表面，这是处理剂发挥作用的基础；其二是水化基团，这些基团均带负电，可以提高黏土颗粒的 ζ 电位，提供较厚的水化膜，增强黏土颗粒的水化能力。

5）pH 值。介质的 pH 值越高，溶液中 OH^- 越多，通过氢键吸附在黏土表面，使黏土表面负电荷增加，从而提高黏土颗粒 ζ 电位，增强黏土的水化能力。

（3）黏土水化膨胀。黏土的水化膨胀是指黏土吸水后微观上晶层间距增大、宏观上体积增大的现象。这一过程可分为表面水化和渗透水化两个阶段。

1）表面水化。由黏土晶体表面和交换性阳离子吸附水分子引起的水化称为表面水化。这是短距离范围内的黏土与水的相互作用，在膨胀黏土的晶格层面达到四个水分子层的厚度。在黏土颗粒表面上，此时作用的力有三种：层间分子的范德华引力、层面带负电和层间阳离子之间的静电引力、水分子与层面的吸附能量（水化能），其中以水化能最大。此三种力的净能量在第一层水分子进入时的膨胀力达到几百兆帕。由此可见黏土表面水化压力是很大的，但表面水化吸水量较少，引起的体积膨胀较低。

2）渗透水化。由黏土层面上的离子与溶液中的离子浓度差引起的水化称为渗透水化。当黏土晶层间距超过 10A 时，表面水化完成，转入渗透水化阶段。黏土的继续膨胀由渗透压力和双电层斥力所引起，这是长范围内黏土与水的相互作用。其机理是由于晶层之间的阳离子浓度大大高于水溶液内部的浓度，因此发生浓差扩散，水进入晶层间，增大晶层间距，黏土表面吸附的阳离子进入水中形成扩散双电层，促使黏土晶层间距进一步加大；其次黏土层可看成是一个渗透膜，由于阳离子浓度差的存在，在渗透压力作用下水分子便继续进入黏土层间，引起黏土的进一步膨胀，黏土体积大大增加。由渗透水化而引起的晶层膨胀达到平衡时，可使黏土层间距达到 120A。此时在剪切作用下，晶胞极易分离，黏土颗粒以胶粒形态分散在水中，形成溶胶—悬浮体。

与表面水化相比，渗透水化吸附的水与黏土颗粒表面的结合力较弱，渗透水化的膨胀压力也较小，但吸水量很大，引起的体积膨胀可达 20 ～ 25 倍，远远高于表面水化作用。

地层中的黏土矿物在成岩过程中必然经受沉积压实作用，在此过程中，受上覆沉积压力和地层温度的影响，黏土矿物胶体脱水、压缩胶结，最终固结为岩石。黏土矿物晶体构造中往往只剩下结晶水和少量吸附水。在钻井过程中，打开地层遇到钻井液后，必然发生渗透水化，引起体积的显著膨胀。因此在解决水敏性泥岩地层的井塌、缩径等复杂问题时，重点应放在控制黏土矿物的渗透水化上。在水基钻井液中加入盐，电离产生大量阳离子，由于阳离子浓度差减小，压缩扩散双电层，降低 ζ 电位，渗透水化作用减弱，黏土膨胀的晶层间距缩小。这就是盐水钻井液抑制泥岩井壁水化膨胀的原理。

（4）黏土水化分散。黏土的水化分散是指黏土颗粒因水化作用产生晶层膨胀，进而分散成更细小颗粒的现象。水化分散的实质是黏土颗粒经渗透水化后，晶层膨胀并产生分离。外部剪切条件会大大增加黏土的水化分散程度。黏土的水化分散能力与黏土矿物种类和黏土颗粒的胶结强度有关。水化膨胀是水化分散的前提，水化膨胀能力越强，分散性越好。影响黏土水化膨胀的因素对水化分散有同样的影响。

以蒙脱石在水中的分散为例，研究表明，蒙脱石水化分散能力极强，当渗透水化达到平衡状态时，在机械、水力等剪切力作用下，蒙脱石颗粒晶层大量分离，甚至可分散到单个晶层的程度，以胶体和悬浮颗粒的状态分散在水中，形成溶胶—悬浮液。因此油田现场普遍把以蒙脱石为主要成分的膨润土作为水基钻井液基浆的配制材料。

(二) 钻井液功能与组成

1. 钻井液循环流程

钻井液在钻井施工中的工况分为循环和静止两种形态。在钻进过程中必须保持钻井液处于循环流动状态。在起下钻、接单根、电测等工况下，钻井液通常处于静止状态。钻井液的循环流动是通过钻井泵的泵送来完成的。钻井液在地面和井内的循环流程如图 1-11 所示。

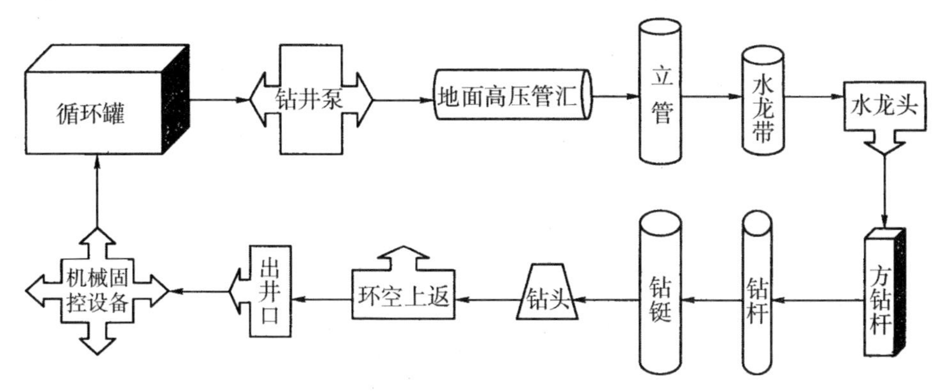

图 1-11 钻进液循环流程图

2. 钻井液的功能

(1) 冷却和清洗钻头，清扫井底钻屑。钻井施工就是钻头破碎地层形成井眼的过程。钻头在井底高速旋转，与地层摩擦生热，钻碎的岩屑也容易黏附在钻头上形成泥包。流动的钻井液既能冷却也能清洗钻头。此外被钻头破碎的岩屑如不能及时离开井底，就会形成重复切削，降低钻头破岩效率。从钻头水眼处高速喷出的钻井液能够很好地清扫井底岩屑，保持井底干净。

(2) 携带和悬浮钻屑、加重剂。钻井液最基本的功能就是通过自身循环，将钻头破碎的岩屑从井底带至地面，保持井眼的清洁。而当接单根、起下钻、电测等工况钻井液静止时，又能悬浮钻屑和加重剂，以免快速下沉，防止钻具阻卡情况的发生。

(3) 稳定井壁和平衡地层压力。井壁稳定是安全、快速、优质钻井的基本保障，是钻井液技术措施的着力点，是衡量钻井液是否适应地层条件的标准之一。优质的钻井液应具备良好的造壁性，在井壁上能快速形成薄而韧的滤饼，封固裸露的地层。同时它还具有较强的抑制性，能很好地抑制泥页岩的水化膨胀和分散，避免地层缩径和垮塌，确保井眼畅通无阻。此外，钻井液密度能在较大范围内调节，以平衡地层压力，防止喷、漏、塌、卡等复杂事故的发生。

（4）传递水动力。钻头破岩原理包括机械切削和水力喷射两部分。钻井液通过钻头水眼以极高的射流速度旋转冲击井底，对于硬地层有快速清除已被钻头破碎岩屑的作用，对于软地层直接实现水力破岩。两者均有提高破岩效率和提升钻井速度的作用。对于涡轮和螺杆等井下动力钻具，钻井液还提供驱动涡轮、螺杆旋转的动力。

（5）保护油气层。钻井的终极目标是获取地下油气资源。在钻井过程中，钻井液中的固、液相侵入储层，必然引起以储层渗透率降低的储层伤害，带来油气产能的下降。因此，钻井液体系和性能应与储层相匹配，以尽可能地降低对储层的伤害，保护油气层。

（6）传递地质信息。钻井液是实时传递地质信息的重要媒介。钻井液能携带出井底地层岩屑，并与储层的油气水等流体直接接触，因此能提供许多重要的地质信息。如通过岩屑录井，可以反映地层岩性、储层物性和含油气性，并建立岩性剖面。通过气测录井，可直接测定钻井液中的可燃气体种类和含量，及时发现油气层，判断油气侵程度并预报井涌。通过综合录井，可以获得井下地质、油气、压力和工程参数等多项信息。

为实现上述功能，钻井液必须加入各种化学处理剂，包括各种有机高分子聚合物，因此废弃钻井液对自然环境的污染是一个不容忽视的问题。随着环境保护的加强和生态意识的觉醒，对钻井液的排放和废弃物处理要求越来越严格，开发低毒、低污染、可降解的环保型钻井液成为当前和今后一个时期的重点研究领域。

3. 钻井液的组成

水基钻井液是膨润土、各类处理剂、加重材料和岩屑在水中分散、溶解形成的多相分散体系。而油基钻井液则是少量水、2～3种表面活性剂、氧化沥青（或有机土）、石灰和加重材料分散、溶解在油中形成的乳状液体系。水基钻井液基本组成如下：

（1）水：包括淡水、盐水、咸水和海水，形成淡水钻井液、盐水钻井液、咸水钻井液和海水钻井液。

（2）固相：包括膨润土、加重剂、钻屑。根据固相的密度、粒度、性质等可将钻井液中的固相细分为：①低密度固相，指密度为2.6～2.7g/cm^3

的膨润土、钻屑、石灰石加重剂等；②高密度固相，指密度为 4.2g/cm^3 以上的重晶石、铁矿粉等加重剂；③粗颗粒固相，指粒度不小于 74μm 的砂、2～74μm的泥和加重剂；④细颗粒固相，指粒度小于 2μm 的黏土；⑤惰性固相，指 API 砂、加重剂石灰石、重晶石等；⑥活性固相，指配浆膨润土、地层黏土等；⑦有用固相，指配浆膨润土、石灰石、重晶石等加重剂；⑧无用固相，指钻屑、API 砂、地层黏土等。

（3）处理剂：包括无机处理剂、有机处理剂和功能性处理剂。钻井液常用无机处理剂有纯碱、烧碱、NaCl 和碱式碳酸锌（除硫剂）等；钻井液常用的有机处理剂有降滤失剂、包被剂和降黏剂等；功能性处理剂包括防卡润滑剂、封堵防塌剂、油层保护剂、消泡剂等。

（三）常用钻井液体系

1. 聚合物钻井液

聚合物钻井液（Polymer Drilling Fluid）是 20 世纪 70 年代发展起来的一种水基钻井液，这种钻井液是以线性水溶性聚合物作为处理剂来调控钻井液的滤失性能和流变性能。比传统的细分散钻井液具有更好的剪切稀释能力和固相控制能力，更适合于高压喷射钻井对钻井液的流变性和低固相要求。聚合物钻井液目前仍是 3000m 以内的浅井、中深井的主流钻井液体系，也应用于深井、超深井中 3000m 以内的浅井段。

（1）聚合物钻井液的组成。除了清水、膨润土和加重剂外，聚合物钻井液的处理剂主要包括以下三种。

1）聚合物包被剂。聚合物包被剂是聚合物钻井液的核心处理剂。一般是相对分子质量较大的链状水溶性高分子，相对分子质量约为$(200\sim300)\times10^4$，分子链上有较高比例的吸附基团（如—CN、—OH、—$CONH_2$ 等极性基团）和一定比例的水化基团。在钻井液中主要有以下作用：其一是包被钻屑，使其保持较粗状态，提高机械固相控制设备的清除效率；其二是与黏土颗粒吸附桥联，形成凝胶网状结构，改善钻井液的剪切稀释性、触变性等流变性能；其三是有增黏作用，当遇到某些情况需要提高的钻井液黏度时，通过增加包被剂的含量，可以快速提高黏度，但这种高黏度只能维持几个循环周，此后随着剪切时间延长，黏度逐渐趋于下降，不能长期维持。

2）聚合物降滤失剂。聚合物降滤失剂是相对分子质量中等的水溶性高分子，相对分子质量一般在$(10\sim20)\times10^4$，分子链上有较高比例的水化基团和一定比例的吸附基团。在钻井液中的主要作用是降低钻井液滤失量。其作用机理是聚合物降滤失剂分子链上的吸附基团吸附在黏土颗粒表面，大量的负电基团增大土粒表面的ζ电位，提高了土粒之间的斥力，大大提高了土粒的聚结稳定性，有利于维持钻井液中细土粒的含量，形成致密滤饼。负电基团的水化强化了土粒表面的水化层，吸附水化层具有高的黏弹性，具有很好的堵孔作用。此外降滤失剂良好的水化性可增大滤液黏度，降低钻井液滤失量。

3）聚合物降黏剂。聚合物降黏剂是相对分子质量很低的水溶性高分子，相对分子质量在2000左右，分子链上有较高比例的水化基团和很强的吸附基团。其作用机理包括以下几方面：第一，降黏剂可吸附在黏土颗粒带正电的边缘，大量水化基团带来厚的水化层，从而削弱和拆散了黏土颗粒通过端—面、端—端连接形成的空间网架结构，降低钻井液的黏度、切力；第二，降黏剂通过吸附在黏土表面提高黏土颗粒的ζ电位，提高了土粒之间的斥力，降低黏土颗粒形成结构的能力；第三，相对分子质量很低的降黏剂可优先吸附于黏土颗粒，也可与包被剂形成络合物，部分消耗了包被剂的吸附基团，降低了黏土颗粒与聚合物分子链间的结构强度和密度，因而可降低钻井液的黏度和切力。

（2）聚合物钻井液的特点。理论和实践证明，聚合物钻井液与传统的细分散钻井液相比，具有下列特点。

1）可维持低固相含量和低的亚微米颗粒含量。大量研究表明，钻井液固相含量是影响机械钻速的重要因素，尤其在固相含量小于10%的低固相范围内，固相含量的影响更为突出。在固相组成中，小于1μm的“亚微米”颗粒对机械钻速的影响是大于1μm的较粗颗粒的13倍。因此维持钻井液中低的固相含量和低的亚微米颗粒含量，有利于提高机械钻速。

钻屑在钻井液中的分散和积累无法完全消除，必然对钻井液的性能带来影响。传统的细分散钻井液是通过大量使用分散剂来提高钻井液对钻屑的容量限，降低钻屑分散对钻井液性能的影响。而分散剂的使用，促使固相颗粒分散越来越细，亚微米颗粒含量越来越高，甚至可高达80%。与此不同，聚合物钻井液对钻屑的处理更为合理有效。它是通过聚合物包被剂对钻屑的吸附包被作用，避免钻屑分散，保持较粗形态的钻屑被钻井液流携带到地面后，通过机械固控设备高效清除，大大降低了钻屑在钻井液中的分散和积累，因此能保持低固相和低亚微米颗粒含量。

2）具有良好的剪切稀释特性。长链高分子的引入，使钻井液中只需少量的黏土即可与长链聚合物分子通过吸附桥联形成适度的凝胶网状结构。

这种结构与传统的细分散钻井液（黏土含量较高）黏土颗粒端—面、端—端形成的结构受剪切速率的影响更大，剪切稀释性能更好。因为这种凝胶网状结构在高剪切速率很容易被拆散，黏度和切力大大降低，有利于提高钻头水动力。在低剪切速率或静止条件下，结构又能很快恢复，黏度、切力增大，因而有利于钻井液环空中携带和悬浮钻屑、加重剂，尤其适用于高压喷射钻井。

3）抑制性强、控制地层造浆能力强、防塌防膨性好。一方面，聚合物处理剂有一个共同点，即都有良好的水化性，可在中性、弱碱性条件下使用，不需使用烧碱，避免了大量 OH^- 引起的强分散作用。另一方面，长链聚合物可在泥页岩表面发生多点吸附，在井壁表面形成较致密的吸附膜，可以减慢自由水进入泥页岩的速度，对泥页岩的水化膨胀有一定抑制作用。此外，包被剂吸附在钻屑表面，抑制钻屑的水化分散，有利于机械固控设备高效清除，大大减少了钻屑分散造浆引起的钻井液性能变化。

4）对油气层伤害小。前已述及，聚合物钻井液抑制能力强、防塌防膨性好，可不用烧碱和其他强分散性处理剂，黏土固相较低，因此对油气层伤害程度较小，尤其适用于黏土矿物含量较高的水敏性油气层。

5）抗温、抗盐能力不足。从聚合物钻井液的组成和聚合物分子结构来看，聚合物钻井液抗温、抗盐能力不足。主要原因是聚合物自身吸附基团和水化基团不够强，在高温、盐水条件下，对黏土颗粒的保护能力不足，黏土颗粒分散—聚结平衡容易被打破，使钻井液性能不够稳定。若能在聚合物处理剂分子链上引入更强的吸附基、水化基，则能显著改善其抗温、抗盐能力。

（3）聚合物钻井液的使用要点。聚合物钻井液具有抑制能力强、剪切稀释性好、对油气层伤害小等许多优点，但如果掌握不好、处理不当，聚合物钻井液的抑制性就会大大削弱，带来黏度偏高、结构偏强、流变性差、抑制性下降、控制不住地层造浆、易泥包钻具等问题。要充分发挥聚合物钻井液的优异特性，应注意以下几个关键点。

1）保持聚合物包被剂的合理含量，连续使用，全井使用。聚合物钻井液控制地层造浆、抑制劣土分散的能力，是通过聚合物包被剂吸附、桥联絮凝劣土、包被钻屑来实现的。在钻井施工的动态情况下，包被剂要吸附消耗，随钻屑劣土排除。地层造浆性越好，吸附消耗越快。因此采用合理的维护处理工艺，保持钻井液中包被剂足够的含量，是维持聚合物钻井液强抑制性的基础，是控制地层造浆的条件。但在实际应用中常常被人们忽视，包被剂加量不足，得不到及时补充，甚至完全停用。这种情况下聚合物钻井液的抑制能力不足，控制地层造浆能力下降，劣土在钻井液中分散积累，必然造成黏度和切力大幅升高、流变性恶化，被迫大量稀释处理，或者加入分散型处理剂来稀释降黏，转变成分散型聚合物钻井液。此外浅井段未能控制好地层造浆，进入深井段因黏土含量过高出现钻井液结构过强、开泵困难等一系列的问题。造成包被剂加量不足的原因是人们认为包被剂相对分子质量高，加入后会提高钻井液黏度和切力。实际上，包被剂刚加入时，钻井液未经高速剪切，黏度确有上升现象，但这是一种假象。钻井液经过井内循环剪切后，合理加量范围内黏度不但不会上升，反而有助于降低黏度。

2）应保持较低的黏度和切力，避免钻具泥包。聚合物钻井液多用于上部地层，可钻性好、泥岩发育、机械钻速快、环空岩屑浓度高。在满足携带和悬浮钻屑的前提下，尽量维持较低的黏度和切力。一方面可降低沿程压耗，提高钻头水动力；另一方面可提高钻井液对井壁、钻具的冲刷能力，避免钻具泥包。此外不能要求过低的失水，避免大量地加入聚合物降滤失剂。因为聚合物降滤失剂，带有较强的水化基团，具有较强的吸附水化能力，过多的聚合物降滤失剂必然减少钻井液中的自由水，带来钻井液黏度和切力高的问题。此外，钻井液液相黏度高就有类似于胶水的黏性，将钻屑、劣土颗粒黏附在井壁，形成厚的假滤饼，带来起钻遇卡甚至拔活塞等井下复杂问题。

3）尽量少用或不用烧碱，维持相对较低的 pH 值。聚合物钻井液的 pH 值不宜高，也不需要高。单纯从聚合物钻井液的角度来说 pH 值 7.5 也可接受，适宜的 pH 值范围是 7.5 ～ 8.5。在正常情况下，除配浆外聚合物钻井液中尽可能不加烧碱及纯碱等碱类物质。pH 值越高，OH^-越多。而 OH^-会使黏土颗粒表面的负电性增加，水化能力增强，削弱了聚合物钻井液的抑制能力，不利于控制地层造浆和防止泥岩地层的水敏性变化。关于 OH^-对泥页岩水化、膨胀及分散的影响，国外学者进行了大量的试验研究，结果证明 OH^-对不易水化分散的伊利石也起着促进水化和分散的作用。

4）避免使用分散型处理剂。对于分散型处理剂在聚合物钻井液中的使用，历来是个颇有争议的问题。实际上，在聚合物钻井液中适量使用分散型处理剂并非绝对不可，比如在深井阶段适当添加分散型处理剂，拆散过强的聚合物网状结构，改善滤饼质量。尽管分散型处理剂对聚合物钻井液表观性能并无不良影响，但应认识到，分散型处理剂对聚合物钻井液一些深层次的特性确有负面影响。这是因为分散型处理剂相对分子质量一般较低，在钻井液中能优先于高分子聚合物吸附在黏土颗粒表面，削弱了高聚物的吸附能力，降低了聚合物钻井液的抑制及防塌能力。此外许多分散型处理剂需要较高的 pH 值与烧碱才能发挥作用，这也给聚合物钻井液带来不利影响。因此在聚合物钻井液中尽量不使用分散型处理剂，特别是造浆井段更应谨慎。

5）控制较低的黏土含量。与传统的细分散钻井液中黏土颗粒直接接触成网不同，聚合物钻井液是通过黏土颗粒与聚合物分子链吸附、桥联而形成凝胶网状结构，因此只需较低黏土含量，即能提供满足钻井工程所需的携带和悬浮能力。此外聚合物钻井液的黏土容量限较低，过高的黏土含量必然带来黏度和切力偏高、触变性过强、钻井液性能不稳、处理量大的问题。因此控制好膨润土含量对用好聚合物钻井液极为重要。黏土含量的控制应从两个方面下手：其一是严格控制配浆用膨润土量；其二是用化学与机械的方式控制好地层造浆。

6）组成和配方力求简单，采用等浓度维护处理技术。通常聚合物钻井液包含三种处理剂（包被剂、降滤失剂、降黏剂）就能满足大多数浅井、中深井钻井需要。在聚合物钻井液应用中尽量避免处理剂品种太多、太杂。一种好的钻井液体系，其组成应力求简单，处理剂性能高效、功能突出，形成相对分子质量的高、中、低搭配。此外，钻井液性能稳定的前提是钻井液组成的稳定。在动态条件下，钻井液中既有固相的侵入，也有水相的流失，还有处理剂的耗损，采用等浓度维护处理技术是保持钻井液组成稳定的有效途径。

需要强调的是聚合物包被剂是聚合物钻井液抑制性建立的基础，要连续使用，全井使用。浅井段包被钻屑，控制地层造浆，吸附消耗快，用量较大。深井段主要作用是调节流型，保持钻井液良好的剪切稀释特性和提供抑制性，控制黏土颗粒处于适度的分散—絮凝平衡状态，用量相对较小。

2. 聚磺钻井液

聚磺钻井液（Polymer Sulfonates Drilling Fluid）是在聚合物钻井液基础上加入磺化类处理剂而形成的一类抗温、抗盐的钻井液体系。聚合物钻井液在提高机械钻速、控制地层造浆、稳定泥页岩井壁和保护油气层等方面具有突出的优势，但聚合物钻井液抗温能力不高、抗盐能力不强的缺陷也十分明显，无法用于深井、超深井和盐膏复杂地层钻进。因此利用磺化类处理剂良好的抗温能力和抗盐能力来改善和提升聚合物钻井液的抗温能力、抗盐能力就是一种自然的选择。由此形成的聚磺钻井液兼具两类钻井液的优点，从而将聚磺钻井液的应用范围扩展到深井、超深井和盐膏复杂地层的钻探施工中，成为目前国内应用最为广泛的深井、超深井钻井液体系。

（1）聚磺钻井液的组成。除了清水、膨润土和加重剂外，聚磺钻井液的处理剂主要包括以下四种。

1）聚合物包被剂。聚合物包被剂是聚合物钻井液的核心处理剂，一般是相对分子质量较大的链状水溶性高分子，相对分子质量为$(200\sim300)\times10^4$，分子链上有较高比例的吸附基团（如—CN、—OH、—$CONH_2$等极性基团）和一定比例的水化基团（如—COO^-、—$CH_2SO_3^-$等负电基团）。在钻井液中主要有以下作用：一是包被钻屑，使其保持较粗状态，提高机械固相控制设备的清除效率；二是改善流型，与黏土颗粒吸附桥联，形成凝胶网状结构，优化钻井液的剪切稀释性、触变性等流变性能；三是提供抑制性，避免黏土颗粒在高温下的分散。

2）聚合物降滤失剂。聚合物降滤失剂是相对分子质量中等的水溶性高分子，相对分子质量一般在$(10\sim20)\times10^4$，分子链上有较高比例的水化基团和一定比例的吸附基团。在钻井液中的主要作用是通过与黏土颗粒的吸附，提高黏土颗粒表面的负电性和增强吸附水化膜厚度，形成致密滤饼，降低钻井液滤失量。

3）聚合物降黏剂。聚合物降黏剂是相对分子质量很低的水溶性高分子，相对分子质量一般为2000，分子链上有较高比例水化基团和很强的吸附基团。在钻井液中的主要作用是优先吸附于黏土颗粒，以及与包被剂形成络合物，部分消耗包被剂的吸附基团，降低黏土颗粒与聚合物大分子链间的结构强度和密度，因而可降低钻井液的黏度和切力。

4）磺化类降滤失剂。在聚磺钻井液中一般都含有1～2种磺化处理剂，最常用的是磺化酚醛树脂（SMP）和磺化褐煤（SMC）。磺化酚醛树脂是一种磺甲基化的线性酚醛树脂，具有分子链刚性强、与黏土颗粒吸附性好、水化能力强等特点，因而具有很好的抗温、抗盐能力，可大大改善钻井液滤饼质量，降低钻井液高温高压失水。磺化褐煤是腐殖酸磺甲基化的产物，其分子结构较为复杂，分子中含有较强的吸附基团（酚羟基）和较强的水化基团（羧钠基、磺甲基），同样具有良好的抗温、抗盐能力，可改善滤饼质量和降低高温高压失水，兼有一定的稀释能力。磺化褐煤与磺化酚醛树脂复配，能提供1+1>2的增效作用。

（2）聚磺钻井液的特点。研究和实践证明，聚磺钻井液具有下述特点。

1）良好的抗高温能力和热稳定性。常用的聚磺钻井液（三聚+两磺）抗温能力可达200℃，能满足正常地温梯度下7000m左右超深井的钻探需求。在此基础上，继续增加一种含高价金属离子的高温稳定剂，则可将聚磺钻井液抗温能力提升到230～250℃的超高温范围。

2）良好的抗盐能力。常用的聚磺钻井液（三聚+两磺）可抗饱和盐污染，抗钙能力可达2000mg/L（Ca^{2+}），可用于钻穿盐层、盐膏层、膏泥岩等复杂地层。中哈长城钻井公司在哈萨克斯坦肯基亚克盐下油田曾用两性离子聚磺钻井液钻穿厚达3000m的巨厚盐层，展现了该体系良好的抗盐能力。

3）良好的封堵防塌能力。聚磺钻井液具有低的高温高压滤失量，滤饼薄而致密，可压缩性好且渗透率低。对层理和微裂隙发育的地层有良好的封堵能力。当钻井液中固相颗粒分布与地层裂缝、层理相匹配，能以较快速度在井壁四周形成堵塞带，阻止或减少钻井液滤液进入地层，从而达到稳定井壁的目的。

4）良好的流变性。保留了聚合物钻井液良好的剪切稀释性，表现为环空速梯下合理的有效黏度与钻头水眼高剪切速率下很低的黏度，既能有效地携屑悬砂，又有利于机械钻速的提高。

5）较强的抑制性。聚合物包被剂提供的抑制性可有效地抑制泥岩地层或泥岩钻屑的水化膨胀和分散，稳定井壁，还能抑制钻井液中黏土颗粒在高温下的进一步分散。

（3）聚磺钻井液的使用要点。在聚磺钻井液中，加大聚合物处理剂的含量可提高体系的抑制性，使黏土颗粒的分散—聚结平衡趋向聚结。与此相反，加大磺化处理剂含量会减弱体系的抑制性，使黏土颗粒分散—聚结平衡向分散方向移动。因此用好聚磺钻井液的关键是把握好聚与磺的平衡关系，保持各种处理剂的合理含量，发挥聚合物处理剂与磺化处理剂的各自优势，提高聚磺钻井液的抗温、抗盐能力，具体应用中需注意以下几点。

1）保持聚合物包被剂的合理含量，连续使用、全井使用。聚合物包被剂是聚磺钻井液的核心处理剂，合理包被剂含量是聚磺钻井液抑制性建立的基础，是调节和改善聚磺钻井液流变性的重要手段，是抑制钻屑和黏土高温分散的有效措施。因此应采用等浓度的维护处理工艺，确保聚磺钻井液中聚合物包被剂的合理含量。

2）尽量少用或不用烧碱，维持相对较低的pH值。聚磺钻井液的pH值不需太高，适宜的pH值范围是8.0～9.0。在正常情况下，除配浆外聚磺钻井液中，尽量不加烧碱及纯碱等碱类物质。pH值越高，OH^-越多。而OH^-会使黏土颗粒表面的负电性增加，水化能力增强，削弱了聚合物包被剂的抑制能力，更易出现黏土颗粒的高温分散。

3）控制合理的黏土含量。黏土含量是影响聚磺钻井液抗温、抗盐能力最主要因素。黏土含量越高，聚磺钻井液受温度和电解质的影响越大。由于受高温分散的影响，当黏土含量超过体系的容量限时，聚磺钻井液的抗温能力将大幅降低，带来的后果是黏度和切力大幅上升，流变性恶化，严重时出现胶凝现象。但是，过低的黏土含量也会带来问题，容易出现因高温聚结而引起的固相聚沉，钻井液胶体性质丧失、性能破坏、结构解体。因此保持合理的黏土含量对于聚磺钻井液极为重要。

4）保持足够的磺化处理剂含量。磺化处理剂是聚磺钻井液的核心处理剂，是聚磺体系抗温、抗盐能力的基础，是保持黏土颗粒分散—聚结平衡状态的稳定、改善滤饼质量、降低高温高压失水的重要手段。因此应采用等浓度的维护处理工艺，确保聚磺钻井液中磺化处理剂的合理含量。

二、完井液化学

（一）完井液与油气层保护

1. 完井液与油气层损害

（1）完井液。新井从钻开油气层至正式投产前由于各种作业需要作用于井眼的流体称为完井液，也就是钻开油气层、射孔、试油、防砂及各种增产措施中用于油气层的流体均为完井液。由于完井液与油气层直接接触，可能进入油气层，而多数油气层对外来流体敏感，易受到损害，这样会导致油气开采量下降。为了减少对油气层的污染，要求完井液具有优良的性能。

（2）油气层损害。油气层损害就是储层孔隙结构变化导致渗透率下降，使油气渗出能力下降，开采量降低。渗透率下降包括绝对渗透率的下降（即渗流空间的改变，孔隙结构变差）和相对渗透率的下降。油层受到损害主要是油层原有的物理性质发生了变化，特别重要的因素是油层渗透率的改变。油层渗透率发生变化的主要原因有两个，一是打开油气层直到油井投产期间用来完井及修井的各种流体侵入了油层通道，二是生产过程中储层中的流体流向井筒经过油层通道。外来固相侵入、水敏性损害、酸敏性损害、碱敏性损害、微粒运移、结垢、细菌堵塞和应力敏感损害等都能改变油气层的渗流空间，引起相对渗透率下降。油气层损害主要发生在井筒附近区，因为该区是工作液与油气层直接接触带，也是温度、压力、流体流速剧烈变化带，而增产改造、开发中的损害可以发生在井筒的任何部位。由于各种作业环节对油气层都存在或多或少的损害，根据损害原因将油气层损害分为三种类型：固体物堵塞、外来流体侵入、气体侵入。

1）固体物堵塞引起的油气层损害。由于钻井液固相、完井液固相、注入流体固相颗粒以及钻井、射孔等作业产生的岩粉挤入油气储层使孔隙堵塞，导致渗透率下降。此外，油层所含细粒（如黏土、云母和其他矿物等）分散和运移，造成堵塞，也导致渗透率下降。

2）外来流体侵入损害油气层。由于外来流体与岩石、外来流体与地层流体发生化学作用产生沉淀造成堵塞，导致渗透率下降；外来流体在地层孔隙内发生润湿反转作用，降低油气层的渗透率；外来流体使油气层中的黏土膨胀，堵塞孔隙，降低渗透率。

3）气体侵入损害油气层。由于注入井内各种液体（钻井液、完井液等）会带入一定量的空气，空气中的某些组分与油气层发生作用产生颗粒堵塞孔隙，降低渗透率；气体还会在原油中形成泡沫引起“贾敏效应”，使原油的流动阻力增加。例如，二氧化碳溶于沥青基原油引起沥青沉淀，引起油井结垢；二氧化碳溶于水中使岩层中的碳酸钙溶解，破坏砂层胶结物产生沙化堵塞地层，降低渗透率。

2. 油气层的保护

油气层的保护是石油勘探开发过程中的重要技术措施之一，其好坏直接关系到石油天然气勘探、开发的效果。

（1）保护油气层的重要性。在勘探过程中，保护油气层工作的好坏直接关系到能否及时发现新的油气层、油气田和对储量的正确评价；保护油气层有利于油气井产量及油气田开发经济效益的提高；油气田开发生产各项作业中，保护油气层有利于油气井的长期稳产高产。

（2）保护油气层的方法。为了消除各种作业过程中对油气层的损害，在防止或减轻油气层损害方面应尽量做到：①减少外来物的侵入。控制压差，在不发生井喷的前提下，尽可能降低外来压力，缩短浸泡油层时间，控制工作液的滤失量。②选用与油层相匹配的工作液。工作液物理性能必须满足工程作业要求，液相中的溶质必须与油层中的各组分匹配，固相含量一般不超过 2mg/L，粒径不超过 2μm。

当已经发生油气层孔隙结构变化导致的渗透率下降时，必须采用化学解堵的方法。

1）吸附型垢的处理。用磷酸类的除垢剂除去由于吸附产生的垢。但用磷酸作除垢剂时，由于和地层离子作用会造成新的损害，可用与盐酸互溶的溶剂或水润湿性表面活性剂处理。

2）砂岩地层中滤饼的处理。用土酸（HCl 与 HF 的混合酸）处理滤饼，但会产生铝氟化合物沉淀引起新的油气层损害，这类沉淀可用盐酸除去。

3）清除水锁时产生的地层损害。水锁是指在钻井、完井、修井及开采作业过程中的工作液在油气层的孔隙中滞留的现象。产生水锁会损害油气层的渗透率，使油气两相的渗流速度都明显降低。处理水锁最常用的方法是加入表面活性剂和互溶剂来减小表面张力。例如，加入新型互溶剂可以处理致密碳酸盐岩地层的水锁问题。

（二）完井液的组成及作用

1. 水基型完井液

水基型完井液是以水为分散介质的分散体系，是国内外目前应用最广泛的一大类体系。常用的有以下三种。

（1）无固相盐水完井液。这是由清水和一种或几种无机盐配成的盐水基液，其密度由盐的浓度和各种盐的比例确定，一般密度范围为 1.00 ～ 2.30g/cm^3，然后加入适量的增黏剂、降滤失剂、pH 值调节剂、缓蚀剂等。所用的增黏剂、降滤失剂也必须具备抗盐、抗温的能力，常用的是羟乙基纤维素（HEC）、黄原胶（XC）等，它们均可在盐水中增稠，热稳定性约在 120 ～ 135℃，加特殊添加剂可将热稳定温度提高到 150℃。

常用的盐有氯化钠、氯化钾、氯化钙、溴化钙和溴化锌等。氯化钠盐水液是最常用的盐水完井液，密度范围是 1.003 ～ 1.20g/cm^3，为防止地层黏土的水化，在配制过程中一般加 1%～3% 的氯化钾。氯化钾盐水完井液的密度范围是 1.003 ～ 1.17g/cm^3，用于对付水敏性地层。氯化钙盐水完井液的密度范围是 1.008 ～ 1.39g/cm^3。井眼要求工作密度为1.40 ～ 1.80g/cm^{3}时，可用氯化钙/溴化钙盐水液，可分别以密度为 1.38g/cm^{3}的氯化钙和密度为 1.82g/cm^{3}的溴化钙溶液为基液来调整体系密度。对于高温高压井，可用氯化钙、溴化钙和溴化锌盐水液配制 2.31g/cm^{3}的盐水完井液。

无固相盐水完井液的优点是不含固相，不会把外来固相引入地层而损害渗透率；可减少储层黏土矿物水化膨胀；保护储层原有渗透性。此外，该种完井液通过调整密度还可用于异常高压层。但是，盐水完井液也存在一些缺点：滤失量高，易漏失，悬浮能力差，需要较好的盐水过滤系统，需解决防垢、防结晶、防腐等问题。因此，高密度盐水的使用需一系列配套技术与设备。

（2）无黏土低固相暂堵型完井液。无黏土低固相暂堵型完井液主要由盐水、桥堵剂及增粘剂组成。桥堵剂有三种：第一种是酸溶性的，如石灰粉、碳酸铁粉和氧化铁；第二种是油溶性的，如油溶性树脂；第三种是水溶性的，如各种盐粒。这类完井液的特点是从“抑制”和“暂堵”两个方面来减少对储层的损害。桥堵剂可以在作业期间起暂堵降滤失的作用。作业后桥堵剂又可被溶解掉，不会形成对储层孔道的堵塞，基本可以做到对储层无损害，渗透率可恢复90%～100%。用油溶性暂堵剂配制的液体常用于射孔液，这种完井液在使用时必须选择与储层孔喉大小相匹配的暂堵粒子大小，以免引起对储层的损害。例如，最常用的组合是碳酸钙与羟乙基纤维素形成的非触变性聚合物完井液。

（3）聚合物类完井液。聚合物类完井液可分成以下几种：①聚合物加表面活性剂的完井液，其主要由起增黏、降失水作用的聚合物（如羧甲基纤维等）加上苏发努尔（烷基苯磺酸钠为主的化学剂）或者非离子型表面活性剂形成，有时还加入盐及一些固相（如白土或熟石灰）。由于表面活性剂的加入，使得液体进入储层后易于反排。所以这类完井液常用于气层或含水饱和度高和易水锁的油层。②阳离子聚合物完井液，其主要由阳离子聚合物作包被絮凝剂、低分子阳离子有机化合物作泥页岩抑制剂，并加入降滤失剂、增黏剂、封堵剂等处理剂组成的。世界上大多数的砂岩油层含有易膨胀黏土矿物，针对这些油层选用的阳离子聚合物完井液可有效地抑制黏土膨胀，减小对油层的损害。③正电胶（MMH）完井液，其主要由正电胶（MMH）、滤失控制剂和桥堵剂组成。MMH是一种新型的层状无机化合物，由氢氧离子围绕两种或更多种金属离子组成，它是带有多个正电荷的超细粒晶胶体。可用于不同渗透性、不同岩性和不同孔隙类型的油气层，特别适用于具有水敏性、易坍塌和易漏失的地层。该完井液体系结合暂堵技术使用，保护油气层的效果更好。

2. 油基型完井液

油基型完井液的优点是热稳定性好，密度调节范围大，对油气层中泥页岩抑制性好，滤失量小，能较好地保护油气层原有的渗透性。此外，这类完井液还能抗各种盐类污染，防止H_2S及CO_2对工具的腐蚀作用，广泛用于钻开油层、扩眼、射孔和修井等作业中，也可用作低压油层的砾石充填液。其基本组成和应用规律与油基型钻井液基本相同。油基型完井液可分为两种：

（1）纯油基完井液，是一种不含水相或含水量低于5%的油基型钻井液，其主要由0号柴油、氧化沥青、有机土、油酸、氧化钙粉和青石粉组成。常用于低渗、低孔、强水敏性的砂岩储层取心和完井，对于储层情况很清楚的油层或异常低压层可用原油或柴油等作射孔液、压井液。

（2）油包水型或水包油型胶束溶液完井液，其主要由15%～30%的盐水（盐水常为10%～15%的$CaCl_2$）、柴油、有机土、油酸、乳化剂和氧化钙粉组成。具有很低的油水表面张力，这种射孔液与压井液在无限制地与烃类混合时能自发地吸收大量水。除具有高表面活性和强洗油能力外，还能增溶占自身体积20%的水，在80℃以内，这种溶液处于热稳定状态。使用胶束溶液射孔、压井可获得很好的效果。这种完井液常用于低渗、低孔、强水敏性砂岩储层的完井。

3. 气体型完井流体

气体型完井流体是含有人为充入气体的一类完井流体。该类完井流体适用于低压裂缝油气田、稠油油田、低压强水敏性油气层、低压低渗油气层、易发生严重漏失的油气层和能量枯竭油气层。这类完井流体的特点是密度低、失水量小、不发生漏失和保护油气层的效果好。

（1）气体完井流体，其主要由气体（空气或天然气）、防腐剂、干燥剂组成。用于钻漏失层、敏感地层、溶洞性低压层和低压产层。具有钻速快、钻时短和钻进成本低等特点。地面注入压力为0.7～1.4MPa，环空流速为762～914m/min时能有效钻进。

（2）雾化完井流体，它是由空气、起泡剂、防腐剂和少量水混合组成的循环流体，空气是连续相，水相是非连续相。雾化完井流体是气体完井流体的一种过渡性工艺，所以，其除具有空气完井流体的所有优点外，还克服了空气完井流体在产水地层不能使用的缺点。雾化完井流体需要空气量比气体完井流体多30%～40%，这要求有更大的空压设备，地面注入压力一般高于2.5MPa，环空流速要达到914m/min以上。

（3）充气完井液，它是将气体在井口充入液体中，形成以气体为分散相、液体为连续相的分散体系，通过使用稳定剂使气体可以比较稳定地均匀分散在液体中，而形成稳定的充气完井液。液体与空气的配比一般为10∶1。充气完井液的密度最低可达0.5g/cm^3。钻进时，地面正常工作压力为3.5～8MPa，环空速率要达到50～500m/min。充气完井液主要适用于将技术套管下到油气层顶部的低压油气层和稠油油层。

三、采油化学

(一) 原油的采收率

原油的采收率是指原油的可采量与原油储量之比。一次采油、二次采油甚至三次采油后地层还有部分油不能采出，采收率仍然较低，其原因是油层的不均质性，使驱油剂（水、化学物质等）沿高渗透层进入油井而波及不到渗透性较低的油层。即使驱油剂波及的油层，由于油层表面的润湿性和毛细管的阻力效应（Jamin 效应），也不可能把油全采出来。因此，采收率与两个因素有关：一是驱油剂能够波及的油层大小；二是驱油剂能否把波及的油层的原油驱入油井。

（1）波及系数：指由注入的驱油剂所波及的油层体积与整个油层的体积之比

$$\text{波及系数}=\frac{\text{驱油剂波及的油层体积}}{\text{储油层的总体积}}$$

由于地层的渗透率不同，驱油剂的波及系数始终小于 1。地层的渗透率不同是地层的不均质造成的，地层的不均质分为宏观不均质性与微观不均质性，宏观不均质性是指地层的组成、疏松程度等不同，微观不均质性是指孔喉大小分布、孔喉表面粗糙度等不同。因此，地层越不均质，地层的渗透率差异越大，波及系数越小，采收率越低。

（2）洗油效率：指注入的驱油剂所波及的油层所采出的油量与该油层的储油量之比

$$\text{洗油效率}=\frac{\text{波及油层采出的油量}}{\text{波及油层的储油量}}$$

洗油效率与地层表面的润湿性有关。如果地层能被油润湿，则地层是亲油的，产生的毛细管阻力会阻碍油从地层表面脱落，洗油效率低；如果地层能被水润湿，则地层是亲水的，在驱油剂的作用下油易从地层表面脱落，洗油效率高。因此，地层表面的润湿性决定洗油效率的高低，也决定采收率的高低。

原油采收率的主要因素是波及系数和洗油效率，二者有以下关系：

$$\text{采收率}=\text{波及系数}\times\text{洗油效率}$$

(二) 提高采收率的方法

要提高采收率，就必须提高波及系数、洗油效率。提高波及系数的主要途径是减小驱油剂与原油的流度比(‰),使驱油剂流动能力降低，提高油的流动能力，则波及系数上升，采收率提高。提高洗油效率的主要途径是改变地层的润湿性，将亲油地层变为亲水地层，减小地层毛细管效应，达到提高洗油效率的目的。

提高采收率的方法主要有四种（图1-12）：①化学驱油法（化学驱），又分为聚合物驱油法（聚合物驱）、表面活性剂驱油法（表面活性剂驱）和碱驱油法（碱驱）；②混相驱油法（混相驱），又分为烃类混相驱油法（烃类混相驱）和非烃类混相驱油法（非烃类混相驱）；③热力采油法（热

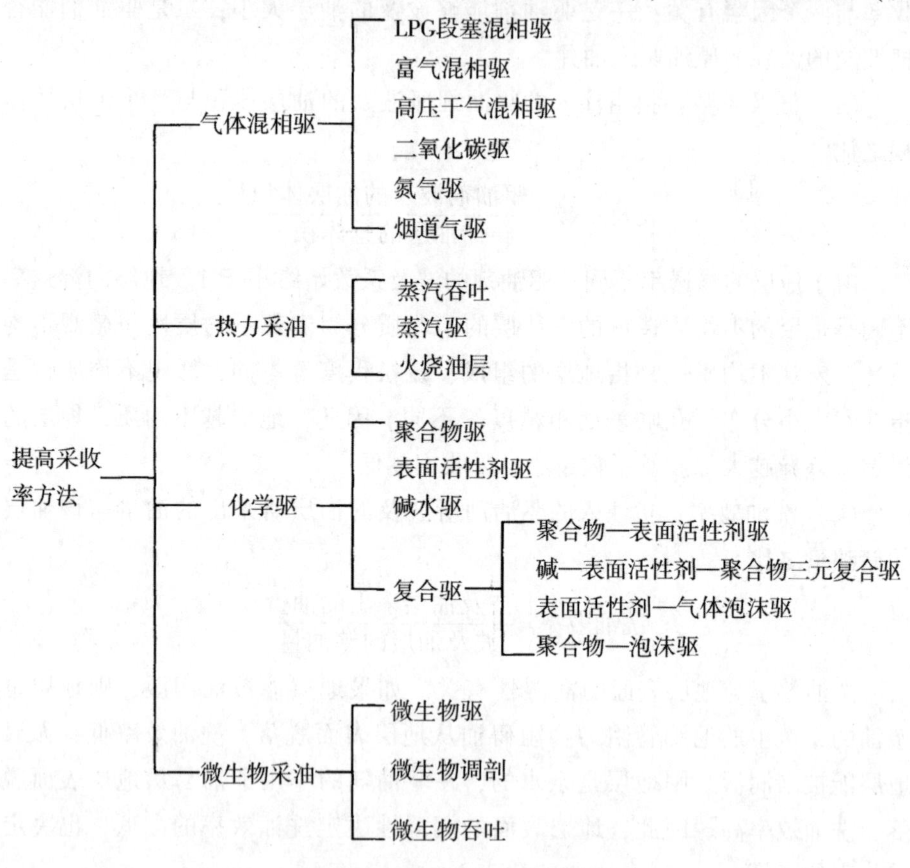

图1-12 提高采收率分类框图

采），又分为蒸汽驱油法（蒸汽驱）和油层就地燃烧法（火烧油层）；④微生物采油法，又分为微生物驱、微生物调剖和微生物吞吐。

由于化学驱油法与化学密切相关，所以这里只讲化学驱油法。

（三）化学驱油法

在原油的开采中，利用地层的天然能量驱动采油，称为一次采油。但随着能量的消耗殆尽，地层原油失去流动性无法开采。一次采油的采油率约为 10%～25%。为了继续开采原油，就需要向地层输入能量将原油采出，最经济、最简单的方法就是向地层注水开采原油，这就是二次采油。随着注水开采进入开发后期，开采出的原油含水率不断升高，有些油田含水率甚至达到 80%～90%，继续注水开采是不经济的。二次采油的采收率约为 15%～25%。经过一次采油、二次采油，储量一半以上的原油仍在地层中，继续开采就是通过注驱油剂（化学物质、气体或微生物），改变地层及地层中原油的性质，这就是三次采油，其采收率有很大的提高，三次采油的采收率在 75% 以上（有的高达 90%）。

1. 聚合物驱

（1）聚合物驱油法。聚合物驱油法是把聚合物添加到注入水中，提高注入水的黏度，降低驱油剂流度的驱油法，即聚合物驱是以聚合物溶液作为驱油剂的驱油法。一般作为驱油剂的聚合物的相对分子质量都在数百万，甚至数千万以上，所以形成的水溶液的黏度高，因此又把聚合物驱称为聚合物强化水驱、稠化水驱和增粘水驱。

聚合物驱的作用是降低水油流度比(M_{WO}),使波及系数提高,采收率提高。

水的黏度小，流动能力强，在地层中的渗透性好，所以注水开采时，水驱的波及系数小，如果在水中加入聚合物，形成聚合物溶液，聚合物溶液黏度高，注入油层会使流度比大大下降，使波及系数提高，从而采收率提高。由聚合物驱以提高波及系数为主，因此它适用于非均质的重质或较重质的油藏。当聚合物驱与交联聚合物调剖技术相结合时，也可以用于那些具有高渗透率通道或微小裂缝的油藏。

（2）聚合物驱油的作用。

1）聚合物对注入水有较强的稠化能力，能使水的黏度（μ_W）提高。

聚合物影响水的增粘能力是由于下列原因引起的：①水中聚合物分子互相纠缠形成一定形状的网状结构，使内摩擦力增加，产生结构黏度。②离子型聚合物在水中电离，链节上带有相同电荷，这样互相排斥，聚合物所占的空间更大，形成无规则线团，使水溶液的黏度提高。③聚合物链中的亲水基在水中溶剂化（水化）。例如，部分水解聚丙烯酰胺（HPAM）

的亲水基水化。

$$\text{+CH}_2\text{—CH+}_x\text{+CH}_2\text{—CH+}_y\text{+CH}_2\text{—CH+}_z$$

$$\underset{\text{水化}}{CONH_2}\qquad\underset{\text{水化}}{COOH}\qquad\underset{\text{水化}}{COO^-}$$

2）聚合物的加入使注入水的有效渗透率（K_W）减小。聚合物在孔隙介质中滞留，使水溶液的渗透能力、流动速率降低，孔隙介质对水的有效渗透率减小（K_W）。聚合物在多孔介质中的滞留包括吸附、捕集和物理堵塞。①聚合物的吸附。聚合物主要通过氢键、范德瓦尔斯力和静电力吸附在岩石表面。岩石对聚合物吸附按吸附量的影响从大到小的排序为：黏土矿物>碳酸岩>砂岩>蒙脱石>伊利石>高岭石>长石>石英。②机械捕集。机械捕集是指比岩石孔隙大的聚合物分子进入并保留在岩石中。这些孔隙一端小，另一端大，聚合物分子进入孔隙，但在小口端却流不出来，于是聚合物分子就被捕集，如图 1-13 所示。由于聚合物在孔隙结构中滞留，增加了流体在孔隙结构中的流动阻力，岩石对水的有效渗透率减小，达到减小水油流度比，增加波及系数，从而提高原油采收率的目的。机械捕集可让油通过，只是限制水溶液的流动，并且机械捕集是可逆的。③物理堵塞。物理堵塞主要是由于沉淀物而引起的。这些沉淀物包括聚合物溶液中的各种不溶物，聚合物与地层或流体中的物质发生化学反应而生成的沉淀物，如地层中的二价阳离子，使部分水解聚丙烯酰胺絮凝或沉淀等。物理堵塞不允许流体通过，并且一般是不可逆的。

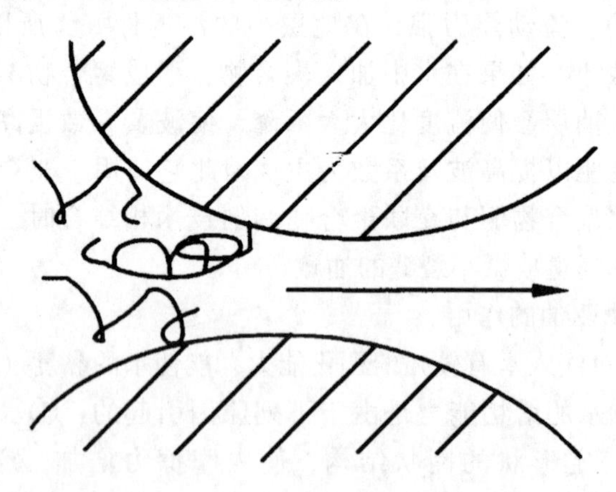

图 1-13　机械捕集

（3）聚合物驱用的聚合物。聚合物驱中常用的聚合物有两大类：天然聚合物和人工合成聚合物。天然聚合物是自然界的植物及其种子通过微生物发酵而得到的，如纤维素、生物聚合物黄胞胶等。人工合成聚合物是用化学原料经工厂生产而合成的，如聚丙烯酰胺（PAM）和部分水解的聚丙烯酰胺（HPAM）等。

1）黄胞胶（XG）。生物聚合物黄胞胶（Xanthan）是由黄单胞杆菌培养液进行发酵而产生的生物聚合物，又称黄原胶。黄胞胶的主链为纤维素骨架，其支链比 HPAM 更多，每个链节上有长的侧链，由于侧链对分子卷曲的阻碍，所以它的主链采取较伸展的构象，因此黄胞胶的主要优点是增粘能力强，黏度随温度变化小，耐盐耐剪切。但是黄胞胶分子结构中含有醚键，热稳定性不高，其使用温度一般不超过 75℃。由于细菌对生物聚合物会发生生物降解，在使用中必须加入杀菌剂。

2）部分水解的聚丙烯酰胺（HPAM）。HPAM 的分子结构为

$$\left(\begin{array}{c}CH_2-CH\\ |\\ CONH_2\end{array}\right)_x\left(\begin{array}{c}CH_2-CH\\ |\\ COOH\end{array}\right)_y\left(\begin{array}{c}CH_2-CH\\ |\\ COOM\end{array}\right)_z \quad (M = K、Na 等)$$

在过硫酸铵作用下由丙烯酰胺合成聚丙烯酰胺（PAM）。反应为

$$n\begin{array}{c}CH_2=\\ |\\ CH\end{array} \xrightarrow{(NH_4)_2S_2O_3} \left(\begin{array}{c}CH_2-CH\\ |\\ CONH_2\end{array}\right)_n$$

聚丙烯酰胺（PAM）可在碱溶液中水解，产生部分水解聚丙烯酰胺（HPAM），反应为

$$\left(\begin{array}{c}CH_2-CH\\ |\\ CONH_2\end{array}\right)_n + yH_2O + zNaOH \longrightarrow$$

$$\left(\begin{array}{c}CH_2-CH\\ |\\ CONH_2\end{array}\right)_x\left(\begin{array}{c}CH_2-CH\\ |\\ COOH\end{array}\right)_y\left(\begin{array}{c}CH_2-CH\\ |\\ COO^-\end{array}\right)_z + (y+z)NH_3\uparrow + zNa^+$$

（其中 $x=n-y-z$）

部分水解聚丙烯酰胺在水中发生解离，产生—COO^-，使整个分子带负电荷，所以部分水解聚丙烯酰胺为阴离子型聚合物。由于部分水解聚丙烯酰胺分子链上有—COO^-，链节上有静电斥力，在水中分子链较伸展，故增粘性好。

使用时，应防止高矿化度水，以免引起盐敏效应。盐敏效应是指盐含量（矿化度）增加会降低 HPAM 对水的稠化能力的作用。这是因为 HPAM 是阴离子型聚合物，盐中阳离子会中和 HPAM 分子上的—COO^-，使链节上的斥力下降，空间体积变小，聚合物分子卷曲，增粘能力降低。

2. 表面活性剂驱

（1）表面活性剂驱的分类。表面活性剂驱是指驱油剂为表面活性剂体系的驱油方法，据表面活性剂的作用，把表面活性剂驱分为以下三类。

1）表面活性剂稀溶液驱油体系：驱油剂是表面活性剂稀溶液，溶液的浓度较低。表面活性剂稀溶液驱油体系包括活性水驱（浓度小于 CMC）和胶束溶液驱（浓度稍大于 CMC）。

2）表面活性剂浓溶液驱油体系：驱油剂是表面活性剂浓溶液，表面活性剂的浓度大于 CMC。表面活性剂浓溶液驱油体系包括水外相微乳驱、油外相微乳驱和中相微乳驱，统称为微乳状液驱（微乳驱）。

3）表面活性剂稳定驱油剂体系：是指表面活性剂起稳定驱油剂作用的驱油体系。这类体系包括泡沫驱和乳状液驱。例如，泡沫驱中表面活性剂（起泡剂）起着稳定气泡的作用，驱油剂是泡沫。

表面活性剂作为驱油剂能提高采收率和油藏的开采速率，但不是所有的表面活性剂都能达到好的效果，作为驱油剂的表面活性剂必须符合下列几个条件：①表面活性剂的表面活性要强，在地层中可明显降低油水表面张力；②表面活性剂与地层流不发生化学反应；③表面活性剂在岩石表面的吸附量低，以减少表面活性剂的消耗量；④廉价易得，以降低表面活性剂驱油的成本。

表面活性剂的消耗量主要取决于表面活性剂的表面活性及其在岩石中的吸附量。表面活性剂有四种类型，其中非离子表面活性剂的驱油效果最好，但成本比较高；阳离子表面活性剂在岩石上吸附量特别高，与地层水的相溶性差，而且毒性大；阴离子表面活性剂有很好的表面活性，在岩石表面吸附量少，因此，油田上用于驱油的活性剂主要是阴离子表面活性剂；而两性表面活性剂很少用于驱油。

（2）活性水驱。活性水驱是指以浓度小于 CMC 的表面活性剂稀溶液为驱油剂的驱油方法。驱油剂的组成很简单，只有水和表面活性剂，所以活性水驱与注水驱油一样，只是把注入水改为表面活性剂稀溶液。活性水驱是表面活性剂驱中最简单的一种。常用的表面活性剂是阴离子表面活性剂或阴离子表面活性剂与非离子表面活性剂的混合物。

活性水驱油的过程中，表面活性剂将吸附在油水界面和岩石表面上，改变油水表面张力和岩石的润湿性，提高洗油效率，使原油的采收率增加。

1）降低油水表面张力。油水表面张力矿下降，使驱出吸附在岩石表面油膜的黏附功 $W_{黏}$ 减小，油膜易脱落，洗油效率增加，如图 1-14 所示。

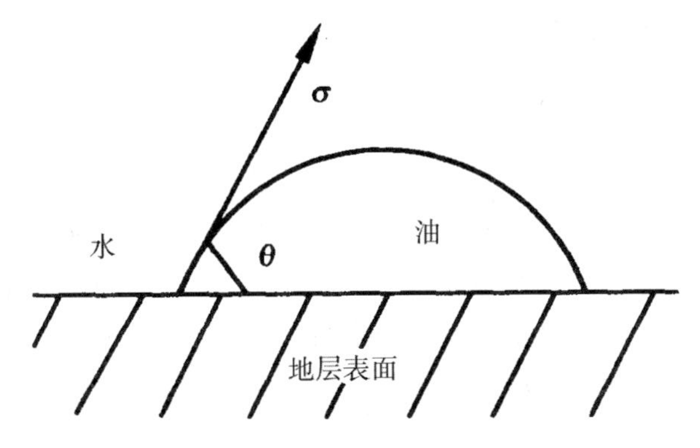

图 1-14 黏附功的计算

据黏附功的计算公式：

$$W_{黏}=\sigma(1+\cos\theta)$$

σ 下降，$W_{黏}$减小，油膜脱落，在驱油剂的作用下大量脱落的油膜变为可流动油，这样在地层岩缝中的残余油被驱出，洗油效率增加，采收率提高。

2）改变地层表面的润湿性。表面活性剂吸附在地层中，使亲油地层变为亲水地层，吸附在岩石表面的油膜脱落而被驱油剂驱出。一次采油后，原油中的天然表面活性剂吸附在岩石表面，使地层表面呈亲油地层，吸附在地层上的油膜不易脱落。活性水中的表面活性剂吸附在地层表面使地层的亲油性变为亲水性，接触角 θ 变大，使驱出吸附在岩石表面油膜的粘附功 $W_{黏}$减小，油膜易脱落，这样吸附在岩石表面的油膜将脱离地层表面而被活性水驱替出来，如图 1-15 所示。

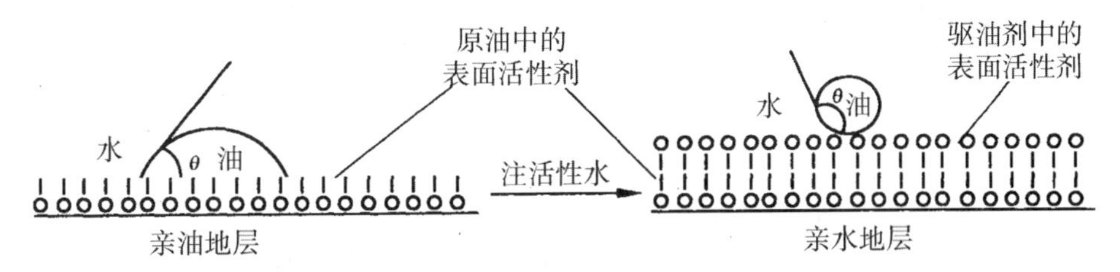

图 1-15 地层表面的湿润性变化

3）提高原油在水中的分散作用。在活性水中的表面活性剂吸附在油水界面，使原油能在水中分散被乳化，形成水包油型乳状液，阻止原油又回到地层表面，并且在高渗透层段分散相粒子产生叠加的液阻效应（贾敏效应），使水较均匀地在地层推进，提高了波及系数。

4）增加油珠表面的电性。当活性水中的表面活性剂为离子型表面活性剂时，能提高油珠表面和岩石表面上的电荷密度，增加油珠与岩石表面之间的静电斥力，使油珠易为驱动，提高了洗油效率。

（3）胶束溶液驱。与活性水相比，胶束溶液有两个特点：一是表面活性剂浓度超过临界胶束浓度，因此溶液中有胶束存在；另一个是胶束溶液中除表面活性剂外，还加入了辅助剂（醇和盐）。胶束溶液驱具有活性水驱的作用机理，还具有活性水驱没有的作用：①增溶作用。胶束溶液中有胶束存在，胶束对油具有增溶作用，即使油溶入胶束之中，提高了胶束溶液的洗油效率。②醇、盐的加入，不但使表面活性剂易吸附在水油两相界面上，而且可减少水的极性或增加油的极性，改变表面活性剂的亲油亲水平衡值，从而最大限度地吸附在油水界面上，产生超低表面张力，洗油效率得到了很大的提高。

（4）微乳驱。微乳驱是指以微乳液为驱油剂的化学驱油法。微乳液的组成、状态都与活性水、胶束溶液及乳状液不相同，因此微乳驱的驱油作用也有所不同，但其效果是最好的。

1）微乳液的组成。微乳液由主要成分和辅助成分组成。主要成分是水、油和表面活性剂，表面活性剂一般选用阴离子型、非离子型，水可以选用淡水或盐水，油选用柴油、煤油或原油；辅助成分是助表面活性剂和电解质，助表面活性剂选用醇或酚，电解质选用酸、碱、盐，一般使用盐（如氯化钠、氯化钾、氯化铵等）。

助表面活性剂的作用是：①调整水和油的极性（减小水的极性，增加油的极性）；②增加胶束的空间，加强胶束对油或水的增溶能力。

电解质的作用是减小表面活性剂的极性部分溶剂化的程度，调节表面活性剂的 HLB 值，使胶束在很低的浓度下形成，使表面活性剂的 CMC 下降，这样可以减少表面活性剂的用量。

2）微乳液的类型。微乳液是在表面活性剂形成的胶束溶液中，分散相溶入胶束之中，而胶束又分散在分散介质中形成的分散体系。分散相、分散介质是水和油，因此微乳液分为三种类型：①水外相微乳液，水溶性表面活性剂、水和油形成的分散体系，但分散相为油，分散介质为水；②油外相微乳液，油溶性表面活性剂、水和油形成的分散体系，但分散相为水，分散介质为油；③中相微乳液：介于水外相微乳液与油外相微乳液之间的一种过渡状态类型。这三种类型的微乳液可以互相转化，如图 1-16 所示。

3）微乳液的特点。微乳液主要有以下三方面的特点：①能与水、油在一定范围内混溶，形成稳定体系；②微乳液的胶束空间大，其增溶作用比一般胶束溶液的增溶作用强；③微乳液中的油和水是在胶束内外，因此水

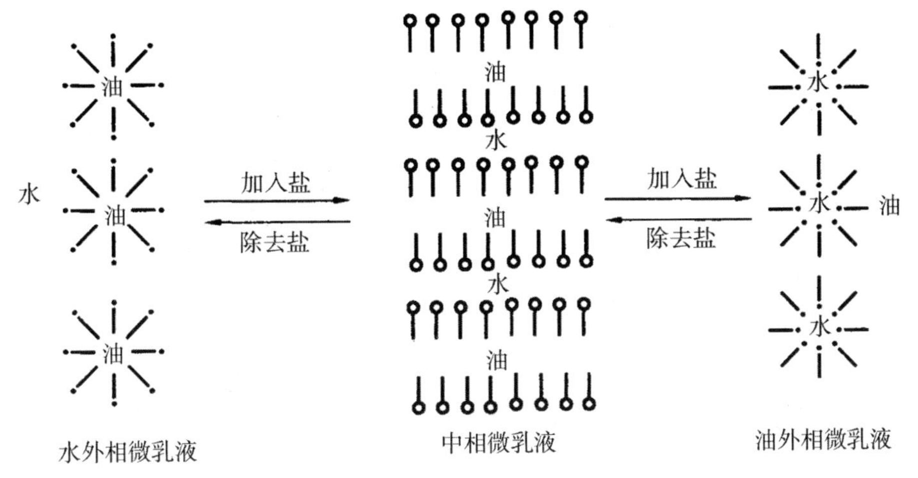

图 1-16 微乳类型的相互转化

与油没有界面，不存在表面张力。

4）微乳驱的作用。微乳液的组成比前面讨论的活性水、胶束溶液复杂，因此微乳驱的驱油机理和活性水驱、胶束溶液驱有所不同，其驱油效果更好。微乳驱除具有与活性水驱相同的驱油作用，还具有以下作用（以水外相微乳液为驱油剂说明驱油作用）：当微乳液与油层接触时，其外相的水与水混溶，而其胶束可增溶油，即油溶入胶束中。微乳液中水与油无界面，无表面张力，不存在毛细管阻力，波及系数提高；与油完全混溶，其洗油效率也很高。当油在微乳液的胶束中增溶达到饱和时，微乳液与油层中的油之间产生界面，但由于表面活性剂的存在，此时驱油机理与活性水相同，但驱油效果比活性水驱好。随着油溶入微乳液的量增加，使胶束转化为油珠，水外相微乳液转变为水包油型乳状液，如图 1-17 所示，而乳状液也是驱油剂，其驱油机理与泡沫驱相同。所以微乳驱的洗油效率远高于水驱、活性水驱和胶束溶液驱的洗油效率。

3. 碱驱

碱驱是指以碱溶液作为驱油剂的驱油法。碱驱是一种最早使用的驱油方法，碱水比较廉价，注碱水驱油的操作比较简单，常用的碱是 NaOH、KOH、NH_3H_2O 以及在水中显碱性的盐如 Na_2CO_3、$NaHCO_3$ 等。碱溶液之所以能驱油是因为碱与原油中的石油酸发生反应生成了表面活性剂。

（1）碱与石油酸的反应。

碱+原油中的石油酸（—COOH）⟶阴离了表面活性剂

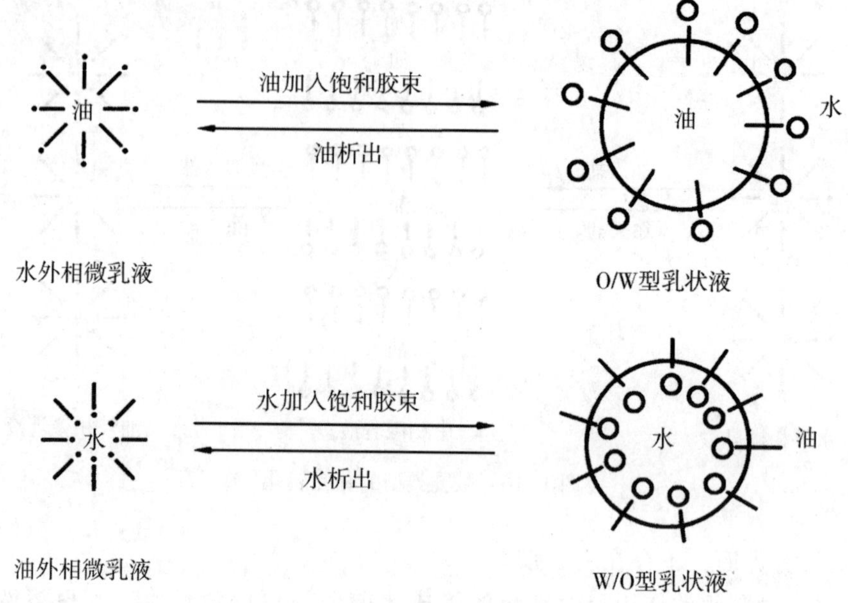

图 1-17　微乳液与乳状液互相转化

例如，$R—COOH+NaOH \longrightarrow R—COONa+H_2O$

沥青酸等都能与碱反应生成相应的阴离子表面活性剂，如果加入盐（如 NaCl）还能调节阴离子表面活性剂的亲水亲油平衡值（HLB 值可以利用加入的盐改变）。

（2）影响碱驱的因素。

1）地层组成的影响。当地层中含有大量阳离子如 Ca^{2+}、Mg^{2+} 等时，碱与阳离子反应生成不溶于水的氢氧化物沉淀，反应为

$$Ca^{2+}+2OH^- \longrightarrow Ca(OH)_2$$

$$Mg^{2+}+2OH^- \longrightarrow Mg(OH)_2$$

这就造成沉淀堵塞地层孔隙，降低地层的渗透性；与地层阳离子反应会消耗大量的碱；若碱与石油酸生成的阴离子表面活性剂与地层中阳离子反应，消耗阴离子表面活性剂的量，则严重影响碱驱的驱油效果。

2）原油酸值的影响。碱驱的驱油剂实际上是碱与原油中的石油酸反应生成的阴离子表面活性剂，而表面活性剂的形成及数量取决于原油中的石油酸含量，即酸值大小。因此，原油酸值大小影响碱驱的驱油效果。碱驱最好在二次采油初期使用或原油酸值高地层使用，这样能形成较多的表面活性剂。

（3）碱驱的作用。

1）降低表面张力。碱与石油酸生成的阴离子表面活性剂吸附在油水界面上使表面张力降低，使驱出吸附在岩石表面油膜的黏附功下降，油膜易脱落，驱油剂流动的毛细管阻力下降，洗油效率提高。

2）地层的润湿性发生反转。碱与石油酸生成的阴离子表面活性剂吸附在地层表面，改变地层表面的润湿性。一次采油后由于原油中的表面活性剂使地层表面为亲油地层，注入碱水后形成的阴离子表面活性剂又使地层表面的润湿性由亲油性转变为亲水性，水变为润湿相，毛细管阻力变为推力，驱油剂在毛细管力作用下进入渗透性差的地层，将地层内的残余油驱出，提高波及系数，也提高了洗油效率。

3）乳化和携带作用。碱与石油酸生成的阴离子表面活性剂使地层内的残余油乳化，形成水包油乳状液。在流动过程中，若遇到比乳状液分散相液滴还要小的孔隙，分散相液滴将被捕获，从而产生贾敏效应，抑制了碱水驱油剂的有效渗透率，使水油流度比减小，波及系数提高；若遇到比乳状液分散相液滴要大的孔隙，这些乳状液分散相液滴被携带进入连续流动的碱性水相中，残余油以非常细小的乳化液随水一起流出，使洗油效率提高。

四、集输化学

（一）原油的破乳处理

我国大多数油田已经进入开发后期，采出的原油含有大量的水（地层水、注入水）。对于“双高”油田（高含水、高采出程度），采出的原油含水量可达到80%以上。由于原油本身含有一定量的表面活性剂，化学驱油过程中又加入一定量的表面活性剂，再加上机械的作用（如采出液经抽油机、喷油嘴、弯头、阀门等的作用），使油与水形成乳状液，即乳化原油。由于乳化原油中含水量很高，不仅会增加泵、管线和储罐的负荷，而且会引起金属表面腐蚀和结垢，因此乳化原油外输前必须将水脱出（即为破乳）。

1. 乳化原油

（1）乳化原油的类型。乳化原油就是指原油和水形成的乳状液，因此乳化原油分成两种类型：①油包水乳化原油（W/O 型乳化原油）。油为分散介质、水为分散相的乳状液，一次采油和二次采油初期所采出的乳化原油主要为油包水乳化原油（原油含量高）。②水包油乳化原油（O/W 型乳化原油）。水为分散介质、油为分散相的乳状液，油田开发中后期采出的乳化原油主要为水包油乳化原油（原油含水量高）。

（2）乳化原油的稳定机理。乳化原油能稳定是因为乳化原油中存在乳化剂。

1）油包水乳化原油的乳化剂主要来源于两个方面：一是原油中的活性石油酸（如沥青质颗粒）；二是亲油性固体颗粒（如微晶蜡颗粒、沥青颗粒）。

因为原油中总是含有一定量的沥青质酸、蜡，随着原油采出地面，温度降低，使沥青质固体颗粒和蜡析出，这些物质对水、油形成的乳状液起着乳化剂的作用。

2）水包油乳化原油的乳化剂主要来源于三个方面：一是原油中的活性石油酸与碱（碱驱中加入的碱）产生的碱金属盐；二是表面活性剂驱产生的水溶性表面活性剂；三是地层中的黏土产生的水湿性固体颗粒。

2. 乳化原油的破乳

乳化原油中含水所造成的危害是很大的，主要有：增加原油的储存、输送、炼制过程的设备的负荷；引起设备、管道的腐蚀和结垢；使原油的质量下降。因此原油在外输之前必须破乳，破乳就是破坏乳化原油，使油水分离、将水脱去的过程。

（1）破乳的方法。使乳化原油的油水分离的方法常有三种：①热法。用加热的方法破坏乳化原油，使油水分离。因为温度升高会产生以下两个作用：一是乳化剂在油水界面上的吸附量降低；二是乳化剂的溶剂化降低，使分散介质的黏度下降，这样有利于分散相的聚结与分层。②电法。在高压电场作用下破坏乳化原油，使油水分离。乳化剂在界面的吸附层发生变化，使部分油水界面不被保护，从而分散相聚结分层。③化学法。用破乳剂破坏乳化原油使油水分离。在油田最常用的破乳方法是化学法，因此破乳剂的用量很大。破乳剂就是能破坏乳化原油使油和水分离的化学剂。

（2）油包水乳化原油的破乳剂。油包水乳化原油的破乳剂种类很多，如早期的低分子阴离子型表面活性剂（如脂肪酸盐型、硫酸酯盐型、磺酸盐型），后来的低分子非离子型表面活性剂（如 OP 型、平平加型、吐温型）以及目前最常用的高分子非离子型表面活性剂。这三种类型的破乳剂的破乳机理基本相同。

破乳剂的破乳机理：破乳剂在油包水乳化原油的油水界面上将乳化剂挤走形成易破裂的界面膜；破乳剂对油包水乳化原油的油水界面膜有很强的溶解能力，使油水界面膜破裂；破乳剂具有反相作用，使油包水反相成水包油，在反相过程中，乳化膜被破坏，这是因为破乳剂具有比乳化剂更高的活性。对于高分子非离子型表面活性剂的破乳剂还能同时吸附多个水珠（分散相粒子）在界面上，使水珠聚结，达到破乳的作用；由于高分子非离子型表面活性剂易形成胶束，对乳化剂具有增溶作用，使乳化剂形成膜被溶解达到破乳的作用。所以，高分子非离子型表面活性剂破乳剂的效果最好。

（3）水包油乳化原油的破乳剂。水包油乳化原油常使用四类破乳剂：电解质（如盐酸、氯化钠、氯化镁、氯化钙、硝酸铝等）、低分子醇（如甲醇、乙醇、丙醇等）、表面活性剂和聚合物。不同类型的破乳剂具有不同的破乳机理。

破乳剂的破乳机理：①电解质通过减少油珠表面的电性，增加油珠聚结。因为电解质可以压缩油珠表面的扩散双电层，使界面上的电性减小，使分散相粒子（油珠）间的排斥力减小而易于聚结。②低分子醇能改变油水相的极性，使乳化剂从一相转移到另一相，使乳化膜破坏，油珠聚结。③阳离子表面活性剂与乳化剂反应，使油水表面的乳化膜破裂，油水分层；阴离子表面活性剂使油水表面形成不牢固膜；非离子表面活性剂能抵消乳化剂在表面的作用。④聚合物通过桥接油珠，使油珠聚结，使之破乳。

（二）天然气处理

自 20 世纪 90 年代以来，陆续形成了三个新气区：塔里木盆地、鄂尔多斯盆地及柴达木盆地；一个老气区获得了新发展，即四川盆地。近海形成了两大气区：莺歌海—琼东南盆地、东海盆地。据专家分析，在国内天然气的消费空间很大，未来的几十年内的需求量还会快速增长。2020 年天然气需求量可能达到 1500 亿 m^3，逐渐取代石油的工业地位，成为新的能源。因此，对天然气的处理技术应引起高度的重视。

天然气中含有一定量的水蒸气，水蒸气冷凝后与 H_2S、CO_2 等酸性气体形成酸性溶液，对输送管道产生严重腐蚀。在一定条件下，天然气与水生成水合物堵塞管道；在低温时，水蒸气结冰也会堵塞管道，如北方的冬天及低温分离天然气都会产生这样的情况。因此，必须对天然气进行脱水、脱酸性气体等处理。

1. 天然气脱水

天然气的含水量难以准确说明。天然气在地层中长期与水接触（水来源于注入水、边水和底水），一部分天然气溶于水中，水蒸气也进入天然气之中，所以开采了的天然气均含有一定量的水分。

（1）天然气的含水量。天然气的含水量就是指天然气中水汽的含量。含水量与压力、温度有关，通常表示天然气含水量的方法有三种：①绝对湿度。主要是指单位体积天然气中所含水蒸气的质量，单位是 g/m^3，用 E 表示。②水露点。在一定压力下，将天然气降温，天然气的含水量就可能由较高温度时的饱和含量变为某一较低温度时的饱和含量，此时天然气中开始凝析液态水，随着温度降低，天然气中的水汽会不断凝析出来，把刚析出水（露珠）时的温度称为水露点。水露点是指在一定压力下，天然气在水汽饱和温度时（即刚有一滴露珠出现时的温度），不同油（气）田天然气的含水量不同，因此对应的水露点也会不同。一般天然气的含水量下降，水露点下降，在天然气的输送中，水露点必须比输气管道沿线环境低 5～15℃，否则水汽会在输气管道凝析成液体。③相对湿度。相对湿度的定义需先定义饱和含量。在一定的温度、压力条件下，当天然气的含水量达到某一最大值时，就不会再增加，这时，天然气中的水蒸气达到了饱和，即达到水汽平衡时，天然气的含水量就称为水蒸气的饱和含量。

$$\text{水（液体）} \xrightleftharpoons{T、p} \text{水汽（天然气）}$$

（2）天然气脱水法。天然气脱水法主要分为以下三种：①降温法。水的饱和含量随温度下降而减少，因此可采取降温的方法脱水。降低天然气的温度，会析出冷凝出的水，这样可达到脱水的目的。②吸附法。指用吸附剂脱除天然气中水蒸气的方法。脱水的能力取决于吸附剂的选择。吸附剂最好选择比表面积大、孔隙度大、对水有选择性、稳定性好（化学、热稳定性）且可再生的固体物质。常用的吸附剂有氧化铝、硅胶和分子筛等。③吸收法。指用吸收剂脱去天然气中水蒸气的方法。这个方法与吸附法不同，吸附法是利用固体对水蒸气具有吸附作用，而吸收法是利用水能溶解在某些液体（溶剂）中而除去水的方法。吸收剂应该对水的溶解度大、对天然气的溶解度低、稳定性好（化学、热稳定性）、易再生使用等。常用的吸收剂是甘醇（二甘醇、三甘醇等）。

2. 天然气脱酸性气体

酸性气体（H_2S、CO_2 等）的存在会使输送管道及设备的腐蚀加重，

H_2S、CO_2 本身也是环境的污染物。在加工过程中 H_2S 还会引起催化剂中毒。以四川达州地区气田为例，该地区天然气田属含硫甚至高含硫气田，90%以上天然气都含 H_2S，有的气井 H_2S 含量高达17%以上，其中罗家寨、渡口河、铁山坡气田 H_2S 含量为9.5%～17%，因此必须进行天然气脱酸性气体的处理。

（1）吸附法。指用吸附剂脱去酸性气体的方法。化学吸附剂是指吸附时与酸性气体发生化学反应的吸附剂。例如，海绵铁（主要成分是 Fe_2O_3），吸附反应为

$$2Fe_2O_3+6H_2S \longrightarrow 2Fe_2S_3+6H_2O$$

再生使用时 $$2Fe_2S_3+3O_2 \longrightarrow 2Fe_2O_3+6S$$

物理吸附剂是指物理吸附脱去酸性气体的吸附剂。常用的是耐酸分子筛。

分子筛是结晶态的硅酸盐或硅铝酸盐，由硅氧四面体或铝氧四面体通过氧桥键相连而形成，分子尺寸大小（通常为0.3～2.0nm）的孔道和空腔体系，如图1-18所示。这些微小的孔穴直径大小均匀，能把比孔穴直径小的分子吸附到其内部，而把比孔穴直径大的分子排斥在外，因而能把形状和直径大小不同的分子、极性程度不同的分子、沸点不同的分子、饱和程度不同的分子分离开来，即具有“筛分”分子的作用。分子筛可以吸附天然气中的水汽和酸性气体。

图1-18 分子筛的晶体结构

（2）吸收法。指用液体吸收剂吸收酸性气体的方法。化学吸收剂是指吸收时与酸性气体发生化学反应的吸附剂。即

$$吸收剂+酸性气体（CO_2、H_2S 等）\longrightarrow 化合物$$

这样就除去了天然气中的酸性气体。常用的吸收剂有醇胺、氢氧化钠等。物理吸收剂是指可以溶解酸性气体的吸收剂。目前，在天然气的开发过程中，特别是对高含硫气田的开发，主要采用世界上最先进的自动控制技术对天然气进行脱硫、硫黄回收及尾气处理，硫黄回收率可达到99.8%以上，硫黄纯度可达99.99%。

3. 天然气水合物生成的抑制

由于天然气中含有水，因此，在一定条件下（如低温、低压下）天然气与水会形成水合物，从而堵塞管道。

（1）天然气水合物。天然气水合物是一种由水分子和碳氢气体分子（主要是甲烷）组成的结晶状固态简单化合物。结晶体是水分子之间通过范德瓦尔斯力形成的多面体“笼子”状立体结构，天然气中的烷烃分子（如甲烷分子）也由范德瓦尔斯力进入“笼子”内形成晶体结构。这种多面体“笼子”状的晶体结构水合物有三种：H型结构水合物、I型结构水合物和Ⅱ型结构水合物。这三种结构水合物由三种基本结构发展而来，三种基本结构为：5^{12}、$5^{12}6^{2}$、$5^{12}6^{4}$，5^{12}表示由12个五边形构成的“笼子”，$5^{12}6^{2}$表示由12个五边形和2个六边形构成的“笼子”，$5^{12}6^{4}$表示由12个五边形和4个六边形构成的“笼子”。天然气水合物就是由这些“笼子”状的晶胞组成的微晶长大聚结沉积形成的。

水和天然气一般不会形成天然气水合物，只有在较低的温度（约为0～10℃）、足够高的压力（>10MPa）下才能形成。所以在寒冷地带天然气的输送过程中水和天然气容易形成天然气水合物而堵塞输送管道。

（2）抑制天然气水合物生成的方法。抑制天然气水合物生成的方法有三种：一是调节温度和压力，根据形成天然气水合物的温度、压力条件，在输送天然气时控制温度和压力；二是减少天然气含水量，水的含量过低不能形成天然气水合物；三是加入抑制天然气水合物生成的化学剂（抑制剂），使在管道中不能形成天然气水合物。

常用的抑制剂有醇类（如甲醇、乙醇、乙二醇等）、表面活性剂（如烷基苯磺酸盐、聚氧乙烯苯酚迷等）和水溶性聚合物（如羟乙基纤维素等）。

抑制剂的作用：醇与水互溶，在醇水溶液中难于形成天然气水合物晶核，就不能形成天然气水合物晶体；表面活性剂吸附在天然气水合物微晶表面上，使水合物微晶不能长大形成晶体；水溶性聚合物分子的亲水链节与天然气水合物晶体连接，虽然不能影响晶体的长大，但能阻止晶体间的聚结沉积以免堵塞管道。

(三) 原油的输送

1. 原油的降凝输送

原油的降凝输送指用降凝法处理后的原油在管道中的输送。降凝法是指降低原油凝点的方法，降凝法一般有三种：物理降凝法、化学降凝法和化学—物理降凝法。

(1) 物理降凝法。物理降凝法是将原油加热至某一温度，冷却后其凝点降低的方法，又称热处理。原油加热处理后，其凝点降低、黏度降低。

例如，大庆油田原油的凝点是32℃，经过70℃的加热处理，原油的凝点降为17℃；又如江汉油田原油的凝点是26℃，经过80℃的加热处理，原油的凝点降为14℃。

加热后原油降凝的原因：①加热后的原油中各组成分子存在的状态发生了变化。如蜡以分子状态分散在油中；沥青质与胶质形成的堆积体变小，油中胶质含量增加，使胶质破坏蜡的结晶。②冷却后原油中蜡晶析出受到了影响，这因为沥青质、胶质起到了控制蜡晶长大的作用。

(2) 化学降凝法。化学降凝法是指加入降凝剂使原油凝点降低的方法。降凝剂是指使原油凝点降低的化学物质。降凝的原理与防蜡原理相同，所以降凝剂分为表面活性剂型原油降凝剂和聚合物型原油降凝剂。

1) 表面活性剂型原油降凝剂。常见的是石油磺酸盐（$R—SO_3Na$）、聚氧乙烯烷基胺等。例如

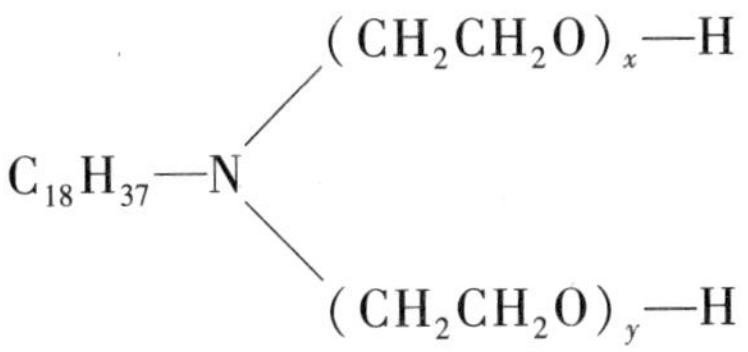

$$C_{18}H_{37}—N\begin{cases}(CH_2CH_2O)_x—H \\ (CH_2CH_2O)_y—H\end{cases}$$

（聚氧乙烯烷基胺）

降凝作用（吸附机理）：当蜡析出后，降凝剂吸附在蜡晶表面，抑制蜡晶生长。

2) 聚合物型原油降凝剂。常见的是聚丙烯酸酯、乙烯与羧酸乙烯酯共聚物等。聚合物型原油降凝剂具有与蜡共同结晶的基团。例如，

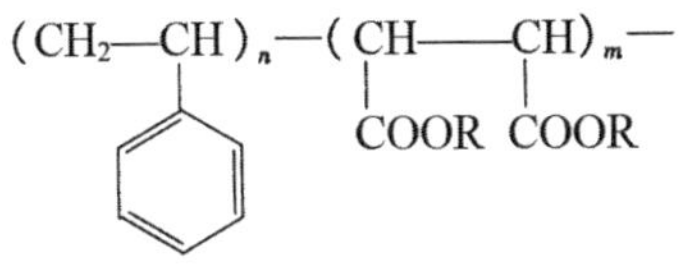

$$(CH_2—\underset{C_6H_5}{CH})_n—(\underset{COOR}{CH}—\underset{COOR}{CH})_m—\qquad R:C_{14}\sim C_{40}$$

苯乙烯与顺丁烯二酸酯共聚物

降凝作用（共结晶机理）：降凝剂与蜡同时析出，并生成共晶（混合晶

体)，由于共晶不规则，使蜡晶扭曲不能长大。

例如，中原油田原油的凝点是33℃，加入降凝剂后，原油的凝点变为13℃；又如青海油田原油的凝点是32℃，加入降凝剂后，原油的凝点变为12℃。

(3) 化学—物理除凝法。化学—物理除凝法是指加入降凝剂并加热原油，冷却后凝点降低的方法，实际上化学—物理除凝法就是同时用前面两种方法对原油降凝，使凝点降低更多，效果更好。例如，大庆油田原油的凝点是32℃，经过70℃的加热处理，原油的凝点变为17℃，加入降凝剂再加热，原油的凝点降低到12℃；又如江汉油田原油的凝点是26℃，经过80℃的加热处理，原油的凝点变为14℃，加入降凝剂再加热，原油的凝点降低到6℃。

2. 原油的减阻输送

(1) 原油的减阻输送概述。加入减阻剂使湍流的原油在管道中流动阻力降低的输送。流动阻力会消耗大量的能量，因此在输送过程中应尽量降低这种阻力。减阻剂是指在湍流状态下能降低原油在管道中的输送阻力的化学剂，一般为高分子聚合物，即在流体中注入少量的高分子聚合物，能在湍流状态下降低流动阻力。

1) 减阻剂的减阻作用。在湍流中，漩涡越小流动阻力越大，需要的能量越多，要保持原油处于湍流状态流动，就必须消耗大量的能量。减阻剂能储存能量，在流体需要能量时释放出来，从而保持原油湍流的流动状态。

2) 影响减阻剂作用的因素。①原油的性质。原油的黏度越低，原油的雷诺数越大，流体的流动易达到湍流状态，有利于减阻剂的减阻作用。②减阻剂的结构。高分子聚合物具有弹性，线型，并且主链上有一定数量、一定长度的支链（柔顺性，保护作用）；相对分子质量适中，一般在10^5～10^6,过高被剪切降解，过低影响减阻作用。③管输条件。管输温度高，原油的黏度越低，有利用减阻剂的减阻作用；管输的流速越快，原油的雷诺数越大，湍流程度越高，有利于减阻作用。

(2) 减阻剂的作用机理。大部分原油管道中的流体流态是湍流，而减阻剂恰恰在湍流中起作用。湍流的特点是流动的流体分子由于其涡流及其他杂乱运动导致大量能量损耗。减阻是减阻剂中的聚合物分子与流动流体的湍流发生相互作用的结果。流体在管道中流动，沿径向分为三部分：管道的中心为湍流核心，它包含了管道中的绝大部分流体，其流体质点互相撞击与掺混，杂乱无章地向前运动；紧贴管壁的是层流底层，其流体质点成层地向前运动；层流底层与湍流漩涡之间为缓冲区，其流动状态表现为层流到湍流的过渡。

减阻高聚物分子可以在流体中伸展，吸收缓冲区与层流底层之间的能量，从而干扰层流底层的液体分子从缓冲区进入湍流核心，阻止其形成湍流，或至少减弱湍流的程度。因此，减阻高聚物主要在缓冲区起作用。

(四) 油田污水处理

1. 污水的来源与性质

油田污水是指在石油及天然气的地质勘探、采集开发、储存运输等作业中产生和排放的污水，其中包括钻井污水、采油污水、采气污水等。由于来源不同，其性质不同，污水处理的方法也不相同。油田污水的主要来源是采油、钻井的生产污水。

(1) 油田采出液污水。

1) 采油污水。油田的二次采油是注水开采，三次采油基本上也是以注水开采为主，因为化学驱油剂实际上是各种化学剂的水溶液，因此注入水和地层水将随原油被带到地面上，这就产生大量的采油污水。

采油污水的特点：①水温高。一般污水的温度在50℃左右，有的油田采油污水的温度高达70℃。②矿化度高。大部分采油污水都含有一定的盐分，其含量基本为102～106mg/L。③pH值为7左右，一般偏碱性（弱碱性）。④污水中溶解了一定量气体，例如污水中溶解有CO_2、O_2、H_2S及烃类气体。⑤污水中含有一定量的悬浮固体。悬浮固体主要是三种：一种是泥沙，如黏土、细砂和粉砂等；一种是腐蚀物及垢，如Fe_2O_3、FeS、$CaCO_3$、细菌等；一种是有机物，如胶质、沥青质和石蜡等。⑥污水中还含有一定量的原油和破乳剂。

2) 采气污水。采气作业时随气体一起采出的地层水。其特点是氯离子含量高，还有一定量的硫。

(2) 钻井污水。在钻井作业中，起下钻作业产生的污水、冲洗地面设备及钻井工具的污水、设备冷却水等为钻井污水。其特点是含有一定量的钻井液及钻井液处理剂，钻井液及钻井液处理剂的组成随钻井液材料不同而不同。

2. 油田污水的处理

(1) 污水的除油。油田污水中一般还有一定量的油。油在水里有两种状态：一是大颗粒的油珠，漂浮在水上；二是小颗粒的油珠，被乳化分散在水中。大颗粒的油珠用物理方法除去，小颗粒的油珠必须用除油剂除去。

除油剂指能减少污水中含油量的物质，除油剂的作用是破坏油珠表面所吸附的表面活性剂产生的扩散双电层吸附膜，使油珠之间聚结变成浮油，用物理方法除去。

除油剂有阳离子型聚合物、有分支结构的表面活性剂。

（2）污水的除氧。污水中溶解氧是引起金属腐蚀的重要因素，即溶解氧加快金属的腐蚀，就腐蚀而言，比 CO_2、H_2S 气体造成的危害更严重。即使 O_2 的浓度很低，也能导致金属的腐蚀，如吸氧腐蚀电池：

阳极：$2Fe \longrightarrow 2Fe^{2+}+4e^-$

阴极：$O_2+2H_2O+4e^- \longrightarrow 4OH^-$

除氧的方法很多，最常用的是化学除氧法，即加入除氧剂除去 O_2 的方法。除氧剂是指能除去水中溶解氧的化学剂，一般是还原剂，其作用是将 O_2 还原成无腐蚀的产物。常见除氧剂为亚硫酸盐（$NaHSO_3$、Na_2SO_3、NH_4HSO_3）、甲醛、二氧化硫等。

例如，甲醛的除氧反应为

$$2CH_2O+O_2 \longrightarrow 2HCOOH$$

二氧化硫的除氧反应为

$$2SO_2+2H_2O+O_2 \longrightarrow 2H_2SO_4$$

（3）污水中固体悬浮物的除去方法。固体悬浮物之所以不沉降，主要是因为这些固体主要为黏土颗粒，而黏土颗粒本来带负电，互相排斥不聚结沉降，为此加入絮凝剂，使悬浮物絮凝，从而聚结沉降。

絮凝剂是指使水中固体悬浮物形成絮凝物而下沉的物质。絮凝剂由混凝剂和助凝剂组成。絮凝剂的作用是中和固体颗粒表面的电性，使失去电性的颗粒聚结下沉。

常见的混凝剂是无机阳离子型聚合物（羟基铝、羟基铁和羟基锆），常见的助凝剂是水溶性聚合物（有机非离子型、有机阴离子型）。

（4）污水的防垢。油田污水储存池、流经的部位（如油桶、管道、泵等）一旦条件合适污水会结垢，其危害有堵塞管道、造成局部腐蚀、阻碍传热等。垢的主要类型是：碳酸钙垢（$CaCO_3$）、硫酸钙垢（$BaSO_4$）、硫酸锶垢（$SrSO_4$）。

1）常用防垢剂：缩聚磷酸盐、表面活性剂（磺酸盐、羧酸盐等）、聚合物等。

2）防垢机理：①晶格畸变机理，防垢剂吸附在水垢晶体活性点上，使被吸附的晶体颗粒变形，不能长大，使垢晶体微小松散阻止沉淀物（垢）

的形成。②静电排斥机理，离子型防垢剂吸附在微小垢表面，形成扩散双电层，带电阻止聚结。③配位机理，防垢剂与水垢成分中的阳离子（Ca^{2+}、Ba^{2+}）形成配位离子，使阳离子不能形成沉淀。

第二节 油田化学的发展

随着石油勘探开发技术的发展，油田化学在石油工业中的作用也日益重要。美国 1988 年以前油田化学剂消耗量的年增长率为 5.8%，到了 1993 年油田化学剂的消耗量增长率为 10%，钻井和完井用化学剂的增长率为 5.1%，采油用化学剂增长得比较少。美国 1983 年油田化学剂的总使用量为 9.5×10^5t，1988 年快速增加到 1.3×10^7t，1993 年达到 1.42×10^7t，其中生物聚多糖胶、硫化氢脱除剂、中强支撑剂、二氧化碳及氨基泡沫压裂液、油基钻井液、完井液和压裂液的用量增长速度最为突出。其油田化学剂用量的增长速度，在化学试剂产品中仅次于农药。

在我国的石油工业生产中，20 世纪 50—60 年代期间，已经在玉门、大庆、新疆等多个地方进行了油田开采研发工作。随着石油工业的发展，油田化学也得到了快速的提高，在现代经济发展模式下，油田化学科研技术决定了石油工业的未来方向。

近几年，随着我国国民经济的快速发展，对石油、天然气的需求量越来越大，为了适应国民经济发展的需求，使我国的石油和天然气产量进一步稳定持续的增长，就必须依靠科技进步。目前我国东部各主力油田，基本上已经进入开发阶段，其开发难度逐步加大。而西部新建的油田，由于自然环境等各方面因素的影响，开采环境恶劣，地表层条件复杂，其开采难度较大，从而对油田化学技术提出了更高、更难、更为迫切的一系列新问题。加上我国的油田化学技术与国际先进水平相比还有较大差距，因此大力发展我国油田化学剂及其技术是势在必行的迫切任务，对推动我国石油工业的发展具有重大的意义。

第三节 油田化学的重要性

油田化学是一门新兴的综合性应用科学。随着石油工业的发展和科学技术的进步，油田化学品和油田化学应用方法在石油工业中的使用日益广泛，油田化学品新品种的研制和应用技术的研究，在国际上越来越受到重视。油田化学技术的研究和开发需要多种学科的交叉和配合。由于油田化学以石油工程（如石油地质学、油藏物理、钻井工程和采油工程等）、化学（如有机合成、表面与胶体化学和高分子化学与物理学等）、化工（如流体输送、传热和传质过程、反应工程等）为基础，并涉及腐蚀工程、环境保护工程及微生物学等学科，因此油田化学是一门需要多种学科知识的新兴应用学科。

油田化学针对性强，为适应油田地层条件的不同和原油组成的差异性，形成的油田化学品种类繁多。若按油田化学品的用途来分类，主要有钻井液处理剂、油井水泥外加剂、酸化压裂添加剂、井下采油处理剂、集输处理剂、水处理剂、三次采油化学剂等。据不完全统计，世界各国仅钻井液处理剂就有 18 类，2606 个品种。虽然在油井水泥中，其外加剂的加入量小于或等于 5%，但其产品也有 13 类，216 个品种。近些年来，我国油田化学品已有了迅速发展，生产厂达 300 余家，产品品种约有 500 个。仅在我国油田目前已采用的 25 种堵水剂和 18 种调剖剂的配制液中，就需要 106 种化工产品，在酸化压裂过程中所需的添加剂也达 40 多种。

而且，油田化学是一个复杂的系统工程，不仅要考虑油田化学品对地层、油层的配伍性及针对性，同时必须和施工工艺技术方法结合起来。由于油田化学的多学科性，给油田化学品的研制和使用带来了复杂性，加之影响室内模拟试验和单井试验的因素较多（如油田化学品的性能和施工方法及工艺条件等），研制油田化学品与创新工艺技术的周期较长。

油田化学与油气层保护紧密相关。油田化学技术在油田开发、提高原油采收率和降低成本等方面发挥了显著作用，但如果对其应用不当，必将造成重大损失和影响。

油田化学具有高新技术特色。油田化学作为一门新兴的应用学科，越来越呈现出诸多高新技术的特点。纳米技术、生物技术与信息技术一起，被誉为 21 世纪的三大高新技术。纳米技术、生物技术在油田化学技术中的应用越来越广泛；化学成膜理论、表面与界面理论、智能聚合物理论、生物聚合物等理论，都是当今物理化学、表面化学、高分子化学、生物化学等领域的研究热点，体现出较多的高新技术特点。

油田化学本身就是关于油田化学工程应用技术与油田化学品技术的综合科学，因此与其他学科有着紧密的联系，具体如下：

（1）油田化学面对地层、油气层的针对性特点，决定了它与地质学尤其是油藏地质、黏土矿物学的关系。

（2）油田化学是用化学的手段认识与解决相关问题，因此无机化学、有机化学、分析化学、物理化学、表面化学、胶体化学、生物化学、环境化学等学科均是本学科的基础。

（3）油田化学的应用技术特点，决定了它与各工程学科，如钻井工程、采油工程、集输工程、油藏工程、防腐工程、水处理工程等工程学的关系是密切相连、互为基础的。

（4）油田化学是通过油田化学品的有效使用来解决相关问题，因此高分子化学、高分子合成、化工等专业学科自然成为油田化学又一重要基础。

第二章　含油污泥的化学处理

含油污泥的化学处理主要是利用不同性质的化学物质对油污泥进行物理化学固化处理，使其具备一定的机械强度或应用性能，并使得油污泥本身和析出的有害成分不会再对环境造成破坏和威胁的技术与相关操作。

第一节　含油污泥处理的意义和必要性

含油污泥简称油泥。油泥是在石油工业中所产生的最显著固体废物中的一种，是油田开发和储运过程中产生的主要污染物之一，是在石油开采、运输、炼制及含油污水处理过程中产生的含油固体废物，是石油烃类、胶质、沥青质、泥沙、无机絮体、有机絮体以及水和其他有机物、无机物牢固黏结在一起的乳化体系。因为含油污泥含有多种有害化合物，甚至某些有毒化合物具有“致癌、致突变和致畸形”的“三致”效应。因此，美国含油污泥被美国环保署列为优先污染物，并严格限制含油污泥的排放。不仅如此，含油污泥还被列入了我国《国家危险废物名录》中。

截至目前，我国含油污泥已经拥有巨大的产量。2015 年我国原油产量达到 1809 万 t。近几年来，我国原油产量逐年增加。保守估计，我国每年产出的油泥都有将近百万吨。除此之外，石油化工产业还会产生大量的浮选池底泥、浮渣以及剩余活性污泥，因此，我国每年产出含油污泥的总量还要大很多。通常情况下，油田产出的含油污泥会堆积在油田联合站，大量的含油污泥会对土壤造成大面积污染，并对油田工作者的工人健康和油田的正常开采造成巨大的危害。如今油田开采产出的含油污泥所造成土壤污染的无害化处理已经成为一个迫在眉睫的科学和技术问题。如果油田开采造成含油污泥逐渐堆积，对土壤造成的污染也无法解决，含油污泥的污染将会由土壤污染向周边环境蔓延，对油田开采的周边环境造成不同程度的影响。

首先，大量含油污泥的堆积，造成含油污泥中的油气挥发，使油田生产领域的空气质量的含烃浓度严重超标，各种油气的混合对油田生产领域工人的肾脏、呼吸系统和中枢神经系统造成严重危害。含油污泥中所含重金属和有毒金属比土壤中含量高很多，如果对含油污泥处置不当，会对当地的人和动物造成中毒事件的发生；其次，含油污泥的大面积堆放会导致地表水甚至地下水受到污染造成水中的石油类污染物严重超过健康水标准；再次，含油污泥当中原油含量很高，不能进行直接排放，否则会对含油污泥直接排放区域的制备造成直接破坏，使当地土壤板结，严重影响含油污泥排放区域的生态环境。因此，含油污泥已经被列入危险固体废弃物进行管理。含油污泥的处理过程中要防止其进入水循环系统，否则含油污泥会造成油田开采和含油污泥处理的境况逐渐恶化，注水压力逐渐增大，间接造成能量的大量损耗。不仅如此，油田生产和开采石油时，所产生的大量的含油污泥如果不能及时进行无公害处理，直接进行排放，将会造成巨大的经济损失。根据油田开采相关文件《排污费征收标准管理方法》的具体条文规定，具有强污染的含油污泥不经过无公害处理进行直接排放，将会受到 1000 元/t 的排污费罚款。仅此一项，就会对广大油田公司的经济收益造成严重损失。所以，油田开发必须寻求更加安全、环保和经济的新工艺，能够对油田开采所产生的含油污泥进行无公害或无污染的优化处理，才能保证油田开采区域的生态环境进行可持续发展，同时，使油田开采的经济效益得以保障。

随着全球对环保问题投注越来越多的关注，我国对环保相关问题的监管也越加严格。尤其是油田这样关乎民生和整个社会的重大项目，含油污泥的无公害处理技术的研究和发展，将会成为必然趋势。除此之外，对油田开采过程中产生的大量含油污泥进行原油回收，不仅能够在一定程度上减含油污泥对油田开采区域的土壤污染和生态环境破坏，还能够为油田开发创造客观的经济利益。最后经过原油回收的含油污泥再采用相应的去害处理，使含油污泥能够达到国家允许进行排放的标准进行排放，或进行建筑和铺路等综合利用，彻底达到含油污泥的无公害处理。因此，含油污泥的再回收和再利用技术，对油田开采和相应生态环境的可持续发展具有重要的实际意义。

第二节　微生物降解原理及技术

微生物降解技术是指利用微生物以石油烃类化合物为新陈代谢所需碳源，并能够将其转化为水和二氧化碳等无害物质的过程。微生物降解石油烃类化合物主要包括真菌修复和细菌修复两大类，其判别标准主要以降解石油烃类化合物的微生物种类为准。细菌修复与真菌修复相比，细菌具有易于培养和易于进行分子生物技术改造的特点。不仅如此，细菌修复比真菌修复更容易实现石油烃类污染物的无矿化，所以，土壤的细菌修复要比真菌修复的应用更加广泛。研究显示，常见的具有石油烃类降解能力的细菌种属包括假单胞菌属、节杆菌属、不动杆菌属、产碱杆菌属、微球菌属、棒状杆菌属、黄杆菌属)、红球菌属、无色杆菌属、诺卡氏菌属、芽孢杆菌属、分枝杆菌属等。

一、微生物降解石油的机理

不同的微生物对成分不同的石油的降解是不同的。通过各种研究表明，本质不同的烃类化合物，对应着不同种类的微生物降解，其降解原理也不同。由于微生物降解石油烃类化合物的实质是：不同种类微生物以石油烃的碳作为自身进行新陈代谢所需进行生长繁殖，并将其转化为水和二氧化塔等无害物质。但是微生物的新陈代谢需要在水环境下进行，而石油烃类化合物与水难溶。因此，微生物降解石油烃类化合物的过程无法直接完成。通常情况下，微生物降解石油烃类化合物和污染物多分为石油烃的摄取和石油烃的降解两个过程。

微生物降解烃类化合物的过程中，不同种类微生物摄取烃类的具体机制仍处于研究和探索阶段。现阶段微生物降解石油烃类化合物或污染物的研究人员认为：微生物降解烃类化合物的过程中，对烃类化合物主要存在两种不同的摄取机制，即微生物摄取疏水性烃类机制和微生物摄取溶解性烃类机制。针对微生物对烃类化合物不同的摄取机制，研究人员对微生物摄取溶解性烃类提出“单一扩散，溶解烷烃”的摄取模型，“单一扩散，烷烃溶解”的摄取机制主要用来描述微生物对气态烷烃和水溶性芳香烃的摄取，指水溶性烃类可以通过简单扩散的方式直接进入微生物体内进行代谢，同时实现微生物对水溶性烃类的降解；针对微生物降解疏水性烃类及其摄取机制，研究人员认为：微生物对疏水性烃类的摄取和降解主要依靠主动运输的方式进行，决定微生物对疏水性烃类物质摄取和降解能力的主要因素是微生物与烃类物质接触面积的有效性，相关实验也对该研究进行了证实，微生物与疏水性烃类接触的有效接触能够增强微生物对疏水性烃类物质的降解，提高微生物对烃类化合物的吸收和利用，加速其新陈代谢速率。

微生物对疏水性石油烃化合物进行主动运输的过程中，需要得到表面活性剂的支持，否则微生物对疏水性石油烃类化合物无法进行利用，也就很难对其进行降解。微生物进行疏水性石油烃类化合物的主动运输过程中所需要表面活性剂主要包括微生物自身产生的表面活性剂和外源活性剂两种。外源表面活性剂和微生物自身产生的表面活性剂都可以在微生物代谢过程进行主动运输过程，对于离子型表面活性剂而言，其胶体分子难以接近油的分子颗粒。一般而言，在扩散边界层中迁移的过程中或在它们（单个油分子与表面活性剂胶体颗粒）到达本体溶液中后与胶体结合如图 2-1（a）所示，进而使得油分子可以溶解或扩散出来。相反，对于非离子型表面活性剂而言，它与油分子之间不会产生排斥，因此能够接近油分子颗粒。当二者接触时，它们会吸附在表面、与油分子结合，或者部分以及全部的表面活性剂被分解并吸附在油表面。不论油颗粒需要一个或几个表面活性剂胶体颗粒才能得到溶解，包含溶解后油分子的表面活性剂胶囊都要被最终释放，如图 2-1（b）所示。

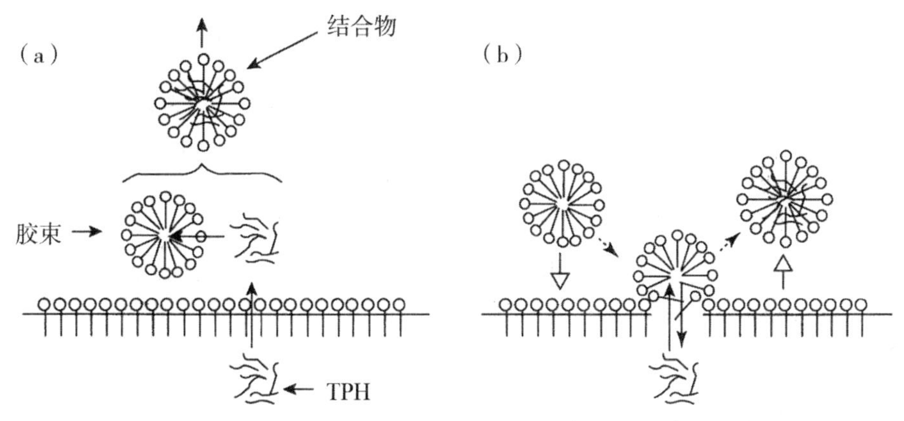

图 2-1　外源表面活性剂促进微生物摄取烃示意图

RosenBerg 提出的生物表面活性剂促进微生物摄取烃类污染物的过程如图 2-2 所示。从图中可以看出，首先微生物先把产生的表面活性剂排到体外，然后表面活性剂与 TPH 分子进行增溶反应，产生的结合物就通过主动运输的过程进入微生物体内，通过细胞壁及细胞膜的过程中部分生物表面活性剂出现解离又排至体外，进入体内的 TPH 分子可以作为微生物细胞生长繁殖的碳源营养物，被微生物分解，同时也是作为合成生物表面活性剂的碳源组分，整个过程循环进行。

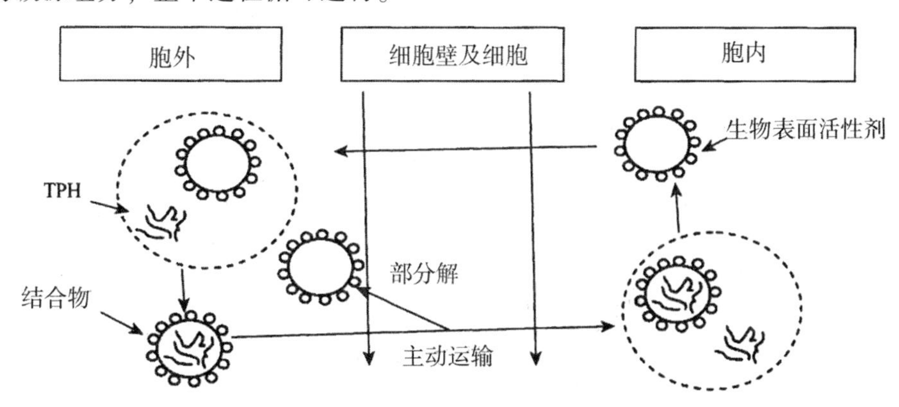

图 2-2　生物表面活性剂促进微生物摄取烃示意图

直链烃是石油中最易降解的，细菌和真菌都能利用。微生物对链烷烃的利用又因烷烃的大小而不同。短链的烷烃对许多微生物有毒，而碳链很长时，微生物难以利用，烃的相对分子质量超过 500～600 后，微生物不能利用。碳链长度适中（C_{10}～C_{24}）的正（N）烷烃分解最快。

降解途径一：微生物攻击链烷烃末端甲基，由混合功能氧化酶催化氧化成伯醇，再依次进一步被氧化成醛和脂肪酸，脂肪酸再按 β-氧化进一步分解。其反应式：

$$R-CH_2-CH_3 \xrightarrow[O_2]{+2H} R-CH_2-CH_2OH+H_2O$$
$$\downarrow$$
$$\beta\text{-氧化} \leftarrow\text{-----} R-CH_2COOH \xleftarrow[+H_2O]{-2H} R-CH_2-CHO$$

降解途径二：直链烷烃直接脱氢形成烯烃，烯烃再通过酶的催化作用，进一步氧化成醇、醛，最后成为脂肪酸，脂肪酸再按 β-氧化进一步分解。其反应式：

$$R-CH_2-CH_3 \xrightarrow{+O_2} R-CH=CH_2+H_2O \xrightarrow{NAD(P)} R-CH_2-OH$$
$$\downarrow$$
$$\beta\text{-氧化} \leftarrow\text{-----} R-CH_2COOH \xleftarrow[+H_2O]{-2H} R-CH_2-CHO$$

降解途径三：微生物攻击链烷的次末端，在链内的碳原子上插入氧。这样，首先生成仲醇，再进一步氧化，生成酮，酮再代谢为酯，酯键裂解生成伯醇和脂肪酸。醇接着继续氧化成醛、羧酸，羧酸则通过 β-氧化进一步代谢。反应式如下：

$$R-CH_2-CH_2-CH_3 \xrightarrow[-H_2O]{+O_2+2H} R-CH_2-CH(OH)-CH_3$$
$$\downarrow -2H$$
$$R-CH_2-O-C(=O)-CH_3 \xleftarrow[+O_2+2H]{-H_2O} R-CH_2-C(=O)-CH_3$$
$$\downarrow +H_2O$$
$$R-CH_2-OH+CH_3COOH \xrightarrow[-2H]{+H_2O}$$
$$\downarrow -2H$$
$$R-CHO \xrightarrow[-2H]{+H_2O} R-COOH \text{----}\rightarrow \beta\text{-氧化}$$

降解途径四：直链烷烃氧化成为一种烷基过氧化氢，然后直接转化成脂肪酸。

$$R-CH_2-CH_3 \xrightarrow{+O_2} R-CH-CH_2-OOH+H_2O \xrightarrow{} R-CH_2-OH_2+H_2O$$

NAD(P)

$$\beta-\text{氧化} \leftarrow\text{-----} R-CH_2COOH \xleftarrow[+H_2O]{-2H} R-CH_2-CHO$$

支链烷烃：微生物对支链烷烃的降解机理基本上与直链烷烃一致。主要氧化分解的部位是在直链烷烃上发生的，而且靠近侧链的一端较难发生氧化反应，侧链更难氧化，其氧化能力要差得多，总的说来，含有支链结构的烃类的降解速度慢于相同个数碳的直链烃类，烷烃的支链降低了分解速率。

环烷烃：环烷烃在石油馏分中占有较大比例，在环烷烃中又以环己烷和环戊烷为主，没有末端烷基环烷烃，它的生物降解原理和链烷烃的次末端氧化相似。首先，混合功能氧化酶（羟化酶）氧化产生环烷醇，然后脱氢得酮，进一步氧化得内酯，或直接开环，生成脂肪酸。以环己烷为例，其生物降解的机制为：混合功能氧化酶的羟化作用生成环己醇，后者脱氢生成酮，再进一步氧化，一个氧插入环而生成内酯，内酯开环，一端的羟基被氧化成醛基，再氧化成羧基，生成的二羧酸通过β-氧化进一步代谢。其反应式如下：

$$\text{环己烷} \xrightarrow[-H_2O]{+O_2+2H} \text{环己醇(OH)} \xrightarrow{-2H} \text{环己酮(O)} \xrightarrow[-H_2O]{+O_2+2H} \text{内酯(O)}$$

$$\beta-\text{氧化} \leftarrow\text{-----} COOH-CH_2-CH_2-CH_2-COOH \xleftarrow[-2H]{+H_2O} COOH-CH_2-CH_2-CH_2-CHO \xleftarrow{-2H} COOH-CH_2-CH_2-CH_2-CH_2OH$$

多环芳烃：多环芳烃的生物降解，先是一个环二羟基化、开环，进一步降解为丙酮酸和CO_2，然后第二个环以同样方式分解。以萘为例：

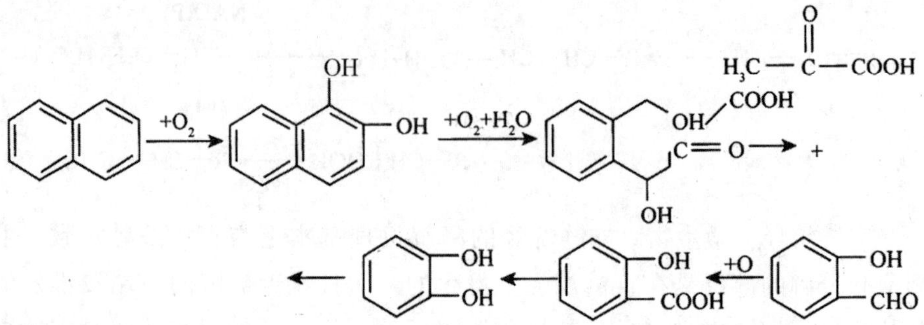

石油烃类化合物的组分较为复杂，而且不同种类石油烃类化合物的分子构成和结构也各不相同，由于微生物对许多石油烃类化合物和污染物的降解机制也未能完全确定。随着微生物降解石油烃类化合物的研究人员不断进行深入研究，发现石油烃类不仅能够在好氧条件下被微生物利用完成其新陈代谢和生长繁殖活动，厌氧条件下的烃类化合物也可以被部分微生物的代谢活动所降解。厌氧条件下能够对石油烃类化合物进行降解的微生物已被证实的多为硝酸盐还原菌属和硫酸盐还原菌属，而且厌氧条件下微生物降解石油烃类化合物的代谢速率与好氧条件下相比会有所下降。

二、微生物降解石油过程的关键因素

微生物降解石油过程的实质是：土壤中的微生物以石油烃中的碳结构作为碳源进行自身的新陈代谢，以此逐渐达成降解土壤中石油和烃类污染物的结果。

微生物降解土壤中烃类污染物与物理化学修复技术相比，更容易受到环境条件等外界因素的影响。因此想要提高微生物对于石油等烃类化合物的降解和修复过程，便需要在实际的修复过程中采用一定的强化手段，促进微生物的新陈代谢速率，加快相应的石油类化合物进行降解。根据微生物降解石油类化合物的已有研究成果，微生物降解法修复土壤过程中的关键因素可概括为以下四个方面。

（一）石油烃的组成及性质

生物降解石油烃类化合物过程中，作为目标污染物的石油烃类化合物的成分组成、浓度、毒性以及水溶性等都会对微生物的新陈代谢过程和速率造成影响。微生物对有机物降解的能力通常为烷烃的降解能力最强，芳香烃次之，而沥青和胶质等物质都很难被微生物降解，因为微生物很难对其组分构成进行吸收来完成自身的新陈代谢。

石油烃属于疏水性有机物，难溶于水。而微生物进行新陈代谢和生长繁殖活动的场所多为水环境。因此石油烃类化合物和污染物难溶于水的性质将会对微生物降解造成一定的困难。随着微生物对不同环境的适应和进化，微生物面对携带自身“营养物质”的石油烃类化合物，在两者进行相互接触时，微生物自身会产生一定的生物表面活性剂，对石油烃类化合物进行乳化，从而提高自身对石油烃类化合物的利用，增强其自身代谢的同时，加快石油烃类化合物的降解。即使微生物对石油烃类化合物不溶于水的特性具有一定的针对方法，但是人为加入石油烃类化合物相关的增溶剂对微生物降解石油烃类污染物的促进作用也是不可忽略的。例如，石油烃类污染物严重区域实施微生物降解过程中，向污染物区域进行生物表面活性剂的投放，也可对其进行环糊精或其衍生物的添加，或投放适量的化学表面活性剂。出于化学表面活性剂会对环境造成二次污染的可能，微生物降解石油烃类污染物的促进物质首选生物表面活性剂。除此之外，部分石油烃类污染物本身就会抑制微生物的新陈代谢和生长繁殖，对微生物而言，此类石油烃虽然属于“毒性物质”，但是仅有很少的一部分属于此类，更多对微生物降解石油烃类化合物造成抑制的是由于某些石油烃类化合物的浓度过高所致，这就要求降解石油烃类污染物的微生物能够拥有更好的耐受性。

（二）微生物对石油烃的降解能力

土壤微生物修复技术的完善程度主要取决于微生物对石油烃类污染物的降解能力。截至目前，被石油烃类物质污染的土壤主要源于含油污泥的随意排放，利用微生物降解技术来对含油污泥造成污染的土壤进行石油烃类污染物的降解更大程度依赖于投加外源微生物，并要求外源微生物对石油烃类化合物具有一定程度的代谢能力。

（三）环境条件的控制

石油的微生物降解过程与微生物的新陈代谢速率息息相关，因此，微生物的生存环境与石油烃类的化合物降解速率密切相关。对微生物的生存环境进行有效控制，能够对微生物降解石油烃类化合物进行进一步的强化。微生物的种类很多，不同种类微生物的新陈代谢和生长繁殖对环境要不一而同。微生物对是有烃类化合物进行讲解和修复土壤环境主要影响因素包括以下几点。

1. 温度

温度是微生物生长繁殖和新陈代谢的主要影响因素之一。因为微生物生存环境的温度会直接作用于微生物酶，影响微生物酶的活性，从而影响微生物新陈代谢和完成石油烃类化合物的降解以及对土壤环境的修复作用。不仅如此，微生物生存环境的温度对石油烃类化合物的化学组成和物理状态都会产生一定程度的影响，甚至使得石油烃的状态发生改变，对微生物产生一定的毒害作用或抑制微生物的成长。

2. pH 值

微生物生存环境的 pH 值与微生物细胞膜的透过性和酶活性息息相关，除此之外，微生物生存环境的 pH 值对微生物的蛋白质和核酸的活性也有很大影响。因此环境 pH 值的改变会直接影响微生物吸收营养物质的效果，而微生物对土壤中的石油烃类化合物进行降解，并实现土壤修复过程中，微生物生存环境的最适 pH 值应该保持在中性偏碱性的范围，以便更好地促进微生物对石油烃类化合物进行利用。

3. 湿度

土壤的湿度需要适中，因为微生物的新陈代谢需要在有水条件下进行，因为微生物生存土壤的含水量过低，微生物的细胞活性会受到很大程度的抑制，从而影响微生物的代谢速率；如果含水量过多，土壤的通气性会降低，从而使得微生物新陈代谢过程所需氧气供应不足，微生物的新陈代谢速率降低，降解能力下降。

4. 供氧方式

研究证实微生物在好氧条件和厌氧条件下均能对石油烃类化合物进行降解并完成土壤修复工作，但是厌氧条件能够对石油烃类进行讲解的微生物种类有限，而且降解石油烃类化合物的速率明显低于好氧条件下微生物对石油烃类化合物的降解和土壤修复。不仅如此，好氧条件下微生物对土壤中的石油烃类污染物进行降解生成对人类无害的水和二氧化碳，厌氧条件微生物对石油烃类化合物降解产物多为硫化氢和甲烷等物质，会对环境造成二次污染的同时，对土壤中石油烃类化合物的降解和土壤修复也差于好氧条件。因此，综合考虑，对土壤环境中的石油烃类化合物进行微生物降解时，提供充足的氧气对石油烃类污染物的去除效率有很大提升。通常情况下，采用多孔载体或通气的方式为微生物的降解环境提供充足的氧气。

三、微生物降解菌剂开发现状

为了处理工业和生活中的污染物质，尤其是有毒、有害污染物，在自然环境中能够高效地降解这类污染物的微生物种类和数量远远不能够满足处理的要求，微生物强化技术也应运而生。由于生物降解有很多的优点，这也将成为废水处理和土壤修复的发展趋势，所以注定高效菌种的选育和菌剂的研发成了技术的关键。菌种主要有 3 种来源：野生型菌种、诱导驯化、基因工程改造。

（一）野生型菌种

直接从被污染的环境或者污泥中富集、筛选。例如，可以从海上发生油轮事故的海底的沉积物筛选到降解石油组分的高效降解菌株。

（二）基因工程改造

欧美各国从 20 世纪 70 年代就开始研制微生物菌剂，已开发出各种用途的菌剂产品见表 2-1。

表 2-1　商品化的菌剂产品

开发公司	菌剂产品	用途
Bio-systems 公司	B500，B600，NS500，S220，B220，L1020，L1000，SK1，S350，L3500，L5000，L5010，L1800，BUSKLIN，B222，B250，B560，B350，B350/10，B350M，B355，B570，B110	生活污水及各类工业废水的处理，土壤碳氢化合物污染的修复
Custom Biologicals 公司	Custom-HC-1OO，Custom-HC-H20，Custom-C，Custom-GT，Custom-DL，Custom. ST，Custom-LS，Custom-OE，Custom-FM，Custom-WP，Custom-P04	生活污水及各类工业废水的处理
Aquatic Bio Science 公司	ABS. GT_ 2X，ABS-GT_ 4X，ABS-WP，ABS-ST，ABS-GC，ABS-ST-L，ABS-FP，ABS. S&G，ABS—COMPOST	油脂处理、碳氢化合物污染的治理
Biomar 公司	BLOMAR-GREASE，BLOMAR-DRAIN LINE，BLOMAR-ODOUR，BLOMAR-SEP-TIC	生活污水及城市废水的处理

续表

开发公司	菌剂产品	用途
BIO. GENESIS TECHNOLOGY 公司	GTlOOO. HC，GTl000-CL，HC BIO TABS，HC B10 CuBes，HC CRANULAR，GT-1000WT，GT_ 1000 LS，GTlOOO - FM，WT B10 - TABS，WTBl0 - CUBES，WT GRANULAR，WTBIO-PACKETS，GT 1000. GT，GT-lOOO OE，GT-1000 ST，GT-1000 DL，ST B10-TABS，WT B10-CUBES，WT BBIO-PACKETS，BiO-Plus TR，WTB10-PACKETS，BiO - P1us TR，GT - 1000BT，GT. 1000BTi，GT. 1000Shrimp Bacll，Genesisao，Oil Sponge Remedial AβsorBent，E1iminator，GRll	工农业及生活废水的处理、水产养殖业废水的治理
Bioremediation . com 公司	BOD-clear7000，BOD-clear7004，BOD-clear7005，BOD-clear7007，BOD-clear7008，BOD-clear7015，BOD-clear7018，BOD. clear7020	生活污水及各类工业废水的处理
BioFuture 公司	BFL 系列（Industrial，Municipal，1nstitutional，Speciality）43 种菌剂产品	工农业废水、城市污水水产养殖业等废水的治理
Acorn Biotechnical 公司	Enspor S1，Enspor M21，Enspor Crystal，Enspor Block II	降解油脂、淀粉、蛋白和纤维素
日本琉球大学（比嘉兆夫教授）	EM（Effective Microorganisms）菌剂	粪便处理，屠宰场、制革厂、淀粉加工厂、酿酒厂、造纸厂废水处理

截至目前，我国多数污染物处理剂都是从国外以高价购买所得，耗费大量经济的同时，无法从根本上解决这个问题。因此，污染物处理机构和环境保护部门加大对污染物处理剂的投入和研究，使得一系列处理污染物的高效菌剂被研制出来，解决了我国不断进口污染物处理剂的难题。

四、微生物群落高通量测序技术应用现状

20 世纪 70 年代左右发明的核酸测序技术为基因学和相关学科的发展做

出了很大的贡献，21 世纪初发展的以 Illumina 公司的 HiSeq 2000、ABI 公司的 SOLID、Roche 公司的 454 技术为代表的高通量测序技术又为基因组学的发展注入了新活力。人们通常称 70 年代发展起来的核酸测序技术为第一代测序技术，但是这种技术的费用高和测序通量低限制了它在大规模的测序中应用。而新一代的测序技术能够在很短的时间内对大规模的基因进行测序，意味着以前不可能完成的任务现在可以在有限的时间内完成，为人类的基因学和相关学科开启了新篇章。

第三节 电化学处理技术

电化学处理技术的研究内容主要包括带电粒子之间的相互作用和带电粒子之间作用的化学表现形式。土壤污染的电化学处理技术研究的带电粒子包含电子、质子、离子和胶粒。电化学处理技术对土壤进行修复技术的原理是对土壤或地下水中所含污染物施加电场，使污染物中带电粒子在外加电场的作用下进行定向迁移，从而达到对土壤中污染物的处理，完成土壤修复。电化学处理技术多应用于对土壤中重金属离子含量过高和地下水污染进行处理，除此之外，电化学处理技术也会应用于部分有机污染物的降解。因为土壤环境复杂，对土壤进行电化学处理技术进行修复所产生的动电效应能有效减免土壤环境透水性的影响；土壤中的污染物富集区域也能够利用电化学处理技术在外加电场的电极区域进行集中处理，所以电化学处理技术对于土壤的修复多应用于密实性土壤和多向异性土壤。这也是电化学修复土壤技术的难以取代性。

一、电化学处理技术原理

电化学处理污染物的主要原理是：对污染物质集中区域施加电场，对污染物质的带电粒子在电厂的作用下进行定向迁移。电化学处理技术的目标污染物主要包括土壤中带电粒子、清洗液以及土壤中的带电粒子。电化学处理土壤中有机污染物主要通过缝隙中水分在电场作用下的流动进行去除，而重金属离子类无机物的处理主要依赖于电场对其施加的电场力作用，进行电迁移作用除去，除此之外，土壤中的污染物还能够附着在土壤环境的胶体颗粒上，随着胶体受到外加电场的作用进行迁移去除。因为土壤环境是有一定水分存在的，对土壤环境进行电场施加的过程中需要考虑土壤环境中的电离作用。土壤中所含可溶性污染物不同，受到外加电场作用进行电解的难易程度和电位也各不相同。因此，研究人员也对直接利用电场对污染物进行原位降解的电化学修复土壤环境的技术进行了研究，如图 2-3 所示。

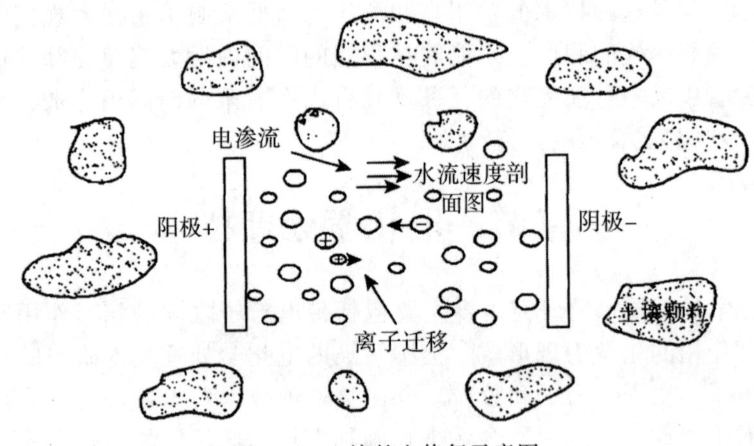

图 2-3　土壤的电修复示意图

二、含油 4-壤中有机污染物在电场中的行为及研究进展

在《国家危险废物名录》当中，油田含油土壤已经属于其中所列出来的危险废物。根据相关部分的相关统计，辽河、大庆以及胜利这三大油田产出的含油土壤就高于 200 万 m^3，另外，河南油田也有将近 5 万 m^3 的含油土壤。

石油中含有多种烃类，包括正烷烃、支链烷烃、芳香烃、脂环烃和少量其他有机物，包括硫化物、氮化物、环烷酸等复杂混合物；土壤是固态陆地表面具有生命活动、处于生命与环境之间进行物质循环和能量交换的疏松层，这也是它和砂土的主要区别。它是由矿物质和有机质组成的固体物质、气体和水分占据的固体颗粒孔隙以及多种具有活性的微生物三部分构成的复杂的有机整体。

研究者认为黏土是典型的低渗性土壤，含油土壤中含有很多的多环芳烃，而这些物质大多都是极度危害环境的，尤其对人们的健康构成了极大的危害。通常情况下，由于同种晶体取代和化学键的断裂，土壤颗粒表面呈现出负的化合价，这些带负电的土壤颗粒通过吸附阳离子和相关的阴离子而达到静电平衡状态，因此表面的物质以盐的状态存在。当颗粒表面覆盖有水分的时候，这些表面的沉积盐就会变成溶液，一旦它们能溶解在溶液中,起初可能在颗粒表面的离子浓度很高,它们就会朝着不同的方向进行扩散以降低溶液中的浓度梯度,来自于颗粒表面产生的负电场会抵消这种扩散，这样阴离子和阳离子就会把它们自己分布在一个扩散双电层构造内。

三、电化学处理土壤中有机污染物的工艺研究

电化学修复工艺实质上是由被污染的土壤和放入的电极一同构成一个典型的电解反应室，来进行土壤的原位处理，而这种电解室由电极之间的物质流动所组成，在电化学修复过程中常常加入处理液来强化污染物的去除。目前，形式及功能各异的电化学修复工艺已经见于报道，在针对各自不同的污染物特点的土壤修复中发挥着较好地去除效果。但是如何确保修复效果的可靠性和高效性问题，对于电极布点位置仍然存在一定的争议，即电极是直接放入土壤中，还是放入与外部设置的与土壤相连的电解液中。但是，根据电极的使用方式可以对目前应用的电化学修复工艺进行一个统一的分类，即单极式工艺和多极式工艺。

（一）极式工艺

单极式工艺是指加入土壤中的阳极和阴极的数量均为一个，但是根据电极的形状又可以进一步分为方形、圆板形和圆柱形 3 种。如图 2-4 所示给出了 3 种类型单极式工艺的示意图。目前方形单极式工艺在电化学修复中应用较多的是进行酚类化合物及其衍生物的去除，采用方形极板对于采样布点的均匀性和可靠性方面，较其他两种电极形式具有一定的优势；圆板形单极式工艺在电化学修复中更多的是用于非解离态有机物的去除。在进行非解离态有机物电化学修复过程中，一般需要加入增溶剂溶液，采用圆板形单极式工艺在工艺的密封性上具有一定的优势；而单极式工艺中一般较少采用圆柱形电极，因为电化学修复过程一般发生在两个电极之间的电场中，圆柱形电极之间的有效面积较小会降低通电过程中的库仑效率，从而导致修复速率较慢，能耗较高。

（二）多极式工艺

多极式工艺是指加入土壤中阳极或阴极的数量多于一个，具体分为单阳极多阴极、单阴极多阳极，如图 2-5 所示。电极形状为圆柱形。如美国 EPA

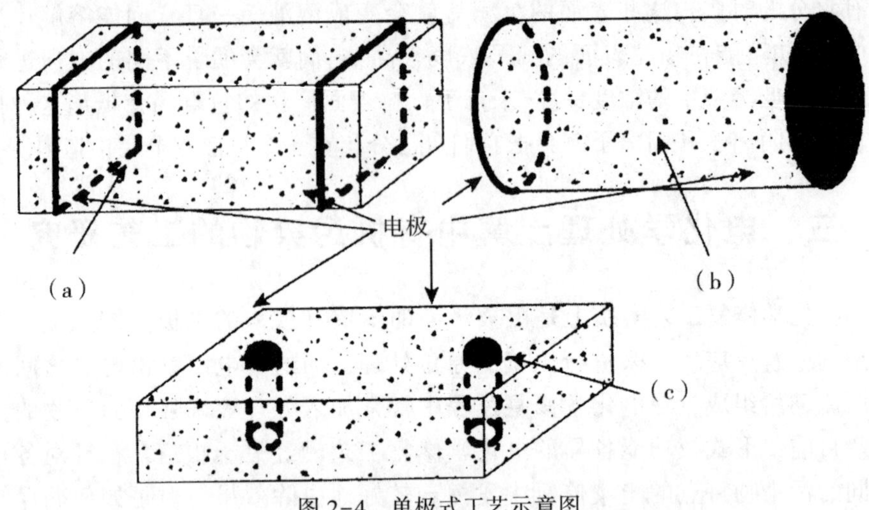

图 2-4　单极式工艺示意图

(a) 方形单极式工艺；(b) 圆板形单极式工艺；(c) 圆柱形单极式工艺

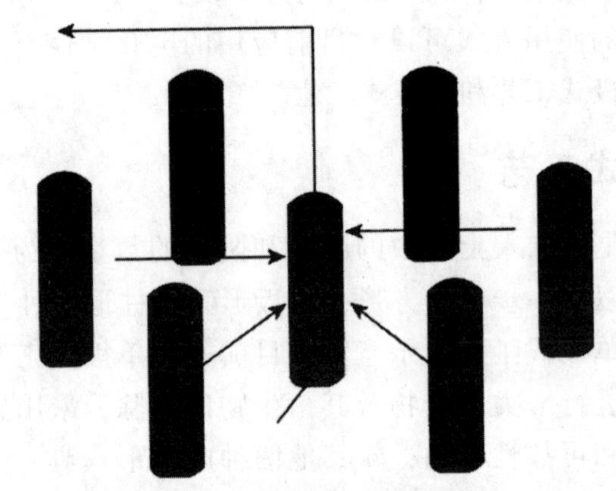

图 2-5　多极式工艺示意图

提出的多阳极体系，采用多极式工艺不仅可以节省电极的使用，降低成本，提高电极的使用效率，而且可以强化去除效率。目前在电化学修复土壤有机物的研究中，涉及圆柱形多极式工艺的研究报道相对较少，但是从修复机理上分析是完全可行的。通电之后，污染物从周围的阳极向阴极移动，这对电化学迁移后污染物的进一步处理是有利的，当然对于不同的污染物带电特性，还可以采用多阴极体系。

四、含油污泥电化学处理工业化应用

电化学从 1809 年就开始在科学和工业上应用，至今已有 200 多年的历史。在应用上，主要有两种方式：一种是合成反应，即将一种化学物质转化为其他的物质；另一种则属于动力学方面的应用，即将离子物质从土壤中迁移出来。电化学工艺技术就是利用电化学原理，利用大地电场和低电压、低电流技术，在有机物和无机物之间引入氧化还原反应，将土壤中复杂的碳氢化合物分解为二氧化碳和水，并通过电化学力去除重金属和小颗粒物质及水。电化学的方法去除 TPH 的主要反应链如图 2-6 所示。

$$\underset{(异三十六烷)}{CH_3[CH_2]_{34}CH_3} \xrightarrow{a} \underset{(十二烷)}{C_{12}H_{20}} \xrightarrow{a} \underset{(己烷)}{C_6H_{14}} \xrightarrow{a} \underset{(丙烷)}{C_3H_8} \xrightarrow{b} \underset{(丙醇)}{C_3H_8O} \xrightarrow{c} \underset{(丙醛)}{C_3H_7O} \xrightarrow{d}$$

$$\underset{(丙酸)}{C_3H_6O_2} \xrightarrow{e} \underset{(二氧化碳和水)}{CO_2+H_2O}$$

图 2-6 TPH 的主要反应链

a—从最优先位置打开碳链的反应（C_{12}、C_6 或 C_3）；b—氧化形成醇类；c—氧化形成醛和酮；d—氧化形成羧酸；e—氧化形成二氧化碳和水

该方法的技术要点为通过破坏分子的尺寸进行液化（氧化还原反应），利用电化学原理使油迁移并利用电渗析原理去除水。该法可有效地去除土壤中的有机污染物如 TPH、PAH、cVOCs、半挥发性氯化物、BTEX、氰化物、PCBs、杀虫剂、DF（二氧吲哚、呋喃）、MTBE、重金属等。另外，此法目前在采油上也有应用。如图 2-7 所示为直流技术在现场应用的原理性示意图。

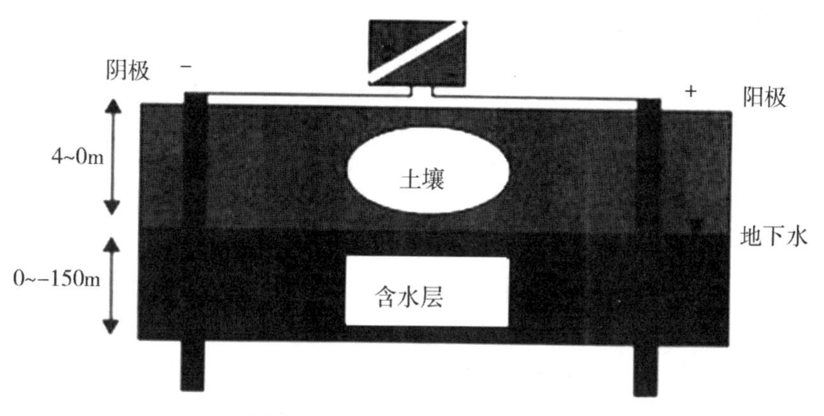

图 2-7 直流技术原理示意图

该法具有反应时间较短、不用拆除地面建筑物、适用范围广等优点。该工艺在含油污泥的处理上属于一种新技术，对其还需要进行进一步的研究和探讨。

五、含油土壤电化学处理技术的优势

利用电化学处理技术对含油土壤进行修复与其他土壤修复技术相比主要优势包括以下三点：①电化学修复含油土壤的处理技术所对应的目标污染物更加广泛；②电化学处理技术对含有污泥的土壤的适应性强；③电化学处理含油污泥土壤的技术具有更强的灵活性。

（一）目标污染物广泛

含油污泥的电化学处理技术的目标物主要包括硝酸盐类无机物、重金属和苯酚以及烃类物质等有机物，与其他多数土壤修复技术相比，目标污染物更加广泛。

（二）技术适应性强

含油污泥的电化学处理技术不仅适用于非饱和类和饱和类土壤修复，对于黏土等低渗透性土壤的含油污泥处理同样适用，因此，电化学处理技术对含油污泥土壤的修复能力的技术适应性要强于其他多数的土壤修复技术。

（三）技术应用具有灵活性

含油污泥的电化学处理技术对土壤的修复过程主要发生在外加电场的电极之间，所以对含油污泥的土壤进行修复的过程中，该技术的应用位置不会受到限制。电化学处理技术可以在含油污泥土壤的原位进行修复，也可以在受到含油污泥污染的不同位置对其进行修复，电化学处理技术对含油污泥土壤的修复还可以作为强化土壤修复的辅助手段，为强化土壤修复传递营养物质或微生物。

电化学处理技术对含油污泥土壤的修复有可能会引起处理土壤部分酸化严重，而且对被含有污泥土壤实施电化学处理技术进行修复会耗费大量的能量，这也是含油污泥土壤进行电化学处理技术修复的两个主要限制因素。因为电化学处理技术对土壤进行修复，通电耗能是必不可少的操作过程，而通电过程中会在电极产生酸也是不可避免的，所以，电化学处理技术对含油污泥土壤的修复有其他土壤修复技术所不具有的巨大优势，同时也有一定的限制因素，如何将电化学处理技术更好地应用于土壤修复便成为电化学处理技术的主要研究趋势。

第四节 含油污泥离心处理技术

含油污泥的离心处理技术的主要装置由控制系统、两相离心破碎机、切割破碎机、热交换器、螺旋输送器、化学药剂注入系统和输送泵等几部分组成。含油污泥离心处理技术的整套装置的自动化程度非常高，根据预先系统进行设置，离心处理装置可以根据调制罐提供的物料组分、物料温度和其他相关参数进行自行调节，以此保证含有污泥离心处理装置的正常运行和离心处理技术的完成。

一、油水分离罐和回掺水装置

油水分离装置是用来接收两相离心机排出的液体以及从调质罐溢流过来的油水混合物，并且罐内设有油室还可作为净化油罐使用，接收从分离器分出的净化油。分离器内部设置有加热盘管和填料，分成沉降室、油室和水室，配有液位控制系统，放置在室外；回掺热水处理装置由加热盘管和配液位控制组成，接收来自油水分离装置分离出的净水，经加热缓冲后作为工艺水循环利用，在室外放置。

二、辅助设备

（一）泵增压装置

泵增压装置主要是为含油污泥处理工艺增压，保证系统的正常运行。该装置主要包括 3 台泵，总用电功率为 42.5kW。一台外输油泵，用于外输油；两台回掺水泵，一用一备，为系统提供工艺用水。

（二）加药装置

加药是用来为含油污泥系统各加药点进行加药，保证装置的处理效果。整套含油污泥处理装置共需 4 种药剂，即絮凝剂、破乳剂、调解剂和清洗剂，分别在不同地点加入：调解剂和清洗剂加药点为调质罐；絮凝剂加药点为两相离心机入口和油水分离器；破乳剂加药点为调质罐、离心机中间罐。加药装置共设 4 套，用来为系统加入不同种类的药剂。

（三）导热油加热装置

导热油加热装置主要用来为含油污泥处理过程提供有效的热量来提高分离清洗效果。整个系统采用逐级加热逐渐升温，最终系统的温度会上升至80℃左右。加热炉选用热煤炉，加热炉主要由炉体及仪表控制系统组成，操作安全、加热效率高、无须补充软化水、不结垢、维护简单。

三、调质-离心试验方法

（一）含油污泥样品配制

含油污泥的降解和处理是固体废弃物处理中难度较高的一种。因为不同来源的含油污泥中所含污染物组分的差别和浓度都会使同种含油污泥的处理方法出现很大的差别。因为含油污泥的现场取样会因为不同地区含油污泥样品差异较大，而且现场取样的含油污泥均一性较差，还非流动态，难以通过搅拌使其获得实验所需的均一性含有污泥样品，会严重影响研究人员对含油污泥进行试验。因此，实验室对含油污泥进行试验的样品多通过将由油、水和泥以称重的方式配制成质量分数比为3∶4∶3的“含油污泥”试样。并对其进行搅拌，使含油污泥试样获得试验必需的均一性和一定的稳定性，以便能够获得试样能够满足试验要求，从而对其进行研究，能够得出含油污泥进行调制-离心方式处理效果更好和效率更高的工艺参数。

（二）调质、离心试验方法

采用六联控温搅拌仪对含油污泥样品进行调质，此设备是由MY3000-6智能型混凝试验搅拌仪改装而成，在原有的基础上增加可独立控制温度的加热盘以及测温探头，并将搅拌叶片更换为不锈钢叶片。该六联控温搅拌仪的6根搅拌轴既可同步运行，每根搅拌轴以同样的转速运行；也可独立运行，每根搅拌轴以不同的转速独立运行或同时运行。首先对含油污泥加水进行流化处理，在给定温度条件下，加入有效的化学药剂，进行搅拌，以此手段调整固体粒子群的性状和排列状态，使其适合离心分离的预处理操作，显著改善脱水效果，提高污泥脱水性能。

经调质后的含油污泥仍然难以直接与水分离，需要通过离心处理来脱水，达到油-水-固三相分离。采用LD5-10型低速离心机进行离心分离，将4个250mL塑料试筒装于金属离心筒，最大容量1000mL，最高转速5000r/min。

配制好含油污泥样品并均质后，称取50g含油污泥放入500mL烧杯中，加一定量热水，在一定温度、一定转速下搅拌一定时间，静置2h后，除去上层浮油，然后将待处理的污泥倒入离心筒中，在75℃水浴中加热一段时间，在选定的离心转速下离心一定时间，进行污泥离心处理。含油污泥的调质设备、离心设备最大容量1000mL，最高转速5000r/min。含油污泥经调质-离心处理后，对处理后的含油污泥进行测定，以处理后含油污泥的含油率为指标，优化试验参数。

四、调质离心工艺室内影响因素研究

（一）泥水比对含油量的影响

现场实际运行采用的泥水比为1∶4，试验考察泥水比为1∶1、1∶2、1∶3、1∶4、1∶5、1∶6、1∶7、1∶8。

试验条件：搅拌转速为60r/min，调质时间为120min，调质温度为60℃，离心机转速为3000r/min，离心时间为5min。处理后含油污泥含油量与泥水比的关系如图2-8所示。

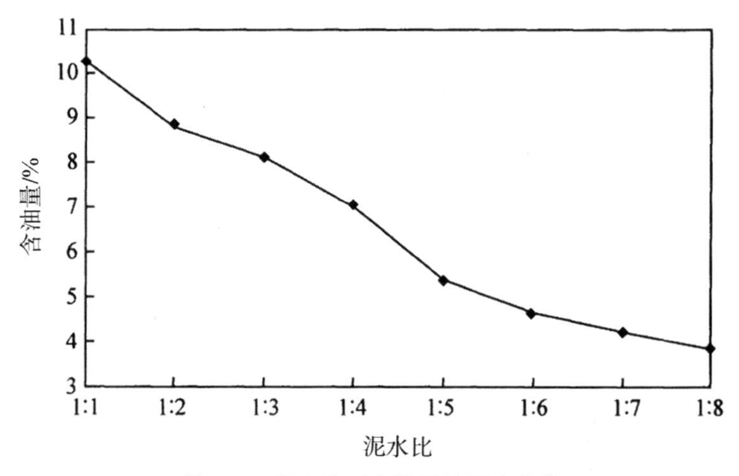

图2-8　泥水比对含油量的影响曲线

由图2-8可知，处理后含油污泥的含油量与泥水比成反比，即随着泥水比的增大，处理后含油污泥中的含油量随之减少。当泥水比比较小时，不利于搅拌，更不利于油-水-泥的分离，处理后含油污泥中的含油量较高。随着泥水比的增加，处理效果越来越好，但泥水比过高时，后续试验中药剂的使用量也会增加，考虑处理成本，试验确定泥水比为1∶5较为适宜。

（二）搅拌转速对含油量的影响

试验考察搅拌转速分别为30r/min、60r/min、90r/min、120r/min、150r/min、180r/min。

试验条件：泥水比为1∶5，调质时间为120min，调质温度为60℃，离心机转速为3000r/min，离心时间为5min。搅拌转速对含油量的影响如图2-9所示。

由图2-9可知，随着搅拌转速的增加，处理后含油污泥的含油量整体趋势降低。当搅拌转速达到150r/min时，含油率的下降趋势变缓。试验中考察的搅拌转速都不是非常高，不会因为转速过高引起油与水形成水包油型的乳化液，降低除油效果。尽管随着搅拌转速的增加，处理效果随之增加，但考虑现场实际调质罐的直径较大，转速过高会折断搅拌器桨叶；另外，提高转速可导致能耗大幅度增加。因此，搅拌转速只要能够满足基本需求即可，最终确定适宜的搅拌转速为60r/min。

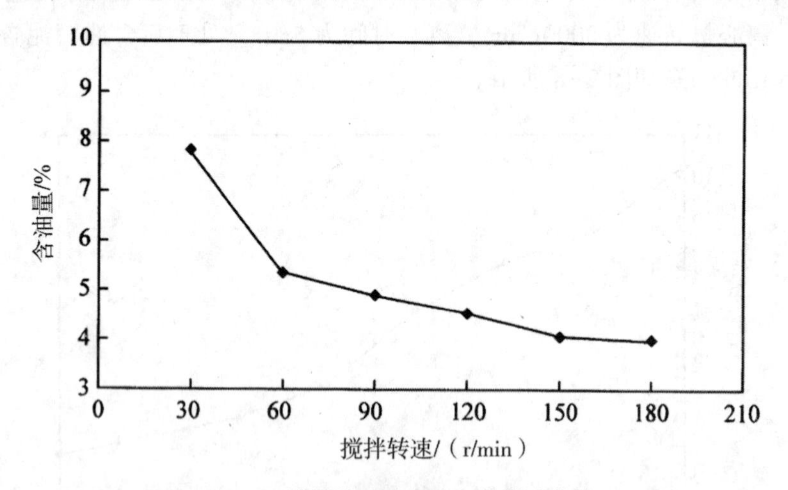

图2-9　搅拌转速对含油率的影响曲线

（三）搅拌时间对含油量的影响

每座调质罐的运行时间为4h，包括进料1h、调质2h、出料1h，调质时间即搅拌时间为120min。试验考察搅拌时间分别为30min、60min、90min、

120min、150min、180min。

试验条件：泥水比为 1∶5，搅拌转速为 60r/min，调质温度为 60℃，离心机转速为 3000r/min，离心时间为 5min。搅拌时间对含油量的影响如图 2-10所示。

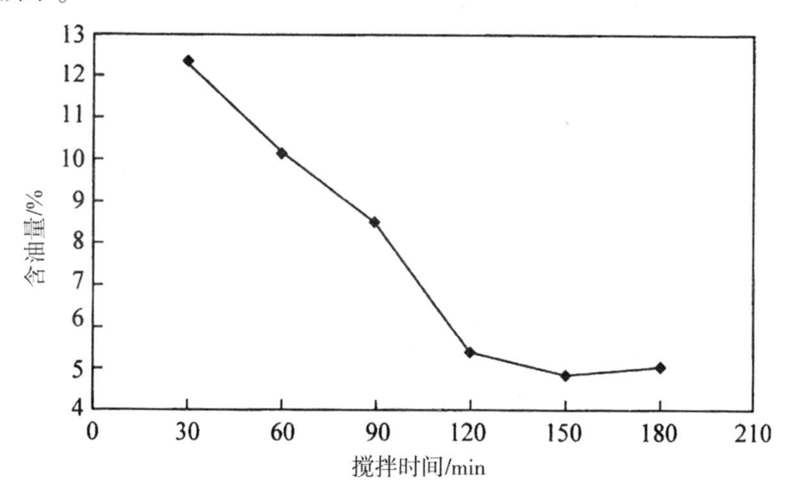

图 2-10　搅拌时间对含油量的影响曲线

由图 2-10 可知，随着搅拌时间的增加，处理后含油污泥中的含油量随之降低。由于搅拌转速较低，所以搅拌时间较长。当搅拌时间超过 120min 时，含油率的下降比较缓慢。搅拌时间不是越长越好，一方面，当搅拌时间过长，容易形成水包油型乳状液，不利于油-水的进一步分离，搅拌时间为 180min 时处理后污泥的含油量略高于搅拌时间为 150min 时的含油量；另一方面，搅拌时间过长，能耗势必增加。结合处理成本及处理效果，本试验确定搅拌时间为 120min 比较适宜。

（四）调质温度对含油量的影响

室内试验考察调质温度分别为 50℃、55℃、60℃、65℃、70℃、75℃、80℃、85℃。

试验条件：泥水比为 1∶5，搅拌转速为 60r/min，搅拌时间为 120min，离心转速为 3000r/min，离心时间为 5min。调质过程中的温度对处理后含油污泥中含油量的影响如图 2-11 所示。

由图 2-11 所示，随着温度的升高，处理后含油污泥中的含油量随之降低。这是因为随着温度的升高，原油的黏度随之降低，油在较高温度下黏附能力减弱，从泥沙表面解吸，从而游离出来。这说明高温对含油污泥处理效果有促进作用，应当使温度保持较高的水平。但是，温度越高能耗越大，会大幅度增加处理成本，且温度较高时水分蒸发较快。因此，反应器应当选择一个适当的温度处理含油污泥，本试验认为调质温度在65℃较为适宜。

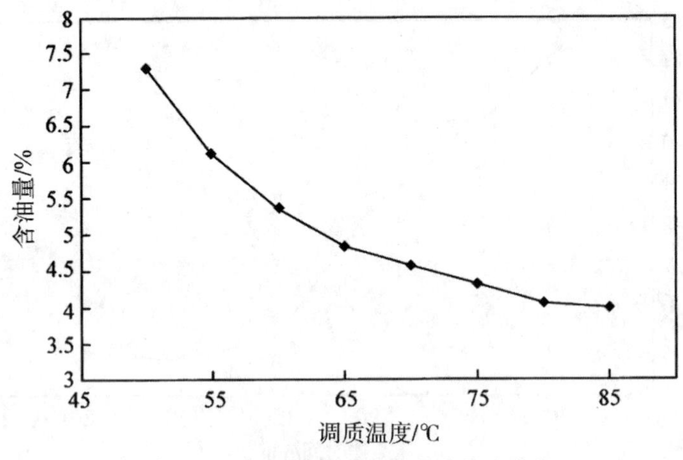

图 2-11　调质温度对含油量的影响曲线

第五节　大庆油田含油污泥分析及处理

含油污泥是由水包油（O/W）、油包水（W/O）以及悬浮固体组成的稳定的悬浮乳状液体系。由于含油污泥来源的不同，随着取样点的不同，污泥的组分差异很大，本节针对大庆油田含油污泥的组成和物理化学性质系统的分析和处理。

大庆油田含油污泥的质量组分组成污泥的成分非常复杂，除了含油、含水、含泥外，还含有沙石、杂草、建筑废弃垃圾、老化原油、细菌、蜡质、沥青质、盐类，同时含有在生产中外加药品，如絮凝剂、阻垢剂、杀菌剂、缓蚀剂等药品残留。大庆油田实行3次采油技术（聚驱和三元复合驱）产出污泥中还含有聚丙烯酰胺、硫化物、表面活性剂等。

一、含水、油、泥百分率分析

由于井场的含油污泥分布很不均匀，很难取得有代表性的污泥样品，因此没有落地污泥的数据分析。对取得的污水沉降罐底泥、油水分离器底泥、污水回收池混合泥样进行测定，结果见表2-2，大庆油田含油污泥的含油量一般在 15%～50%，有的甚至更高。

表 2-2　大庆油田含油污泥质量组成表

序号	污泥来源	含水率/%	含水量/%	含泥率/%
1	污水沉降罐底泥	28. 1	49. 8	22. 1
2	油水分离器底泥	20. 2	15. 9	63. 9
3	污水回收池底泥	28. 2	21. 3	50. 5

经过长期的污泥试验分析，对大庆油田的常见污泥种类特点作如下 5 点归纳。

（1）游离水去除器的清出物，包括污泥、污油和垢质，其中污泥的含油量在 10% 左右。

（2）三相分离器产出污泥含油量在 10%～30%，分离器下面沉积泥沙和上部的污油混合含油量比较高。

（3）回收水池和立式罐中的产出污泥，其含油量在 30% 以上，一般很难分离上面污油和下面的污泥，所以含油量也比较高。

（4）污油回收站的污泥，回收池底部的含油量一般在 5% 以下，上部比较高，上下混合起来含油量在 20% 左右。

（5）施工过程中产生的落地污泥，污泥的含油量难以确定。

二、污泥成分分析

（一）无机化合物

大庆油田的含油污泥中含有大量的无机化合物，溶解后进行定性分析，发现有 Na^{+}、K^{+}、Ca^{2+}、Mg^{2+}、Ba^{2+}、Sr^{2+}、Fe^{2+}、Cr^{3+}、Cu^{2+}、pb^{2+}、Hg^{2+}、Ni^{2+} 和 Zn^{2+} 等金属阳离子，也含有如 Cl^{-}、SO_4^{2-}、CO_3^{2-}、HCO^{-} 等阴离子。其中 Ba^{2+}、Cr^{3+}、Cu^{2+}、pb^{2+}、Hg^{2+}、Ni^{2+} 等这些都是重金属有害离子，pH 值一般呈中性偏碱性。取代表性泥样进行重金属含量分析结果见表 2-3。

表 2-3　混合含油污泥重金属离子分析　　单位：mg/kg 干污泥

序号	分析项目	污泥样品	农用污泥污染物控制标准 GB4284—84
1	锌及其化合物（以 Zn 计）	21	1000

续表

序号	分析项目	污泥样品	农用污泥污染物控制标准 GB4284—84
2	铜及其化合物（以 Cu 计）	4	500
3	铅及其化合物以（以 Pb 计）	100	1000
4	镉及其化合物（以 Cd 计）	6	20
5	镍及其化合物（以 Ni 计）	33	200
6	砷及其化合物（以 As 计）	4	75

（二）有机化合物组成

含油污泥中的有机化合物一般分为脂肪烃、环烷酸、芳香烃、其他极性化合物和脂肪酸 5 大类。取样点不同，污泥的有机化合物含量和相对分子质量的差别很大，混合含油污泥中的主要有机化合物列于表 2-4。

表 2-4　混合含油污泥中主要有机污染物

有机污染物	分子式	相对分子质量
1	$C_{11}H_{25}N$	171
2	$C_{15}H_{30}O_2$	242
3	$C_{24}H_{38}O_4$	390
4	$C_{22}H_{38}O_2$	334
5	$C_{21}H_{38}O_2$	322
6	$C_{19}H_{40}$	254
7	$C_{23}H_{28}O_7$	416
8	$C_{12}H_{22}O_3$	209
9	$C_{15}H_{30}O_3$	258
10	$C_{12-18-n-alkane}$	—

经测定混合含油污泥的含油量在 4×10^5mg/kg 左右，农用污泥中污染物控制标准 GB4284—84 中矿物含油量为 3000mg/kg，油类指标超标严重。脂肪烃和芳香烃占其很大的比例，脂肪酸和其他极性化合物次之。

（三）化学药剂

不同采油厂添加的化学药剂种类和剂量各不相同，这些药剂在油、气和水三相中的相对溶解度不同，所以它们分别进入油、气、水三相，其浓度也不同。表面活性剂能够溶解在油中和水中，在添加过程中也会有所消耗，因此去评价和测定这些化学药剂的量是很有难度的。

三、含油污泥矿物组成及粒径

（一）干污泥矿物组成

随机取一厂、四厂和八厂等5个泥样进行处理，对处理后的干污泥利用X射线衍射法分析，对泥土矿物组成进行了测试，结果见表2-5。

表2-5 泥土矿物组成数据表 单位：%

组成	伊利石	高岭土	伊利石+蒙脱石	蒙脱石+绿泥石	备注
样品一	20.3	71.2	5.9	2.6	八厂污泥
样品二	21.7	68.5	6.8	3	八厂污泥
样品三	21.9	69.3	7	1.8	四厂污泥
样品四	22.1	71.3	5.1	1.7	四厂污泥
样品五	23.1	70.2	5.1	1.6	一厂污泥

由表2-5可见，处理后的干污泥中主要矿物组成是高岭土和伊利石，含量高达90%以上，伊利石+蒙脱石与蒙脱石+绿泥石含量总和占总量不到10%。上述测得数据与普通天然岩石中胶结物矿物组成测试结果是一致的。

（二）污泥粒径

脱水、脱油处理后的泥土是由不同粒径颗粒组成的混合物，见表2-6，从污泥样品所含泥土颗粒粒径及分布状况看，样品一中小于0.071mm的泥土颗粒占总数的70.18%，大于等于0.25mm的占14.34%，0.071～0.25mm之间的占15.52%。而样品二中0.071mm以下泥土颗粒占总数的30.40%，0.25mm以上的为5.43%，0.071～0.25mm的高达64.17%。虽然两个样品取自同一采油厂，但它们粒径分布具有较大差异，样品三和样品四同样也存在类似的问题。样品五小于0.071mm的泥土颗粒占到总数的48.2%，0.25mm以上的仅为2.3%，0.071～0.25mm为49.5%。与八厂和四厂污泥样品相比较，粒径较大颗粒所占比例较小。

表 2-6　污泥样品颗粒大小及其分布数据表

样品	数据
样品一	粒径范围/mm ≥0.25、0.25～0.11、0.11～0.09、0.09～0.071、≤0.071
	重量百分比/% 14.34、6.75、3.75、5.02、70.18
	累计重量百分比/% 14.34、21.09、24.84、29.86、100
样品二	粒径范围/mm ≥0.25、0.25～0.11、0.11～0.09、0.09～0.071、≤0.071
	重量百分比/% 5.43、22.26、8.37、33.54、30.4
	累计重量百分比/% 5.43、27.69、36.06、69.06、100
样品三	粒径范围/mm ≥0.25、0.25～0.11、0.11～0.09、0.09～0.071、≤0.071
	重量百分比/% 14.36、6.77、3.78、5.04、70.05
	累计重量百分比/% 14.36、21.13、24.91、29.95、100
样品四	粒径范围/mm ≥0.25、0.25～0.11、0.11～0.09、0.09～0.071、≤0.071
	重量百分比/% 5.43、22.26、8.37、33.54、30.4
	累计重量百分比/% 5.43、27.69、36.06、69.6、100
样品五	粒径范围/mm ≥0.25、0.25～0.11、0.11～0.09、0.09～0.071、≤0.071
	重量百分比/% 2.3、23.9、13.7、11.9、2.0、46.2
	累计重量百分比/% 100、97.7、93.8、60.1、48.2、46.2

四、含油污泥中油组分与原油组分比较

大庆原油的特点是低硫石蜡基原油，即含蜡量大，含沥青质含硫量相对较低。含油污泥和普通原油中原油性质基本类似见表2-7，只是原油中重质成分有所增加，导致黏度、凝固点、含S和含C量稍有增加。

表2-7　大庆油田普通原油和含油污泥中原油对比

原油来源	比例 D_4^{20}	黏度（50℃）/（mPa·s）	凝固点/℃	含蜡量/%	沥青/%	含硫/%	残碳/%	馏分组成		
								初馏点/℃	<200℃	<300℃
普通	0.875	17.4	24	28.6	0.3	0.15	2.5	88	14	28
样品一	0.892	19.8	26.3	31.2	0.6	0.17	2.6	91	12	25
样品二	0.887	18.9	25.8	30.7	0.8	0.16	2.7	89	13	26
样品三	0.892	19.8	26.3	31.2	0.18	0.17	2.8	91	12	25
样品四	0.897	18.9	25.9	30.7	0.17	0.16	2.6	90	13	26
样品五	0.882	18.4	25.4	29.8	0.17	0.16	2.6	90	13	27

现将含油污泥的主要物理特性归纳见表2-8。

表2-8　大庆油田含油污泥物理特征

序号	特征名称	具体值
1	凝固点	28～37℃
2	黏度（50℃）	25～30 mPa·s
3	原油密度	0.85～0.87g/cm^2
4	水分密度	1.0～1.1g/cm^3

综上所述，得出以下结论：

（1）污泥的主要组成矿物质是经过水或含聚溶液的冲刷后脱落而被带出地面的油藏岩石胶结物。

（2）干化处理后污泥中矿物质组成粒径比较小的粒子颗粒比较多，不同的采油厂干泥中粒子粒径分布存在较大的差别。

（3）污泥中分离出来的原油性质与普通原油性质没有明显差别，不影

响对其的正常利用。

（4）不同污泥中含油率差别较大。

第六节　含油污泥处理试验

通过现场试验研究最终确定适合含油污泥处理工艺的各单体设备的最佳运行参数。根据各单体最佳运行操作参数研究的结果，进行整个含油污泥系统工艺的运行试验，确保最终处理后的含油污泥含油量不大于2%，达到黑龙江省地方标准 DB23/T1413—2010 中关于石油类的规定。2014 年 6 ~ 10 月在大庆油田某含油污泥处理站开展现场试验，考察指标为处理后含油污泥含油量。

一、现场工艺非稳态运行效果

大庆该含油污泥处理站于 2013 年年底建成，处理规模为 $8m^3/h$，约合 165t/d，于 2014 年 5 月正式运行，对现场未进行工艺优化前的处理效果进行监测，然后对数据（略去）结果进行分析对比。将数据绘成柱状图如图 2-12、图 2-13 和图 2-14 所示，分别表示污泥处理前后的含油量、含水率和含固率的柱状对比。将此时该含油污泥处理站现场工艺的运行参数列见表 2-9。

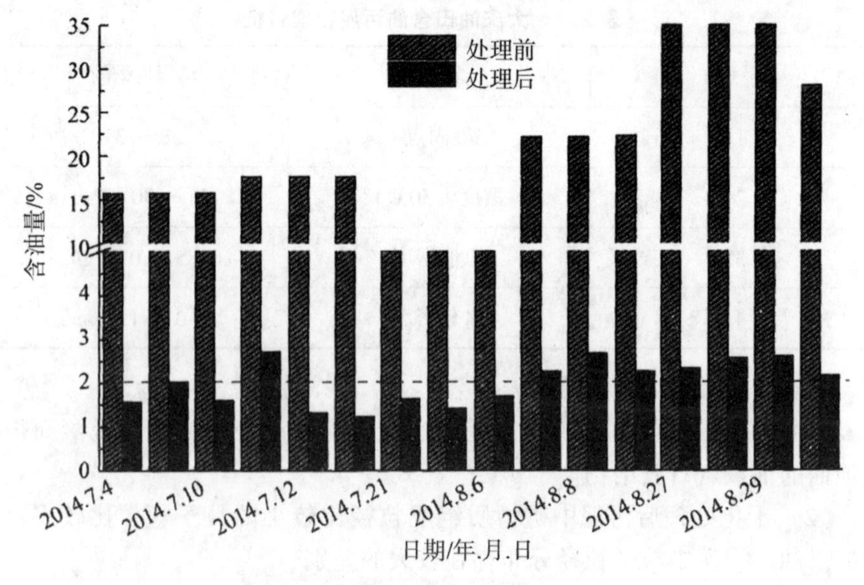

图 2-12　污泥处理前后含油量对比

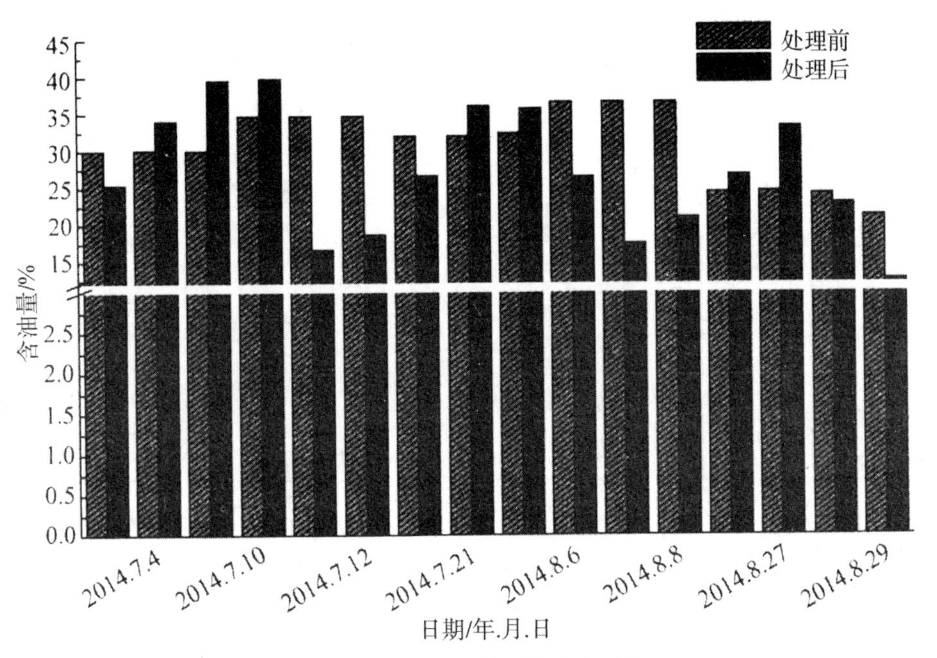

图 2-13　污泥处理前后含水率对比

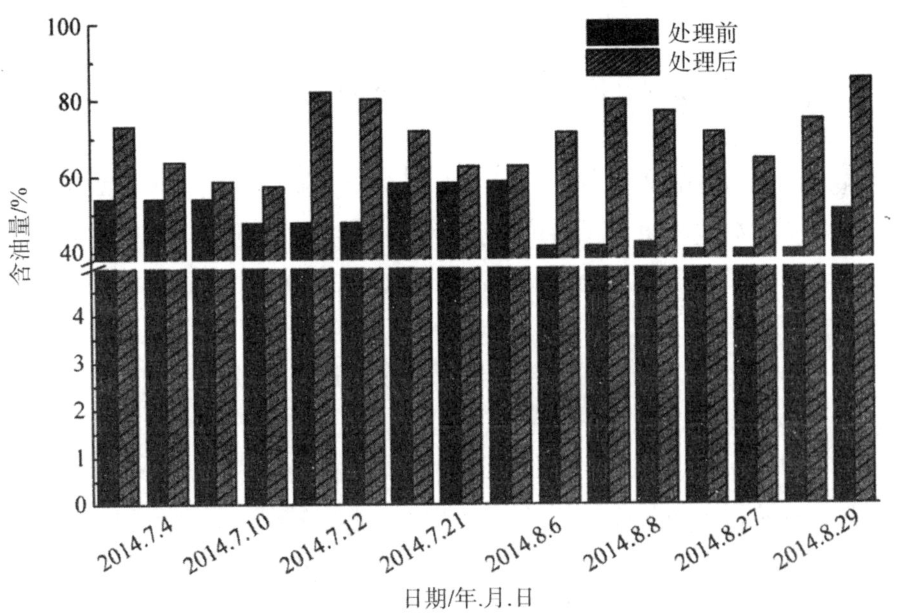

图 2-14　污泥处理前后含固率对比

表 2-9　含油污泥处理站现场运行参数

处理量/（m^3/h）	预处理设备		调质设备			离心设备		
	曝气量/（m^3/min）	泥水比	加药量/（L/罐）	温度/℃	沉降时间/h	加药量/（L /罐）	温度/℃	离心转速/（r /min）
10～12	2.7	1∶4	调节剂：90 破乳剂：240 清洗剂：120	60	1.5	絮凝剂：30	75	3000

根据数据分析和柱状图对比显示，部分处理后的含油污泥的含油量能达到2%以下，但仍有一部分处理后的含油污泥的含油量达不到2%的处置标准。为提高达标率，需要对现场单体设备操作进行参数优化，确定适合本含油污泥处理站处理工艺中各单体设备的最佳操作运行参数，以便确保整个污泥处理系统的最终处理结果稳定达标试验，最终处理后的含油污泥的含油量不大于2%，并稳定达标。

二、现场单体设备操作参数优化

根据污油特性的分析研究，开展现场含油污泥处理工艺中各单体设备的试验研究，确定各单体设备的最佳运行操作参数。其中离心转速由于受到离心机本身及现场工况的影响，最优确定为3000r/min。搅拌强度由于设备本身的原因，无法调节。由室内试验直到随着泥水比的降低，含油量也随之降低，但也增大了药剂的投加量，从成本最小化的角度考虑，确定泥水比为1∶4。现场工艺中，虽然有不同的加药点，可将清洗剂及破乳剂分点投加，但由于系统中的水始终循环利用，无法避免破乳剂和清洗剂共存于系统。在药剂研制阶段，已经充分考虑了清洗剂和破乳剂的配伍性。因此，需调试的工艺参数包括调质温度、搅拌时间两项，需优化的药剂为清洗剂A063和破乳剂BC2两种。被处理含油污泥的初始含油量在15%以下时的现场试验结果见表2-10。

表 2-10　初始含油量低于 15% 时的含油污泥现场试验结果

热洗温度/℃	搅拌时间/h	BC2/（mg/L）	A036/（mg/L）	处理后污泥		
				含油量/%	含水率/%	含固率/%
60	2.0	100	500	1.60	39.57	58.83
65	2.0	300	1500	1.57	25.25	73.18
70	2.0	200	1000	1.51	36.03	62.46
60	2.5	100	500	2.02	34.06	63.92
65	2.5	300	1500	1.70	35.78	62.52
70	2.5	200	1000	1.64	26.58	71.58

由表 2-10 可确定出适合于含油量低于 15% 的含油污泥最优处理工艺参数：调质温度为 70℃；搅拌时间为 2.0h；清洗剂 A063 的投加量为 1000mg/L；破乳剂 BC2 的投加量为 200mg/L。

被处理含油污泥的初始含油量在 15%～30% 时的现场试验结果见表 2-11。由表 2-11 可确定出适合于含油量在 15%～30% 的含油污泥最优处理工艺参数：热洗温度为 70℃；搅拌时间为 2.0h；破乳剂 BC2 的投加量为 200mg/L；清洗剂 A063 的投加量为 1000mg/L。

表 2-11　初始含油量在 15%～30% 的含油污泥现场试验结果

热洗温度/℃	搅拌时间/h	BC2/（mg/L）	A036/（mg/L）	处理后污泥		
				含油量/%	含水率/%	含固率/%
60	2.0	100	500	2.61	22.93	74.46
65	2.0	300	1500	2.32	26.79	70.90
70	2.0	200	1000	1.92	34.16	63.92
60	2.5	100	500	2.72	39.75	57.53
65	2.5	300	1500	2.56	33.21	64.23
70	2.5	200	1000	2.16	29.46	68.38

被处理含油污泥的初始含油量为 30% 以上时的现场试验结果见表2-12。

表 2-12　初始含油量在 30% 以上时的含油污泥现场试验结果

热洗温度/℃	搅拌时间/h	BC2/（mg/L）	A036/（mg/L）	处理后污泥		
				含油量/%	含水率/%	含固率/%
60	2.0	100	500	2.82	23.48	23.48
65	2.0	300	1500	2.44	31.14	31.34
70	2.0	200	1000	1.97	26.79	26.79
60	2.5	100	500	2.36	31.39	31.39
65	2.5	300	1500	2.21	37.46	37.46
70	2.5	200	1000	2.02	34.74	34.74

由表 2-12 可确定出适合于含油量在 30% 以上时的含油污泥最优处理工艺参数：调质温度为 70℃；搅拌时间为 2.0h；泥水比为 1：4；清洗剂 A063 的投加量为 1000mg/L；破乳剂 BC2 的投加量为 200mg/L。

三、含油污泥处理系统稳定达标试验

根据已优化出的现场各单体设备的最佳运行操作参数，即调质温度为 70℃；搅拌时间为 2.0h；泥水比为 1：4；清洗剂 A063 的投加量为 1000mg/L；破乳剂 BC2 的投加量为 200mg/L，进行系统稳定达标试验，结果见表2-13。

表 2-13　统稳定达标试验

日期	污泥处理前			污泥处理后		
	含油量/%	含水率/%	含固率/%	含油量/%	含水率/%	含固率/%
2014.9.12	20.98	29.81	49.21	1.67	33.5	64.83
2014.9.13	20.93	—	—	1.89	38.26	59.85
2014.9.14	20.88	—	—	1.57	37.87	60.56
2014.9.15	20.81	—	—	1.66	40.53	57.81
2014.9.16	20.98	—	—	1.81	32.21	65.98
2014.9.19	22.71	35.14	42.15	1.94	29.6	68.46

续表

日期	污泥处理前			污泥处理后		
	含油量/%	含水率/%	含固率/%	含油量/%	含水率/%	含固率/%
2014. 9. 20	22. 73	—	—	1. 62	33. 25	65. 13
2014. 9. 21	22. 89	—	—	1. 85	35. 43	62. 72
2014. 9. 22	22. 75	—	—	1. 49	30. 04	68. 47
2014. 9. 23	22. 67	—	—	1. 87	29. 48	68. 65
2014. 9. 26	18. 77	36. 09	45. 14	1. 54	30. 02	68. 44
2014. 9. 27	18. 87	—	—	1. 62	28. 88	69. 5
2014. 9. 28	18. 85	—	—	1. 68	25. 12	73. 2
2014. 9. 29	18. 80	—	—	1. 82	27. 59	70. 59
2014. 9. 30	19. 03	—	—	1. 75	22. 13	76. 12
2014. 10. 3	25. 32	38. 22	36. 45	1. 72	22. 77	75. 51
2014. 10. 4	25. 56	—	—	1. 8	53. 5	44. 9
2014. 10. 5	25. 44	—	—	1. 76	22. 77	75. 51
2014. 10. 6	25. 87	—	—	1. 38	33. 5	65. 12
2014. 10. 7	25. 66	—	—	1. 95	29. 16	68. 89
2014. 10. 10	14. 26	18. 18	67. 56	1. 54	34. 24	64. 22
2014. 10. 11	14. 43	—	—	1. 55	37. 47	60. 98
2014. 10. 12	14. 33	—	—	1. 87	35. 43	62. 7
2014. 10. 13	14. 61	—	—	1. 51	33. 13	65. 36
2014. 10. 14	14. 19	—	—	1. 87	38. 17	59. 96
平均值	20. 49	31. 49	48. 10	1. 71	33. 02	65. 27

在含油污泥含油量小于30%的条件下，对测得的以上数据进行分析，将含油量柱状图如图2-15所示，在现场开展为期1个月的稳定达标试验，对系统稳定达标试验中的试验结果数据进行分析，将数据绘成柱状对比图，从图中直观地看出，最终处理后的含油污泥的含油量全部达到低于2%的标准。

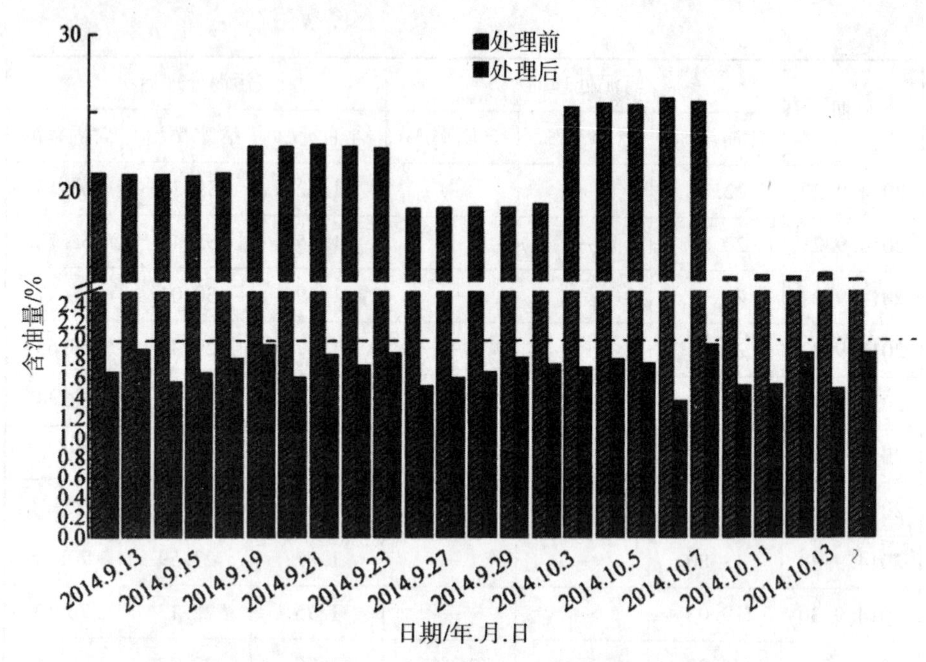

图 2-15　参数优化后污泥处理前后含油量百分含量对比图

经现场试验对工艺参数进行优化后，得出如下结论：

（1）现有的筛分流化—调质离心工艺，根据取样的分析看，含油量有些是超标的，没有达到小于 2% 的标准，该工艺正常的加药有利于含油量的降低。通过现场试验验证，对筛分流化-调质离心工艺技术进行优化，在污泥含油量为 30% 左右，采用的最佳工艺运行参数为：泥水比为 1∶41 投加清洗剂 A063 的量为 1000mg/L；破乳剂 BC2 的量为 200mg/L；调质条件在 70℃下搅拌 120min；离心机转速为 3000r/min 最终处理后的含油污泥中含油量不大于 2%，基本达到了黑龙江省地方标准《油田含油污泥综合利用污染控制标准》（DB23/T1413—2010）规定的排放标准，并稳定运行。

（2）已建含油污泥处理站含油污泥的处理方法，与国内外其他含油污泥处理方法相比，该工艺能较大限度地回收含油污泥中的原油资源，处理后含油污泥中的含油量可达到 2% 以下，含水率在 50% 以下。

（3）采用优化后的最佳工艺处理参数后对含油污泥进行处理，最终处理后的含油污泥的含油量不大于 2%，稳定并全部达标。

（4）含油污泥最优处理工艺参数为：调质温度为 70℃；搅拌时间为 2. 0 h 泥水比为 1∶4；清洗剂 A063 的投加量为 1000mg/L；破乳剂 BC2 的投加量为 200mg/L。

第三章　油田化学助剂的应用分析

随着石油化工的发展，一些高性能、专用性的高分子材料、表面活性剂和无机材料相继问世，高分子工业、表面活性剂工业和无机材料有了突飞猛进的发展。本章主要介绍了表面活性剂在石油工程各环节中应用研究的最新进展；改善工作液材料、处理剂及工作液配方在固井、酸化、压裂、三次采油等方面的应用。

第一节　表面活性剂的类型

一般按表面活性剂的亲水基的离子性或非离子性对其分类，即按表面活性剂在水中是否解离，以及解离后起活性作用的基团的电性分类。因此，表面活性剂分为四种：阴离子表面活性剂、阳离子表面活性剂、非离子表面活性剂和两性表面活性剂。

一、阴离子表面活性剂

阴离子表面活性剂分子中有与疏水基团共价连接的阴离子基，其平衡离子为阳离子。阴离子表面活性剂价格低，是最早应用的表面活性剂，在表面活性剂产品中的消耗量达 76%～80%。阴离子表面活性剂种类有磺酸盐型、羧酸盐型、硫酸酯盐型等。

（一）磺酸盐

磺酸盐表面活性剂的通式为 $R-SO_3Na$，其中 R 可以是石蜡烃、芳烃（烷基苯和烷基萘）、高级脂肪酸（饱和与不饱和）、高级脂肪酸酯、乙二醇二羧酸酯等。由于磺基直接与碳原子相连，因而这类表面活性剂既耐酸又耐热，即使在酸性介质中使用也不分解。这类表面活性剂广泛使用于洗涤、染色、洗绒等行业中，也常用来作为渗透剂、润湿剂、防锈剂等工业助剂。

1. 烷芳基磺酸盐

（1）烷基苯磺酸盐。烷基苯磺酸钠的结构式如下，烷基与磺酸基多处于对位。

$$R-C_6H_4-SO_3Na$$

烷基苯磺酸钠的合成程序是：氯代烷或烯烃在催化剂作用下与苯反应制得烷基苯，烷基苯以 H_2SO_4 或 SO_3 磺化制得烷基苯磺酸，后者经 NaOH 中和得烷基苯磺酸钠。反应程序式为

$$\left.\begin{matrix} C_nH_{2n+1}Cl \\ C_{n-2}H_{2n-3}CH=CH_2 \end{matrix}\right\} + C_6H_6 \xrightarrow[\text{HF 或 } H_2SO_4]{AlCl_3,\ 50\sim70^{\circ}C} C_nH_{2n+1}-C_6H_5 \xrightarrow[\text{或} SO_3]{H_2SO_4} C_nH_{2n+1}-C_6H_4-SO_3H \xrightarrow{NaOH} C_nH_{2n+1}-C_6H_4-SO_3Na$$

磺化是合成烷基磺酸盐的关键反应，是强烈放热的。磺化剂可以是浓硫酸、发烟硫酸、SO_3 等。硫酸磺化是可逆反应，而三氧化硫磺化与烷基芳烃是按计量进行的，属不可逆反应，反应速率比硫酸磺化要快，磺化效率更高。

烷基苯磺酸盐是阴离子表面活性剂中最重要的品种之一，是黄色油状液体。经纯化可以形成六角形成斜方形薄片状结晶。只有当苯环上的氢被 C_8以上的烷基链取代时，对应的磺酸盐才具有表面活性，而且表面活性随碳原子数的增加而增加。当烷基链超过 18 个碳时，表面活性下降。烷基链长小于 5 个碳时不能形成胶束，随着碳数的增加，cmc 下降，但 C_{18}以上水溶性很差，也不能形成胶束溶液。直链烷基苯磺酸盐的 cmc 比支链烷基苯的低，但支链烷基苯磺酸盐可达到更低的表面张力。支链烷基苯磺酸盐有良好的发泡和润湿性能，但生物降解性质比直链的要差。

烷基苯磺酸盐有优良的去污力、发泡力和泡沫稳定性，在酸性、碱性和某些氧化物溶液中稳定性好，是优良的洗涤剂和泡沫剂。通常烷基苯磺酸钠不是纯粹的化合物。这类物质中，能够作为表面活性剂使用的是烷基碳原子数为 12 ～ 18 的烷基苯磺酸钠。

该类表面活性剂中 C_{14} 发泡力最好（ C_{14} 的支链烷基苯泡沫力又高于直链的），C_{10} ～ C_{14} 泡沫稳定性较好，C_{10} 润湿力最好，C_{12}（尤其是直链）洗涤能力最强（是洗衣粉主要的原料）。烷基为分枝状的苯磺酸钠称为 ABS 或分

枝 AB、硬 ABS。直链烷基苯磺酸钠简称为 LAS 或直链 ABS、软 ABS。

重烷基苯磺酸盐是以生产十二烷基苯的副产物重烷基苯（在每个烷基苯分子中有多个烷基或苯环）经 SO_3 磺化制备的，是近年发展的芳磺酸盐重要品种，具有比烷基磺酸盐更高的表面活性。

（2）烷基萘磺酸盐。该类表面活性剂最早获得广泛应用的品种是二异丁基（或二异丙基），其合成路线为

CH_3
$CH—OH$
CH_3
$CH_3—CH—CH_3$
H_2SO_4
SO_3H
H_2SO_4，120℃
SO_3H
$CH_3—CH—CH_3$

产物以 NaOH 将其转化为钠盐。该表面活性剂在低温时有良好的润湿性能，耐酸、耐碱、耐硬水和无机盐，泡沫性能差，主要用作润湿剂、分散剂、乳液聚合的乳化剂。该物质浓缩后加入煤焦油，搅拌成奶油状后，加入 10 倍量的水稀释比并加入若干 NaOH 溶液，得到牛奶状的乳剂，这就是有名的 NekalA。利用从裂解柴油副产物中提纯的萘合成了己基萘磺酸盐。合成路线为

＋ RBr $\xrightarrow{AlCl_3}$ R $\xrightarrow{H_2SO_4}$ HSO_3 R

$\xrightarrow{NaOH}$ $NaSO_3$ R

$R=C_6H_{13}$

该目标物质的表面活性高，能够达到超低界面张力。

还有一类烷基萘的一个芳环被还原加氢后得到的烷基四氢化萘磺化的物质，可看作是环烷取代苯的磺酸盐。这类表面活性剂中以 Melioran、Albatex 最有名。Melioran 的合成程序式为

$C_{10}H_{21}Cl$＋ $\xrightarrow[\text{石蜡烃}]{AlCl_3,\ 70\sim80℃}$ $C_{10}H_{21}$ $\xrightarrow[180\sim200℃,\ 2MPa]{Ni\text{-}Cu,H_2}$ $C_{10}H_{21}$ H

$\xrightarrow[50\sim55℃]{\text{发烟硫酸}}$ $C_{10}H_{21}$ H SO_3H $\xrightarrow{NaOH}$ $C_{10}H_{21}$ H SO_3Na

该表面活性剂具有优良的洗涤和润湿性能。

萘磺酸盐甲醛缩合物的表面活性很低，但却是一类强力乳化分散剂，大量用于固—液分散体系。商品名 Leonils 乳化分散剂的制法是：将 120 份萘、74 份丁醇、170 份氯磺酸混合反应后，生成物溶于水中成透明溶液。在水溶液中再加入 100 份水和 501 份 40% 的甲醛溶液，加热到 60 ～ 70℃，搅拌下反应，盐是一种淡色粉状物，起泡力及润湿力都十分显著，其结构为

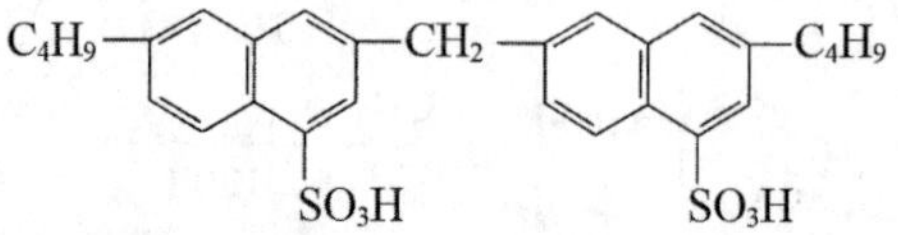

同类产品分散剂 MF 和 CNF 的分子结构式为

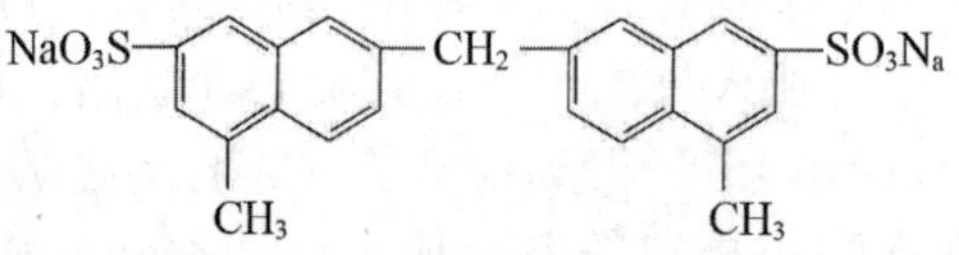

MF 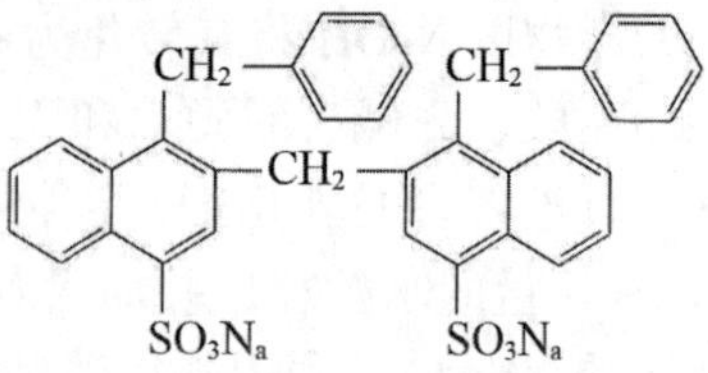　　　　CNF

（3）烷基联苯磺酸盐。这类活性剂中主要有下列几个品种。

Aresket 300 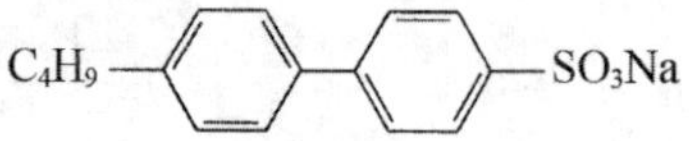　　A

Aresket 100 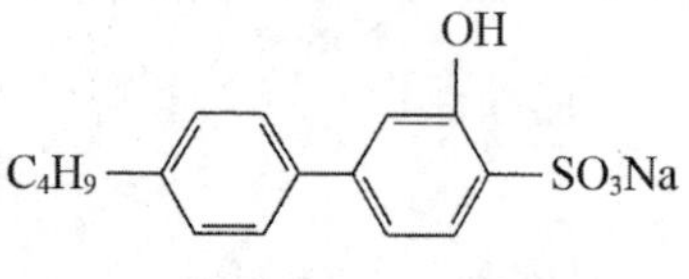　　B

Aresket 400 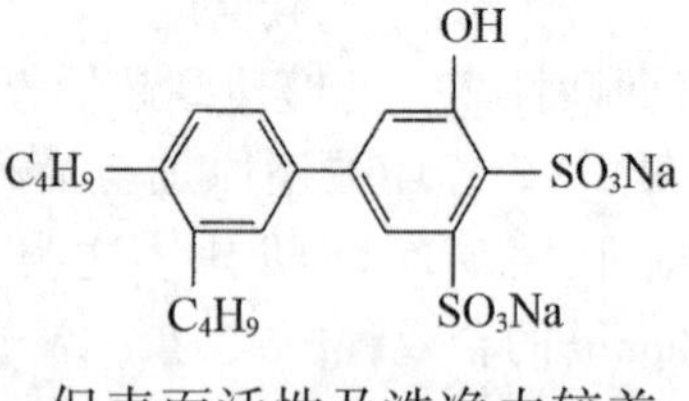　　C

它们主要作润湿剂使用，但表面活性及洗净力较差。

2. 烷基、烯烃磺酸钠

（1）烷基磺酸盐。烷基磺酸钠的结构为 R′（R″）$CHSO_3Na$；R′，R″= H，C_1 ～ C_{17}，R′+R″= C_{11} ～ C_{17}。磺氯化法是以饱和烷烃与二氧化硫和氯气反应制得烷基磺酰氯，再由磺酰氯水解制得烷基磺酸钠。该法产物成分复杂，未得到广泛应用。

磺氧化法是正构烷烃在引发剂作用下与 SO_2 和 O_2 制备烷基磺酸。

$$RH+SO_2+\frac{1}{2}O_2 \xrightarrow{\text{引发剂}} RSO_3H$$

与自由基聚合反应相似，磺氧化可以通过能生成自由基的物质，如过氧化物或臭氧引发，也可以借助向反应物输入能量，如 γ 辐射或紫外线引发。饱和烷烃首先生成烷基自由基，后者再与 SO_2 和 O_2 生成过氧磺酰自由基，过氧磺酰自由基再与烷烃发生转移反应，生成二级烷基自由基，烷基磺酸是在自由基的转移中生成的。按磺氧化的自由基反应机理，仲碳原子比伯碳原子更易磺化，在产物中仲烷基磺酸居多。

用亚硫酸氢钠与 α-烯烃在引发剂如溶解氧、紫外线等引发下，通过游离基反应可生成伯烷基磺酸盐。

$$RCH=CH_2+NaHSO_3 \xrightarrow{\text{引发剂}} RCH_2CH_2SO_3Na$$

烷基磺酸钠有优良的润湿性能；表面活性、去污性及泡沫性也较好；对皮肤刺激性低，生物降解性好；被用于日用化工品、纺织工业等领域。但其水溶性低于带相同烷基的烷基苯磺酸盐。

如果将石蜡烃直接磺化，一般得到第二级烷基磺酸盐。这类活性剂实际的制法有将原料石蜡烃与 SO_2 和 Cl_2 作用，生成 $R-SO_2Cl$ 中间体的 Reed 法和直接用 SO_2 和 O_2 作用于石蜡烃的 T. G 法。使用的石蜡烃的碳原子数 12 ～ 18对最好。

$$CH_3CH_2CH_2\cdots CH_2CH_2CH_3 \xrightarrow{H_2SO_4} CH_3CH_2\underset{\displaystyle SO_3H}{\underset{|}{CH}}\cdots CH_2CH_2CH_3$$

除上述产品外，高级石蜡烃磺化同时可得到二磺酸和多磺酸副产物，经 NaOH 水溶液中和后而得到磺酸盐产物。

（2）α-烯烃磺酸盐。α-烯烃磺酸盐是主要包含两种产物：α-烯烃磺酸盐和羟烷基磺酸盐的混合物。α-烯烃的磺化属烯烃的亲电加成，符合 Markovnikov 规律。该反应分为磺化、老化、中和和磺内酯水解三个阶段。

$$R'—CH=CHCH_2—SO_3Na \quad (A),\ R''—\overset{\displaystyle OH}{\overset{|}{CH}}—(CH_2)_x—SO_3Na \quad (B)$$

$$R',\ R''=C_9\sim C_{15};\ x=2\sim 3$$

α-烯烃磺酸盐是 1968 年实现工业化的，它与 MES 都是二三十年前即已为人熟知的最有潜力的阴离子表面活性剂。由于其制备工程难以控制，产物成分比较复杂，在其工业产品中有 α-烯烃磺酸盐 $RCHCHCH_2SO_3Na$

(64%～72%)、羟烷基磺酸盐 $RCH(OH)CH_2(CH_2)$、SO_3Na(21%～26%)及二磺酸(7%～11%)。多年来，它们的年产量不过10万t左右，只占阴离子表面活性剂市场很小的份额。

α-烯烃磺酸盐的溶解性、洗涤性能、起泡性和乳化性都好，即使在硬水中也有出色的泡沫性。AOS有较好的润湿性能，对皮肤刺激性小、毒性小，AOS的 LD_{50} = 3.26g/kg，而ABS为1.63g/kg，AS为1.46g/kg。生物降解性很好，只需1天即可完全消失而不污染环境。AOS与非离子表面活性剂和阴离子表面活性剂有良好的配伍作用，与酶有良好的协同效应。因此，AOS适宜作为液体洗涤剂和化妆品添加剂，也被作为乳液聚合的乳化剂，还可在三次采油中应用。

3. 芳烷基磺酸盐

芳烷基磺酸盐（AASA）是磺酸基和芳基都连接在烷烃上的新型磺酸盐表面活性剂，是化学家Bergar Paul D的发现。其合成方法是：采用1-烯烃和 SO_3 为原粒在降膜磺化反应器中得到粗产物——烯烃磺酸（含少量磺内酯），再将烯烃磺酸与芳烃（如苯、萘、取代苯和取代萘）在超强酸催化剂下进行烷基化反应制备芳基烷基磺酸盐。芳基烷基磺酸盐表面活性剂具有以下特点：①在水中的溶解度要大于传统的烷基芳基磺酸盐；②二烷基和高取代度的芳烃磺酸盐容易合成、收率高；③在很低的浓度下产生超低界面张力；④由于芳香环上没有磺酸基团，产物的生物降解性较好，是一种环保产品。

4. 含杂原子的磺酸盐

(1) 烷基酚磺酸盐。这类表面活性剂的洗净力、渗透性均好。缺点是不易制成粉末。制法和LAS相同，即将 C_{14}～C_{16} 的石蜡烃氯化，然后与苯酚进行反应（简称傅—克反应），制取烷基苯酚，最后磺化、中和而得成品。

(2) 羟醚磺酸盐。羟醚磺酸盐由高碳醇与环氧氯丙烷反应制得1-氯-2-羟丙基-烷基醚中间物，再以亚硫酸氢钠对中间物磺化得到烷氧基-羟丙基磺酸钠。

(3) 酰胺磺酸盐。其中最重要的品种为油酰基-甲基-牛磺酸钠（Igepon T，国产品名净洗剂209），是白色粉剂，水溶性好，适用于羊毛织物的高级洗涤剂。由油酰氯和N-甲基牛磺酸钠制备目标物的反应式为

$$C_{17}H_{33}COCl + CH_3NHCH_2CH_2SO_3Na \xrightarrow[NaOH]{60\sim80℃} C_{17}H_{33}CON(CH_3CH_2CH_2SO_3Na) + Hcl$$

（二）硫酸酯盐

高级醇及其他含羟基化合物、烯烃等与硫酸反应，生成这些化合物的硫酸酯。用 NaOH 中和后，即得到硫酸酯盐型表面活性剂。其结构式为

```
R—O     O
   \   /
     S
   /   \
  O     O⁻ + M
```

式中，R 一般是含 8 ～ 18（以 12 ～ 18 性能最好）个碳原子的烃基，在碳氢链上也可含有其他官能团，M 为 Na、K 等。常用的硫酸酯盐有月桂醇硫酸酯钠（$C_{12}H_{25}OSO_3Na$）、鲸蜡醇硫酸酯钠（$C_{16}H_{33}OSO_3Na$）、硬脂醇硫酸酯钠（$C_{18}H_{37}OSONa$）、油醇硫酸酯钠（$C_{18}H_{35}OSO_3Na$）。它们通常以对应的醇与硫酸发生酯化后再经碱中和制备。这类表面活性剂一般有非常好的发泡能力，也有较强的洗涤性能。在硬水中稳定，在日用化学品和纺织工业中获得应用。

（三）磷酸酯盐

磷酸与醇类反应可以制得磷酸单酯和磷酸双酯，属酸性磷酸酯，可以不经中和直接使用，但对人体皮肤有刺激性。磷酸酯盐的制法是以高级醇与磷酸化试剂酯化后经碱中和而得。常用的磷酸化试剂有五氧化二磷、聚磷酸、三氯化磷等。

磷酸酯中和得到的磷酸酯盐水溶性显著增加，同一种醇的单酯溶解度高于双酯，随烷基碳原子数增大水溶性下降。单酯二钠盐的溶解度与用同样的醇制备的硫酸酯盐相近。某些磷酸酯盐的临界胶束浓度较低，如月桂醇双酯的 cmc 为 1.5×10^{-3}mol/L，其单酯单钠盐的 cmc 为 3.5×10^{-3}mol/L 。

磷酸酯盐广泛应用于各行业，在纺织业中作乳化剂、染色助剂、防静电剂；在日用品中作干洗剂、化妆品添加剂；在造纸工业中作回收纸脱墨剂；在农药中作肥料、农药乳化剂等。

二、阳离子表面活性剂

阳离子表面活性剂正电基团的中心多为 N 原子，也有以 S 和 P 原子为正电中心的。我们在下面的论述中以 N 正电中心的阳离子表面活性剂为主。按 N 正电原子在分子中的位置，阳离子表面活性剂可以是链状的（其中有

胺盐型和季铵盐型)、氮杂环的等。目前,季铵盐类是开发应用最多的阳离子表面活性剂。

(一) 氮阳离子表面活性剂

1. 胺盐基表面活性剂

胺盐基表面性性剂的疏水基碳原子数在 12 ~ 18。脂肪酸或酯与氨共热得脂肪睛,加氢还原得脂肪胺,用酸中和即得脂肪胺盐。

$$R-\overset{\overset{\displaystyle O}{\|}}{C}-OH \xrightarrow[\Delta,\ -H_2O]{NH_3} R-\overset{\overset{\displaystyle O}{\|}}{C}-NH_2 \xrightarrow[\Delta]{-H_2O} RCN \xrightarrow[Ni]{H_2} RCH_2NH_2$$

$$RNH_2 \xrightarrow{HCl} RNH_2HCl$$

仲胺盐型表面活性剂的种类不很多,商品主要是 Priminox 系列产品,是高级卤烷与乙醇胺或高级胺与环氧乙烷的反应产物。

$$C_{12}H_{25}-NH-CH_2CH_2OH$$

叔胺盐型阳离子表面活性剂中,最重要的是亲油基含有酯键 Soromine 系列、含有酰胺键的 Ninol 及 Sapamine 系列。

Soromine 系列中最重要的是由脂肪酸和三乙醇胺的酯化产物。

$$C_{17}H_{37}COOCH_2CH_2-N\begin{cases}CH_2CH_2OH\\CH_2CH_2OH\end{cases}$$

含酰胺的叔胺盐,特别是 N,N 二乙醇酰胺 ($RCO-N\begin{cases}CH_2CH_2OH\\CH_2CH_2OH\end{cases}$) 的盐,能与多种表面活性剂配合使用,又称 Ninol 系活性剂。

Sapamine 系列产品是 N,N-二烷基乙二胺与脂肪酸的缩合物的盐。例如

$$\left[C_{17}H_{33}CONHCH_2CH_2-N\begin{cases}CH_2CH_2OH\\CH_2CH_2OH\end{cases}\right]\cdot CH_3COOH$$

有机胺盐表面活性剂可在酸性介质中做乳化剂、分散剂、润湿剂、浮选剂,但当溶液的 pH 值 (>7) 较高时,游离胺自溶液析出,从而失去表面活性。

2. 季铵盐表面活性剂

(1) 烷基季铵盐。烷基季铵盐的结构为

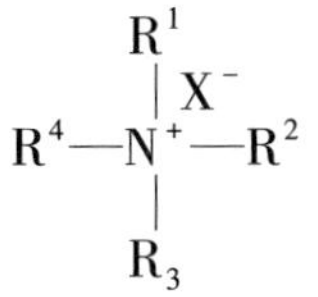

$$\left[R^4-\overset{\overset{\large R^1}{|}}{\underset{\underset{\large R_3}{|}}{N^+}}-R^2\right]X^-$$

大部分季铵盐都是由叔胺与烷基化试剂反应合成的。主要的烷基化试剂有卤代烷、卤代苄、卤代醇、硫酸二甲酯、氯代酸(盐)等。如图 3-1 所示为几种烷基化剂对烷基二甲基胺的季铵化反应示意图，图中的 R 为长链烷基。若叔胺中的 R 为低碳烃基，以长链烷烃的卤化物也可以对该叔胺进行季铵化制备表面活性剂。

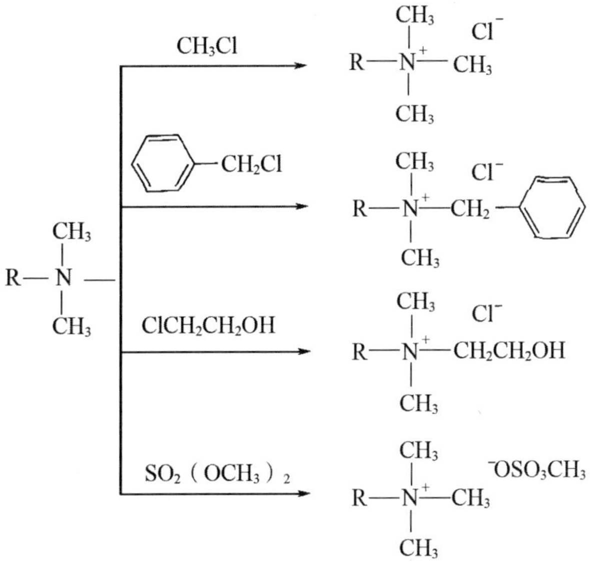

$R-N(CH_3)_2$ + CH_3Cl → $R-N^+(CH_3)_3\ Cl^-$

$R-N(CH_3)_2$ + $C_6H_5CH_2Cl$ → $R-N^+(CH_3)_2-CH_2-C_6H_5\ Cl^-$

$R-N(CH_3)_2$ + $ClCH_2CH_2OH$ → $R-N^+(CH_3)_2-CH_2CH_2OH\ Cl^-$

$R-N(CH_3)_2$ + $SO_2(OCH_3)_2$ → $R-N^+(CH_3)_3\ {}^-OSO_3CH_3$

图 3-1　各烷基化剂对烷基二甲基胺的季铵化

季铵盐属强电解质，在碱性溶液中，生成相应的季铵碱，属强碱。因此季铵盐表面活性剂可以在很宽的 pH 值范围内使用。

季铵盐在水中的溶解性随碳链长度的增加而下降。碳原子数低于 14 的季铵盐易溶于水，高于 14 的难溶于水。单长链烷基季铵盐溶于极性有机溶剂，不溶于非极性有机溶剂。双长链烷基季铵盐几乎不溶于水，溶于非极性有机溶剂。如果季铵盐的烷基链中含有不饱和双键，其溶解性增加。

季铵盐表面活性剂易于在带负电的固体表面吸附，同时改变其表面特性。季铵盐有较强的杀菌能力。因此季铵盐表面活性剂被用于铝硅矿物浮选、织物抗静电整饰、消毒杀菌、灭虫及植物生长促进等方面。

（2）酰胺基烷基季铵盐。Sapamine 型表面活性剂是典型的脂肪酰胺基烷基季铵盐。按其反离子的不同，可以得到不同的产品。这类产品可以由硫酸二甲酯或氯苄等烷基化试剂直接与脂肪酰胺烷基胺反应合成。Sapamine MS 和 Sapamine BCH 的结构式为

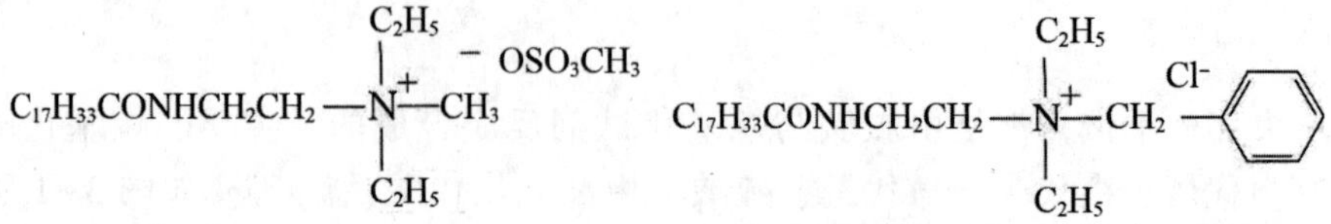

$$C_{17}H_{33}CONHCH_2CH_2-\overset{\overset{C_2H_5}{|}}{\underset{\underset{C_2H_5}{|}}{N^+}}-CH_3 \quad {}^-OSO_3CH_3$$

Sapamine MS

$$C_{17}H_{33}CONHCH_2CH_2-\overset{\overset{C_2H_5}{|}}{\underset{\underset{C_2H_5}{|}}{N^+}}-CH_2-C_6H_5 \quad Cl^-$$

Sapamine BCH

（3）酯基季铵盐。酯基季铵盐主要通过脂肪酰氯或脂肪酸与含有羟基的胺类反应合成。由于酯键易于水解，含酯键的季铵盐应用较少。近年，开发有生物降解性、对环境危害较小的表面活性剂逐渐受到关注，对含酯基季铵盐日益重视，品种增加。该类产品的典型代表为 Soromine 系列，它们属酯基叔胺表面活性剂，可以直接使用，但大多数情况下将其进一步合成胺盐或季铵盐；还有 2,3-二（硬脂酰氧基）-丙基三甲基季铵盐 DMAPDEQDMS（姜贞贞）、2-羟基-3-脂肪酰氧基-丙基-三烷基氯化铵 AW-KA（阿不都热合曼-乌斯曼），它们的结构式为

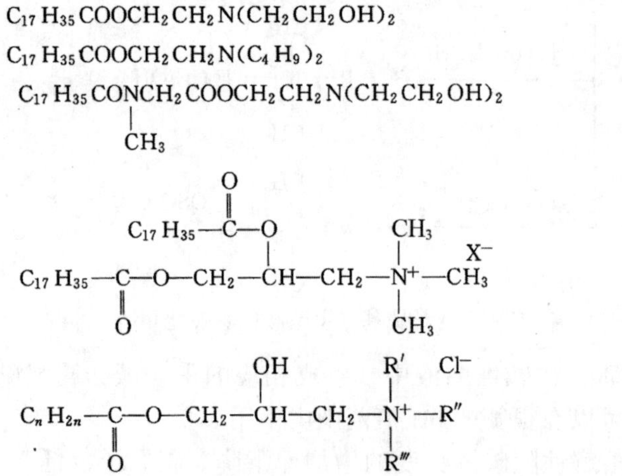

$C_{17}H_{35}COOCH_2CH_2N(CH_2CH_2OH)_2$　　Soromine A

$C_{17}H_{35}COOCH_2CH_2N(C_4H_9)_2$　　Soromine CB

$$C_{17}H_{35}CO\underset{\underset{CH_3}{|}}{N}CH_2COOCH_2CH_2N(CH_2CH_2OH)_2$$　　Soromine S

$$C_{17}H_{35}-\underset{\underset{O}{\|}}{C}-O-CH_2-\underset{|}{\overset{O-\overset{\overset{O}{\|}}{C}-C_{17}H_{35}}{CH}}-CH_2-\overset{\overset{CH_3}{|}}{\underset{\underset{CH_3}{|}}{N^+}}-CH_3 \quad X^-$$　　DMAPDEQDMS

$$C_nH_{2n}-\underset{\underset{O}{\|}}{C}-O-CH_2-\overset{\overset{OH}{|}}{CH}-CH_2-\overset{\overset{R'}{|}}{\underset{\underset{R'''}{|}}{N^+}}-R'' \quad Cl^-$$　　AW-KA

$R'=Me, Et, -CH_2CH_2OH$　　$R''=Me, Et, -CH_2CH_2OH$

$R'''=Me, Et, -CH_2CH_2OH, -CH_2Ph, -CH_2CH_2OC_{11}H_{23}$　　$n=11, 17$

（二）硫正原子表面活性剂

在非含氮阳离子表面活性剂中，氧化锍是最有前途的。采用通常的烷基化方法，即可使具有一个长链烷基的亚砜转化成具有表面活性的氧化锍化合物。如十二皖基亚砜与硫酸二甲酯进行季铵化反应合成季锍盐，反应式为

$$C_{12}H_{26}-\overset{\overset{\displaystyle O}{\uparrow}}{S}-CH_3 \xrightarrow[95℃,18h]{(CH_3)_2SO_4} \left[C_{12}H_{26}-\overset{\overset{\displaystyle O}{\uparrow}}{\underset{\underset{\displaystyle CH_3}{|}}{S^+}}-CH_3 \right][SO_4CH_3^-]$$

与苄基季铵氯化物相似，这类化合物是有效的杀菌剂。无论是用在阴离子洗涤剂中还是在传统性香皂中都能保持杀菌性。它们的优点是对皮肤刺激性很小，用于日用化学品的综合性能优于传统季铵盐表面活性剂。

（三）季鏻盐表面活性剂

合成阳离子表面活性剂鏻化合物的原料大多是三取代基鏻，使其同卤代烷反应，便可生成季鏻盐化合物。如三羟基鏻与卤代烷反应的产物即为季鏻盐化合物。其反应通式可表示为

$$(R)_3P + R'X \longrightarrow \left[R'-\overset{\overset{\displaystyle R}{|}}{\underset{\underset{\displaystyle R}{|}}{P^+}}-R \right] X^-$$

如等摩尔的溴代十二烷与三乙基鏻在 90℃反应 12h，生成三乙基十二烷基鏻溴化物，收率 80%；等摩尔溴代十二烷与三苯基鏻混合，并添加少量乙醇，密封条件下于 100℃反应 12h，生成十二烷基三苯基鏻化合物，理论收率 90%。

（四）碘鎓化合物

碘鎓与阴离子性洗涤剂和肥皂相溶，具有抗微生物效果。与大多数市售抗菌剂不同，碘鎓类对次氯酸盐的漂白作用表现稳定性。

如果使碘成为杂环的组成部分，便可由这种化合物制成稳定的碘鎓盐。例如，用过醋酸将邻-碘联苯氧化成亚碘酰联苯，即可再用硫酸使之环化成联苯碘鎓硫酸盐。

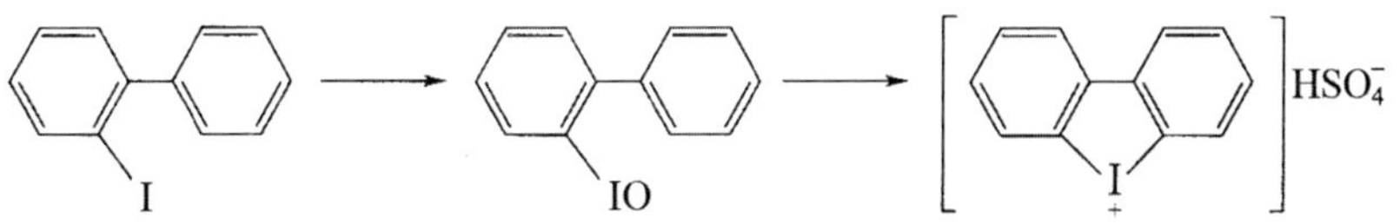

$$\text{I} \longrightarrow \text{IO} \longrightarrow [\;I^+\;]HSO_4^-$$

碘鎓盐的另一合成路线是，氯同碘二苯烷反应，生成二氯化碘二苯烷，然后将其水解成亚碘酰二苯烷，最后使其闭合成环。

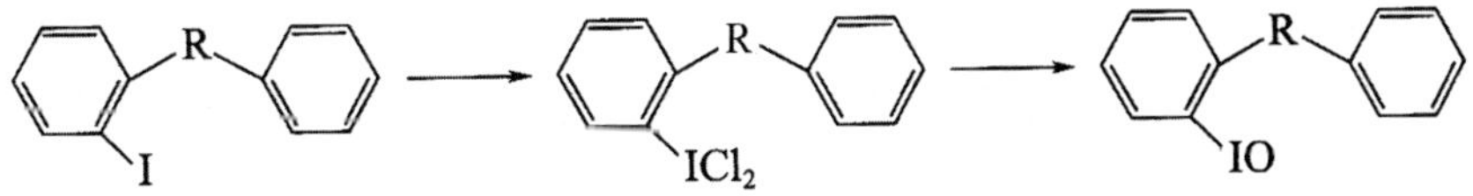

$$\text{R, I} \longrightarrow \text{R, }ICl_2 \longrightarrow \text{R, IO}$$

$\longrightarrow \left[\text{R} \quad \overset{}{\underset{+}{\text{I}}} \right] X^-$

第二节　表面活性剂的性质和功能

一、表面活性剂的性质

表面活性剂被称为工业味精，作为一类特别的精细化学品在洗涤、化妆品、制药、石油、涂装、纺织、金属加工等行业普遍受到关注。这些得益于表面活性剂特有的一般物质没有的宝贵性质。随着一些新型表面活性剂品种门类的研究开发和表面活性剂新的性质被发掘，它的应用范围还有扩大的趋势。本节主要介绍表面活性剂的一般性质。

（一）表面活性

表面活性剂的表面活性是指它溶解后使溶剂表面张力降低的能力。这是表面活性剂的基本性质。表面张力（或界面张力）降低能力有两种评价指标：一是降低表面张力的效率，以将表面张力降低到某一定值的表面活性剂浓度来评价；二是降低表面张力的能力，以加入表面活性剂后可能将表面张力降低达到的最低值。

表面活性剂降低表面张力的效率可以用*pco*20定量表示。*pco*20为溶剂表面张力降低20mN/m的表面活性剂浓度负对数，其值愈大显示表面张力降低20mN/m的表面活性剂浓度愈低，降低表面张力的效率愈高。*pco*20增大一倍，表面活性剂降低表面张力的效率提升10倍。

表面活性剂降低表面张力的能力用Y*cmc*评价，显然Y*cmc*愈低，降低表面张力的能力愈强。

表面活性剂降低表面张力的效率和能力对于决定表面活性剂的应用有重要的参考作用。如效率高而CITIC低的表面活性剂起泡性优良但润湿性较差。

1. 水溶性

水溶表面活性剂的分子中极性基必须有足够的亲水性：表面活性剂同系物的水溶性随疏水基的碳链增长而降低。而疏水基碳链长度一定但亲水基不同的表面活性剂，水溶性决定于亲水基的类型。十二烷基苯磺酸钠的水溶性高于十二烷基磺酸钠，这是因为虽然二者的疏水直链烷基碳原子数相同，但十二烷基苯磺酸钠的苯基与磺酸基中的 S═O 键处于共轭状态，它们连接在一起成为较大的极性基团，亲水基极性得以增强，水溶性增大。

不同类型表面活性剂的溶解性随温度的变化是不相同的。1899 年，Krafft F 实验发现，对每一种离子型表面活性剂都有一个特定的温度。当溶液的温度上升达到这点时，其溶解度突然增加，如图 3-2 所示。该点称 Krafft 点。从图中清楚地看到，在 Krafft 点时表面活性剂的溶解度等于该温度下的 CITIC 值。在 Knafft 点以上，表面活性剂的溶解度 S 随温度升高而迅速增加。

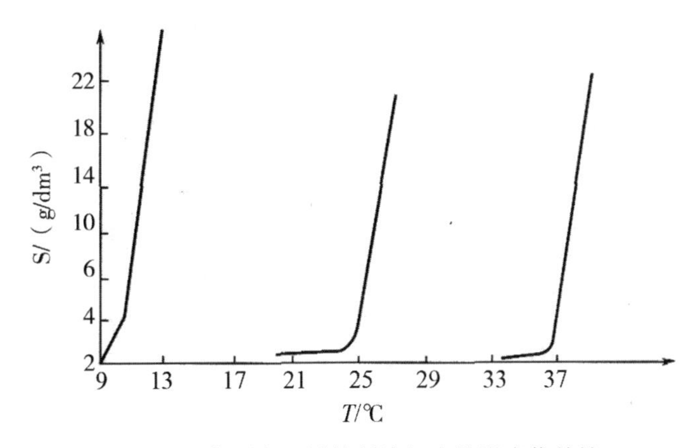

图 3-2　阳离子表面活性剂溶解度的温度依赖性

离子表面活性剂的 Krafft 点越低，其溶解性越好。因此，Krafft 点可以作为衡量离子表面活性剂水溶性的量度之一。

非离子型表面活性剂的极性基为聚乙二醇。单就聚乙二醇而言，它是一种两亲性物质。它既可以溶于极性溶剂水，也可以溶于极性很弱的溶剂苯。在弱极性溶剂中，它暴露分子中的亚甲基与溶剂借助疏水作用发生亲和而溶解［图 3-3（a）］；在极性溶剂（如水）中，它暴露醚氧原子与极性溶剂借助氢键或（和）偶极作用发生亲和而溶解［图 3-3（b）］。

聚乙二醇链是内旋势垒很低的柔性链（其内旋势垒甚至低于聚乙烯）。温度升高时，聚乙二醇链的内旋热运动使之剥离束缚水，通过分子内氢键失去亲水性；因此，聚乙二醇醚类非离子表面活性剂的水溶性下降而从水中析出，这样使得透明溶液变成浑浊的乳状液。人们把这时的温度称为浊点，它是非离子表面活性剂的重要性质。

当然，一旦将这种乳白色溶液的温度降到浊点以下，又会很快恢复水溶性，变成原来那样的透明溶液。

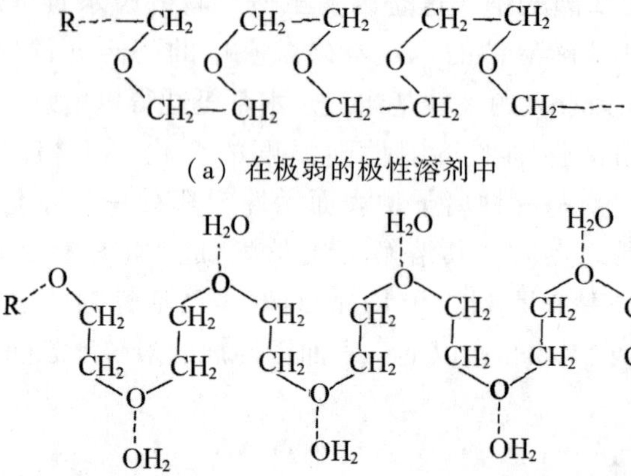

R---CH_2 CH_2—CH_2 CH_2—CH_2
O O O O O
CH_2—CH_2 CH_2—CH_2 CH_2---

（a）在极弱的极性溶剂中

H_2O H_2O H_2O
R O O O O
CH_2 CH_2 CH_2 CH_2 CH_2 CH_2 CH_2
CH_2 CH_2 CH_2 CH_2 CH_2 CH_2 CH_2
O O O OH
OH_2 OH_2 OH_2

（b）在极性溶剂（水）中

图 3-3　聚乙二醇在不同溶剂中的分子构象性质

2. 油溶性

在油溶剂中，表面活性剂的溶解度决定于亲油基和亲水基的种类、疏水基链长短等。对于离子极性基表面活性剂，离子基团的极性愈弱，疏水基的链愈长，其油溶性愈好。离子基处于疏水链端部的比处于中间部位的油溶性要好；在非离子表面活性剂分子中，EO 结构单元愈多的油溶性愈差。而芳环对表面活性剂溶解性的影响相对复杂一些，若它的位置是在饱和疏水烷基的中间，则有使油溶性增加的趋势；若它与离子极性基团直接连接，尤其是与离子基团中的结构发生共轭效应时，则会使极性基的极性得以加强，水溶性增强。

3. 化学稳定性

表面活性剂的化学稳定性是指它们在酸、碱、氧化剂等物质的环境中保持其原有性质的能力。

（1）酸碱稳定性。强酸介质往往使阴离子表面活性剂失稳。弱阴离子表面活性剂羧酸盐易生成羧酸析出，硫酸酯盐易于水解；而磺酸盐和磷酸酯盐的酸碱稳定性相对较好。

弱阳离子表面活性剂（胺盐类）对碱性介质不稳定，而耐酸性能较好；强阳离子表面活性剂（季铵盐类）在 pH 值很宽的范围内均很稳定。

聚醚类非离子表面活性剂除了含酯基的(酯醚型)外，对酸碱都很稳定。

两性离子表面活性剂一般存在等电点，在等电点时生成分子内盐而沉淀。因此，在不同的 pH 值下，它们的稳定性是不同的。季铵盐基是特强的阳离子，含季铵盐基的两性离子表面活性剂，不会生成沉淀。

（2）盐稳定性。离子型表面活性剂可以和无机盐发生反应，若表面活性剂的有机离子与某种无机离子生成难溶或不溶沉淀，表面活性就会消失。这种由盐导致的活性丢失以多价金属离子对阴离子表面活性剂的影响更为明显。如羧酸盐类表面活性剂在含有 Ca^{2+}、Mg^{2+}、Al^{3+} 的水质中生成水不溶的皂，使其丢失表面活性。

非离子和两性表面活性剂有良好的耐盐性，其中的某些种类甚至可以在浓盐溶液中使用。

（3）氧化稳定性。磺酸盐阴离子表面活性剂和聚氧乙烯非离子表面活性剂的耐氧化性好。全氟表面活性剂的疏水基骨架与全氟聚乙烯相同，耐氧化性能十分优良。

4. 生物安全性

表面活性剂对生物体的毒性以阳离子类最高，阴离子类次之，非离子型最低。季铵盐阳离子表面活性剂是重要的杀菌剂，吡啶类阳离子也有很好的杀菌性能。在非离子表面活性剂的各门类中烷基酚聚氧乙烯醚，因为分子中带有苯环，毒性相对高一些；醇醚类非离子表面活性剂分子中氧乙烯结构单元数增加，毒性有增大趋势。

5. 生物降解性

物质的生物降解性是指它在被应用以后在微生物作用下转化为细胞组成的物质或对环境无害的水及二氧化碳等物质的性能。良好的生物降解性能有利于环境保护。

磺酸盐类表面活性剂中带有三甲基取代端基的难以降解，支链烷基磺酸盐次之，直链烷基磺酸盐较易于降解。

非离子表面活性剂分子中烷基结构对生物降解性的影响与阴离子表面活性剂相似，即带支链烷基的降解性比直链的差，支链越多降解越困难。如支链十三醇聚氧乙烯醚［9］在环境中经历一个月后降解率为50%左右，而对应的直链十三醇聚氧乙烯醚［9］的降解率可达80%以上。有的天然两性表面活性剂（如卵磷脂）是营养剂。无论是天然的还是合成的两性表面活性剂，它们的生物降解性都很高。

二、表面活性剂的功能

作为精细化学品，表面活性剂具有润湿、分散、乳化、起泡、消泡、增溶、洗涤等多种功能。

（一）润湿功能

1. 润湿现象

（1）润湿。润湿现象是某固体的表面由固—气界面转化为固—液界面的过程，这实际上是固体表面上的一种流体被另一种流体取代的过程。润湿涉及三相，其中至少有两相是流体。

（2）接触角。如图 3-4 所示，当一液体置于固体表面时在气、液、固三相交界处气—液界面和固—液界面间的夹角称接触角 θ。液体在固体表面接触角的大小可以判别它对固体的润湿状况：θ 越小，固体越容易被该液体润湿；$\theta<90°$，润湿，$\theta>90°$，不润湿；$\theta=0$，完全润湿，$\theta=180°$，完全不润湿。

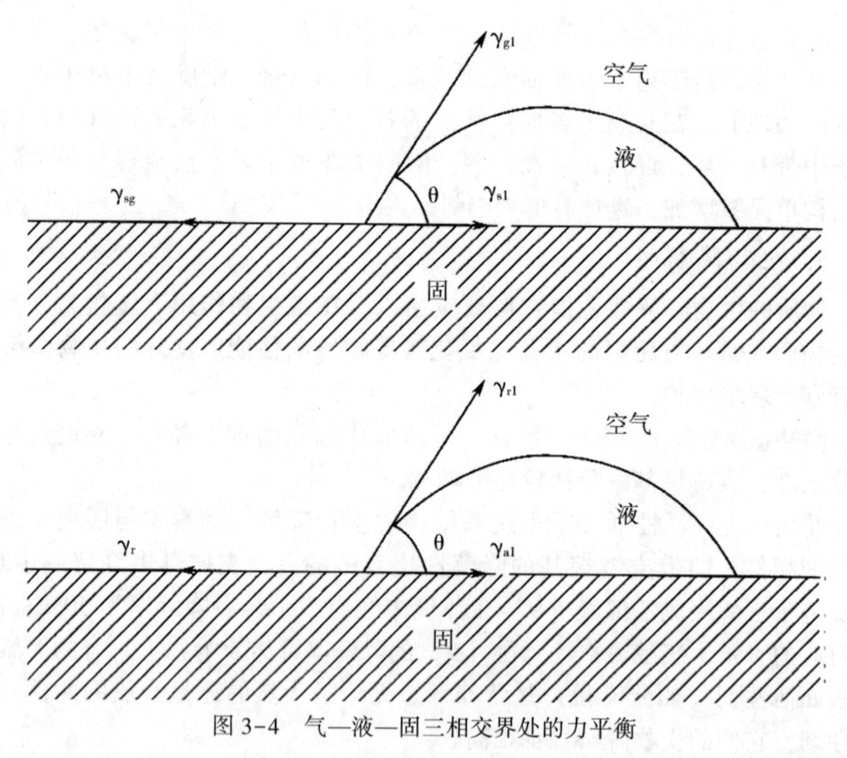

图 3-4　气—液—固三相交界处的力平衡

由气—液—固三相交界处的力学平衡式可以得出接触角和界面张力间的关系。

$$\cos\theta = \frac{\gamma_{sg} - \gamma_{sl}}{\gamma_{gl}}$$

式中，γ_{sg}，γ_{sl}，γ_{gl} 分别为固—气、固—液、气—液界面张力。

2. 表面活性剂的润湿功能

（1）提升液体的润湿能力。低能液体具有在高能表面自发铺展的能力，但在低能表面上则难以铺展。如水的表面张力高于70mN/m，在表面能低于该值的表面上是不能铺展的。在水中加入表面活性剂使其表面能降低直至低于固体表面能后，它就可以在该固体表面顺利铺展了。借助降低液体表面能使其在低能固体表面顺利铺展的表面活性剂称润湿剂。

（2）改善固体表面润湿性质。如果某一固体表面是水湿的高能表面，表面活性剂溶液与其接触时，就会形成极性基朝向固体非极性基朝向外侧的吸附层，这时固体表面成为油湿的低能表面，发生润湿性反转。反之，表面活性剂溶液与油湿的低能表面接触时，则形成非极性基朝向固体、极性基朝向外侧的吸附层，这时固体表面成为水湿表面，同样发生润湿反转。在油湿储层中注入表面活性剂工作液借助润湿反转提高扫油效率就是基于这一原理。

（二）分散与乳化功能

将一种物质以微小尺寸方式分布到另一种物质中的过程称为分散，由此得到的物质混合体系称为分散体系。在分散体系中不连续的物质称分散质，连续的物质称分散介质。若以液体作为分散介质，分散质是固体物质的体系是悬浮液，分散质是液体的体系是乳状液，分散质是气体的体系是泡沫。

表面活性剂对于固体粒子在液体中的分散有促进作用。如欲将一种非极性固体分散在水中，因为水对该固体是不润湿的，所以在没有表面活性剂存在条件下是很难进行的。若再加入表面活性剂，它会在固体颗粒表面形成疏水基向内，极性基向外的吸附层。在固体裂缝中这种吸附的表面活性剂通过电荷斥力（离子型表面活性剂）或（溶剂化作用）产生劈压力，致使裂缝增大，最终导致颗粒劈裂分散。而在分散体系形成之后，由于同样的作用使分散体系稳定。

乳化是一种液体以微小液滴或液晶形式分散到另一种不相溶液体中的过程，由此形成的分散体系为乳状液。在没有表面活性剂时，乳状液是很不稳定的。为了制得稳定的乳状液，需要加入表面活性剂（乳化剂），因此乳化剂是稳定的乳状液不可缺少的成分。

（三）增溶功能

表面活性剂在水中形成胶束后，具有使水不溶（或水难溶）物质的溶解度显著增大的能力，这就是增溶作用。能对某种物质产生增溶作用的表面活性剂称为该物质的增溶剂，被增溶的有机物称为被增溶物。

实践证明，表面活性剂的浓度低于 cmc 时，被增溶物的溶解度几乎不变；而在达到 cmc 以后被增溶物的溶解度显著增高，这表明增溶作用的内因是胶束。如果在已增溶的溶液中继续加入被增溶物，当达到一定量后，溶液呈白浊色，这时生成的白浊液即为乳状液，在白色乳状液中再加入表面活性剂，溶液又变得透明无色。这种乳化和增溶是连续可逆的，但乳化和增溶在本质上时有所不同。增溶作用可使被增溶物的化学势显著降低，使体系更加稳定，即增溶在热力学上是稳定的，只要外界条件不改变，体系就不随时间变化；而乳化在热力学上是不稳定的。

增溶作用在热力学上是一个可逆平衡过程。这就是说，被增溶物在增溶剂中的饱和溶液可从过饱和溶液稀释来得到，也可从被增溶物逐渐溶解来得到。

表面活性剂的增溶作用在洗涤去污、提高原油采收率、日用化学品等方面获得重要应用。

1. 增溶作用机理

根据紫外分光光度法、核磁共振法、电子自旋共振法对各种物质增溶于胶束中的位置和状态的研究表明：被增溶的物质和表面活性剂类型不同，其被增溶的位置和状态亦不同。

早期的理论认为，被增溶物在胶束中的位置和状态基本上是固定的，称为“单态模型”。近年来的研究表明，被增溶物均匀地分配于胶束的内部，增溶作用与胶束形成作用一样，是一种动态平衡过程。被增溶物在胶束内的停留时间约为 $10^6 \sim 10^9$s，被增溶物的几种不同状态可以相互变换。胶束内芯并非与烃的聚集状态相似，而接近胶束表面区域的性质也与水有所不同。当被增溶物质从胶束内芯向界面移动时，经受着不同作用力的连续变化，故被增溶物在胶束内是以多种状态存在的（至少是两种状态）。多态模型认为，至少胶束内芯和界面对增溶所起的作用是不同的。

2. 影响增溶作用的因素

从增溶作用的两种模型可看出，被增溶物质的增溶量与增溶剂和被增溶物的分子结构及性质、胶束的数目（即表面活性剂的 cmc）、介质性质和温度等因素有关。

（1）增溶剂的结构与增溶量。非离子表面活性剂临界胶束浓度较低，且因它们的聚氧乙烯链具有对不同极性物质的适应性，通常非离子表面活性剂增溶能力比离子型表面活性剂强；在离子型表面活性剂中阳离子型的极性基体积较大，形成的胶束分子排布较疏松，它的增溶能力又比相同碳链长度的阴离子表面活性剂强。

在表面活性剂同系物中，碳氢链越长，cmc 值就越低，在较小的浓度下即能发生增溶作用，在相同表面活性剂浓度下增溶能力越大。希尔伦等研究了非极性和微极性被增溶物，如苯、乙苯、正庚烷在月桂酸钾和肉豆蔻酸钾溶液中的增溶作用，科尔索夫（Kolthoff）等研究了同系脂肪酸钾对二甲氨基偶氮苯（MAB）的增溶作用，都对此规律予以证实。

增溶剂疏水基含不饱和键和支链结构时，增溶能力下降。

（2）被增溶物的结构与增溶量。被增溶物不论以何种方式增溶，其增溶量均与它的分子结构和性质（碳氢链长、支链、取代基、极性、电性、摩尔体积及被增溶物的物理状态等）有关。

脂肪烃和烷基芳烃的增溶量随链长增大而减小；环化使增溶量增大；不饱和化合物的增溶量较对应的饱和化合物为大；支链饱和化合物的增溶量与相应的直链异构体大致相同；多环化合物的增溶量随相对分子质量增大而减小，甚至与分子质量相等的直链化合物的增溶量相比还要小。

碳氢化合物的增溶量与其本身的摩尔体积近似成反比，摩尔体积越大，增溶量越小。这是由于胶束内层受胶束弯曲界面产生压力的影响。胶束内层亲油基与被增溶物质的疏水作用是增溶的驱动力，而胶束弯曲界面的压力对被增溶物分子进入胶束有阻碍作用。胶束的曲率半径越小，阻碍作用越强，增溶量越小。

（3）介质极性与增溶量。被增溶物的增溶量与介质极性有关。

在离子表面活性剂溶液中加入无机盐，可增加烃类的增溶量，减小极性有机物的增溶量。加入无机盐可使表面活性剂的 cmc 下降，在一定浓度下胶束的数量增多；此外，由于介质极性增加，烃类物质逃逸水相的趋势增加，进入胶束的驱动力也就增加。另一方面，由于加入无机盐会使胶束“栅栏”头端分子间的静电斥力减小，表面活性剂分子排列得更紧密，减少了极性化合物被增溶的可能性，因此极性有机物被增溶的能力降低。

在表面活性剂溶液中加入非极性有机化合物（烃类），会使胶束增大，有利于极性化合物插入胶束“栅栏”间，使极性被增溶物的增溶量增大。反之，在表面活性剂溶液中加入极性有机化合物，能使碳氢化合物的增溶量增大。极性有机化合物的碳氢链越长，极性越小，使碳氢化合物的增溶量增加得越多。

（4）体系温度与增溶量。温度对增溶的影响因表面活性剂和被增溶物的不同而不同。影响增溶的因素有：①温度变化导致的胶束本身性质变化；②温度变化引起的被增溶物在胶束中溶解情况的变化。实验证明，温度对离子表面活性剂胶束大小的影响不大，主要是影响被增溶物在胶束中的溶解度，其原因可能是热运动使胶束中能发生增溶的空间增大。

（5）混合离子型表面活性剂溶液的增溶。等物质的量的两种同电性离子表面活性剂配制的混合液，其增溶能力取该两种表面活性剂各自溶液增溶能力的折中值。

阴离子表面活性剂和阳离子表面活性剂混合溶液的增溶能力较两者各自溶液的增溶能力大得多。

3. 增溶功能的应用

增溶作用在得到深入理论研究以前就已经在多种工程中获得应用，主要有乳液聚合、采油和洗涤。

（1）乳液聚合。乳液聚合是在水介质中，通过表面活性剂胶束对单体的增溶作用由水溶性引发剂引发的，在胶束中进行的聚合反应。该聚合方法具有：①反应体系散热性好，产物相对分子质量和浓度对反应体系黏度影响小，利于连续生产；②聚合速率高，产物分子量高，反应条件缓和；③在某些场合，产物可不经提纯直接使用。

乳液聚合中，聚合速率 Rp 和产物聚合度 X_n 都与体系的乳胶粒数 N 成正比。因为 N 和乳化剂总浓度 S 有以下关系。

$$N = k\left(\frac{R_i}{u}\right)^{2/5}(a_sS)^{3/5}$$

式中，k 为常数；u 为乳胶粒体积增加速率；R_i 为自由基增加速率；a_s 是一个乳化剂分子的表面积。

（2）采油。增溶作用在石油生产中有较广泛的应用。借助于表面活性剂的增溶作用可将黏附在岩层砂石上的油“驱赶”出来，实现“驱油”作用，提高石油的采收率。为此，利用表面活性剂在溶液中形成胶束的性质，如将表面活性剂、助剂（醇类起促进胶束形成的作用）和油混合在一起搅动，使之形成均匀的“胶束溶液”。这种溶液能溶解原油，且有足够的黏度，能很好地润湿岩层，遇水不分层，当流过岩层时能有效地洗下黏附于砂石上的原油，从而达到提高石油采收的目的。但由于所需的表面活性剂的浓度较高，用量较大，成本也就相当高。为降低成本和提高采收率，目前正致力于研制高效表面活性剂和研究溶液中胶束的作用机理。

（3）洗涤。在织物干洗操作中，表面活性剂在非水溶剂中形成逆胶束，增溶污垢；在水洗操作中，只有较高浓度或较高局部浓度下，表面活性剂才能形成胶束，增溶油腻污垢。

（四）起泡和消泡功能

能降低液体表面张力，又能使液体形成足够强度和韧性，这样液界面膜的表面活性剂具有起泡功能；而能够迅速降低液体表面张力，但同时又使液界面膜强度降低的表面活性剂具有消泡功能。

（五）洗涤功能

洗涤功能是表面活性剂最广泛、最先被人类应用的功能。洗涤是极为复杂的物理化学过程，涉及吸附、润湿、乳化、分散、泡沫、增溶等多种功能的综合，与污垢种类、性态，表面活性剂的种类、结构、性质等相关。

第三节 表面活性剂在钻井完井工程中的应用

一、钻井液中的表面活性剂

钻井是勘测油气和建立采出油气通道的工程手段。钻井液的功能是保障钻井过程安全，实现快速低消耗钻井，保护油气储层。钻井液的具体效能有：清洗井底，携带钻屑；冷却润滑钻头，钻柱；控制和平衡地层压力；悬浮岩屑和泥浆材料；钻具防腐等。钻井液还有保护油气储层、防止储层渗透率下降的功效：主要是防止工作液悬浮微粒或工作液组分与地层水物质形成沉淀阻塞储层油气流通道，保持工作液与地层液体的相溶性。

钻井液是以流体（水——淡水、盐水，油——轻质油，气体——空气、氮气、天然气等）作为分散介质，以悬浮固体微粒（膨润土）、密度调节剂（重晶石、铁矿粉等）、其他流体作为分散质的工作液体系。

维护钻井液体系稳定和赋予它应用性能的化学剂统称为处理剂。

按照在处理剂总量中所占的比率，最主要的钻井液处理剂有降滤失剂、增黏剂、黏土水化抑制剂、堵漏剂等。

（一）降滤失剂

钻井过程中由于压差作用使钻井液自由水向地层多孔介质滤失的过程称为失水。随着失水的发生，钻井液中的固体物质及其束缚水就滞留涂布在井壁上形成泥饼，质量好的泥饼应该是薄的、韧性的、致密的、有润滑功能的。为满足这一要求，需要钻井液中的固体悬浮微粒具有适当的尺寸分布，还需要一种处理剂保持这种分布不明显变化。这就是降滤失剂，其基本作用原理是基于分散微粒的空间稳定和空缺稳定。

（二）黏土水化抑制剂

黏土水化是导致井壁失稳的主要原因。在整个钻井过程中，地层黏土水化抑制直接关系到井壁稳定。在钻井液中水化抑制剂属不可缺少的处理剂。无机盐 KCl、NaCl 对黏土水化有抑制作用，但它们的抑制性是不持久的。而阳离子表面活性剂，尤其是阳离子大分子表面活性剂不仅抑制性能优异，且抑制性长效。

二、多相钻井液体系

（一）乳化钻井液

在油水两相钻井液体系中，目前发展最为迅速的是水包油钻井液和可逆转乳化钻井液。

1. 水包油钻井液

传统的石油钻井中，一般采用过平衡钻井方式，就是钻井过程中的钻井液—液柱压力大于地层的孔隙压力，钻井液的滤液可进入地层中。与之相反，所谓欠平衡钻井就是在钻井过程中钻井液的液柱压力低于地层的孔隙压力，允许地层中的流体（油、气、水）进入井眼。欠平衡钻井的优点之一是可以减少储层损害、防止压差卡钻、提高机械钻速、提前预知产能等。近年，由于钻井防喷技术与设备的进步，欠平衡钻井日益发展。对于地层压力较高的地区可以使用常规的钻井液实现欠平衡；而对于空隙压力接近 1.0 或低于 1.0 的地层，目前的钻井液体系很难达到欠平衡的要求，必须使用新型钻井液体系，关键是降低钻井液密度并在一定范围内可调。

20 世纪 80—90 年代交替期间发展的低密度水包油钻井液由水、油、乳化剂、降滤失剂、钻井液稳定剂、流型调节剂等组成。通常使用的水包油钻井液含油量在30%～60%（油含量超过74%，就会发生乳液类型反转），在该组成范畴，钻井液的携屑性、降滤失性、悬浮性、流变性都较好，油水比可根据性能要求进行调整。

与其他水基钻井液比较，水包油钻井液的成本较高，但比之油包水钻井液还是要低30%～50%左右。水包油钻井液的优点主要有：①体系稳定性好，抗温性能高、流动性强、滤失量低、井壁稳定能力较强；②与普通钻井液体系相比，密度低，在欠平衡钻井时对储层损害很小，有利于油气层的解放、油气井产能的增加；③井漏发生率低，有利于提高钻速，对电测和核磁测并无影响；④与泡沫和充气钻井液体系相比，使用过程中不需配备复杂设备，且性能监测、调控容易；⑤润滑作用好，泥浆泵的损害低；⑥成本比油基钻井液低，环境污染轻，基本不损害橡胶件。

原则上，HLB值在8～18范围内的表面活性剂，均可以作为水包油钻井液的乳化剂。即使是HLB值相同的表面活性剂，乳化不同的体系所表现出的性能优劣也是不一样的，而且还要考虑水质、油质及其他性质的影响。例如，乳化芳烃矿物油、烷烃矿物油、石蜡、煤油所需的乳化剂的HLB值大约分别为12、10、10、14。为了提高乳液稳定性，往往采用两种或多种表面活性剂复合，其中一种作为主乳化剂，另一种为辅乳化剂。它们可以在油水界面形成强度较高的复合膜，稳定乳化体系。

2. 可逆转乳化钻井液

钻井过程中，油基钻井液具有许多水基钻井液不可比拟的优点：形成强韧且薄的泥饼，润滑性优良，井眼稳定性高，钻进速率快。但也存在滤饼、钻屑、残存泥浆的清除困难，影响固井水泥与井壁的胶结强度等方面的缺点。

为保持油基钻井液的优点，并解决存在的问题，20世纪末由美国麦克巴公司研制了可逆转乳化钻井液体系，陆续在墨西哥湾、北海等地区应用，获得奇迹般的成功。这种钻井液中在钻井过程中是油包水型的，具有油基钻井液的优点；而在钻井完成后，只需加入液体酸，钻井液即转化为水包油型，有利于滤饼清洗、洗涤和处理钻屑，提高水泥的胶结质量，同时减少排放到海底的废物。可逆转乳液体系操作简单，不需要额外改变现有工艺运作。这使该钻井液在性能、产量、最小的环境影响及成本各方面取得综合优势。

可逆转乳化体系的关键技术是应用了HLB值随体系化学环境变化的乳

化剂，其余处理剂均与常规油基钻井液相同。在可逆转乳状液中乳化剂的化学性质和功能对于该钻井液的类型和类型转换起着至关重要的作用，这种表面活性剂在碱（石灰）存在下，形成非常稳定的逆乳状液。以非质子形式存在的该表面活性剂是非离子型的，不受盐水的影响；由于它没有可水解的官能团，在高温碱性条件下是稳定的；该表面活性剂的非离子性质使得它能与其他油基钻井液添加剂良好配伍。

可逆转乳液的逆转原理是：乳化剂亲水基的极性随体系化学环境变化，因而它的 HLB 值也发生变化。在碱性条件下 HLB 较低，利于形成 W/O 乳液；而在体系 pH 值较小时乳化剂的亲水基功能得以增强，HLB 值增大，导致体系转化为 O/W 乳液。具有这种功能的乳化剂有酰胺基胺、氧化脂肪酸、烷基胺聚氧乙烯醚等。如烷基胺聚氧乙烯醚分子中的氧乙烯（NO）结构单元比较少时，在碱性条件下它是亲油性相对较强非离子型表面活性剂，HLB 值为 6 左右，可以形成 W/O 乳液；而当体系加入酸时，乳化剂分子中的氨基发生质子化增强了亲水基的极性，成为阳离子—非离子型表面活性剂，其 HLB 值增大，成为 O/W 型乳化剂。

可逆转乳液通常以盐水配制，油水比为 50：50～95：5，除乳化剂外，还需加入润湿剂、加重剂（重晶石或碳酸钙）、石灰（其作用是维持钻井过程中体系的碱性）。为使乳液逆转而添加的酸可以是盐酸、硝酸、硫酸、乙酸、柠檬酸、甲酸、硼酸、乳酸等。在体系化学环境变化时乳化剂本身结构不受损害，它们可以被水溶性酸质子化或被水溶性碱去质子化，使乳化剂从水包油型变成油包水型。也就是，由这种表面活性剂制备的 W/O 型乳状液可以通过添加酸变成常规的 O/W 型乳状液，也可以通过碱处理再变回 W/O 型乳状液而不损害表面活性剂分子结构。

（二）微泡沫钻井液

作为一种低密度多相钻井流体，泡沫钻井液具有：利于提高钻井速度；利于减少产层污染；利于防止井漏；利于携带岩屑钻屑、净化井眼等诸多优点。但因其在配套设备的过高要求和应用工艺方面的明显缺陷限制了它的应用。

微泡沫钻井液体系是一种聚集但不结合，能够循环使用的钻井液，密度可以低于水。微泡沫钻井液性能独特，在国外被称为 Aphrons，在应用中不需要注入空气或其他气体。使用微泡沫钻井液体系能够实现泥浆密度的还原，还能阻止或延缓钻井液向地层渗漏，避免钻井液流失以及对地层的污染，从而能够建立起非浸入的、近平衡的微环境。因此微泡沫钻井液在高原、沙漠等干旱缺水地区，低压枯竭油气层以及破碎和裂隙发育地层特别适用。

微泡沫体系具有以下特点：①微气泡直径小于 100μm；②微泡沫稳定性远高于普通泡沫，其半衰期可长达数十小时；③气泡群体可能以单个悬浮和部分相互连接的方式存在于体系中，其稳定性主要靠膜的强度和连续相的性能共同实现；④微气泡之间为平面点接触，因而微气泡膜之间的连接处可能不存在 Plateau 边界。

由微泡沫的显微照片［图 3-5（a）］可见，它具有厚实的多层泡壁。对于有的微泡，膜壁厚度和气核的直径相当。按微泡的结构模型，在气核外面依次包裹着增黏水层、表面活性剂疏水基缔合构织的疏水层和各层间的过渡膜［图 3-5（b）］。

用于微泡沫发泡的乳化剂多为阴离子表面活性剂（ABS、AS、SDS 等）和非离子表面活性剂（SPAN-80、OP-10 等）的复合体系；也有用阴离子—非离子表面活性剂［如烷基聚醚磺酸（盐）］的。稳泡剂往往是由多种大分子表面活性剂组成的，如 HV-CMC、改性胍胶、聚丙烯酸（钾）、XC、PAC-141 等，它们有增黏作用，有的还是降滤失剂。

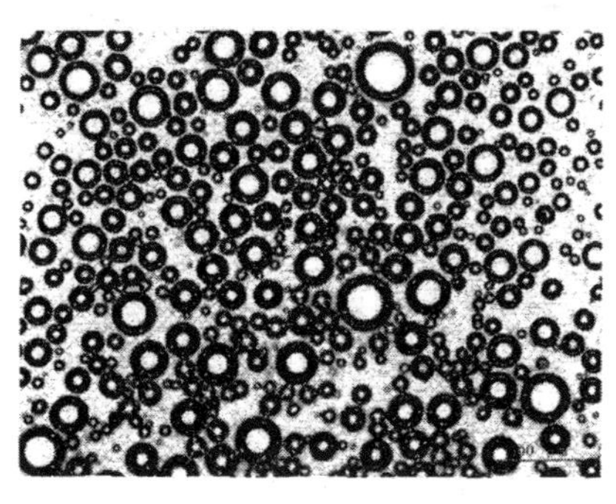

（a）微泡沫的显微照相

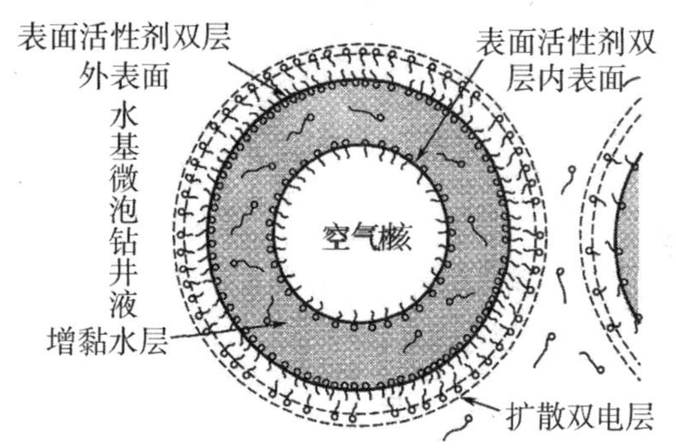

（b）单泡结构示意图

图 3-5　微泡沫示意图

微泡沫可以借助搅拌生成（Sebba 法），也可以用自吸式微泡发生器产泡（设备类似文丘里管），在没有搅拌的条件下，也可以用注入空气的办法起泡。以搅拌方法生成微泡沫时，随剪切速率增大，起泡量增大，半衰期延长，密度降低，泡沫质量变大，体系更加稳定；随搅拌时间增长，密度下降。

微泡沫钻井液的组成和泡壁层次结构使之具有以下特性：厚实的泡壁赋予其很高的稳定性；内部增黏水层与其外疏水层各自的分子间相互作用

强弱差异使之易于在剪切下剥离，而在剪切停止后又易于借助疏水缔合自行修复，因此微泡在静止时亲水，剪切下疏水；从流变性看微泡沫钻井液的低剪切速率黏度高。这些特性赋予微泡沫钻井液优异的应用性能：①稳定地层特性。借助微泡沫密度调节以适应不同地层，保持力学稳定；利用剪切下微泡疏水特性，表现油基钻井液特征；利用高分子处理剂对泥页岩的包被作用保持井壁稳定。②堵漏特性。利用进入井下漏失层钻井液速率降低时的黏度大幅增加,或泡沫变形在喉道形成“葫芦”状(图 3-6),或多个泡沫在喉道的聚集封堵裂缝。③提高钻速和钻头寿命。微泡沫钻井液密度小，对孔底的静压低；微泡沫钻井液的剪切稀释性和良好浸润性；加之对孔底岩粉清除能力，使钻头寿命得以大大提高。④有利于岩心采取，减少井下事故，提高钻井效率。微泡沫钻井液质量轻、冲蚀力弱，对松散岩心的破坏程度小，有利于岩心采取，且出现岩心堵塞的概率低；微泡沫钻井液可有效抑制岩屑分散，避免钻头泥包和结垢，有效提高钻井速度。

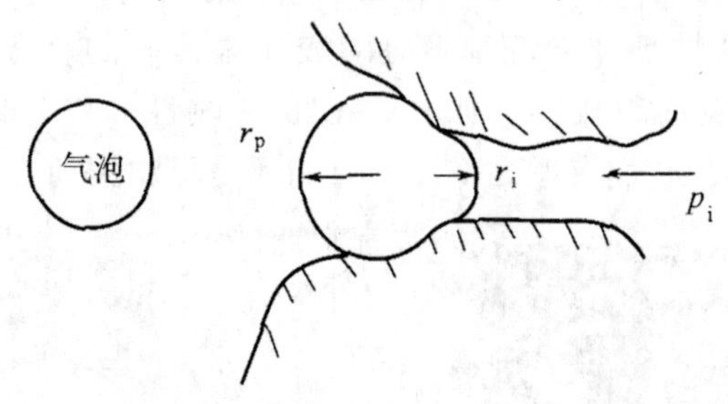

图 3-6　微泡在孔隙口阻塞的示意图

微泡沫钻井液在近十余年快速发展，应用井深达到 2000m 左右。

但是有学者认为，钻井液微泡沫在高压下将会消失。由 Boyel 方程预测微泡沫能适应的最大井深为 1981m。近期，有一种被称为绒囊钻井液的钻井液问世。该钻井液中有一种内部为气体核，包裹着厚度 3 ~ 10μm 的壁，再外面是绒毛的球状结构，粒径在 15 ~ 150μm。由该球状结构的显微形貌照片（图 3-7）可知，它的气核外面的“壳”既厚且有多个层次。该钻井液可以承受 30MPa 以上压力和 130℃ 高温，有良好的剪切稀释性，它的密度可调（可在 1.0g/cm^3 以下，也可通过加重稳定在 1.0g/cm^3 以上），承压能力高，封墙性好，储层保护效果明显。该钻井液已在油气钻完修井和煤层气勘探开发中成功应用。

配置该钻井液选用十二烷基苯磺酸钠、十二烷基磺酸钠等阴离子表面活性剂和羟乙基淀粉、PAM（聚丙烯酰胺，相对分子质量 150 万）等大分子表面活性剂。有关该类钻井液的系统研究有待深入。

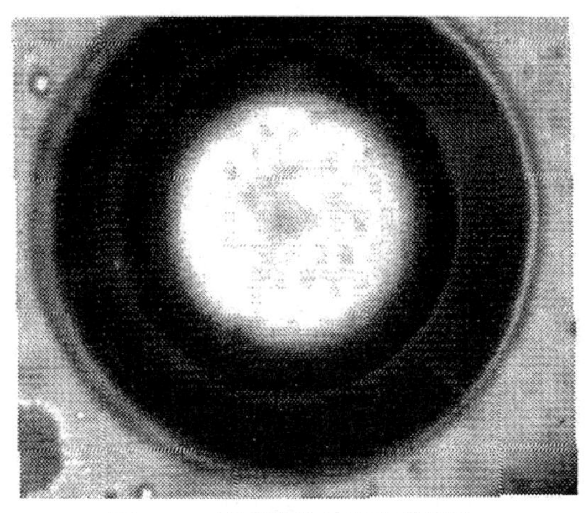

图 3-7 绒囊结构显微形貌照片

第四节 表面活性剂在采油工程中的应用

一、表面活性剂治理油层伤害

所谓油层伤害是指当油层在经历了某种施工后渗透率下降的现象。保护油藏实质上就是维持油流在储层中的渗透率。表面活性剂可以有效地预防油井施工阶段（包括钻井、完井、压井、大修及增产措施）可能发生的伤害。但是，一种表面活性剂可以预防或减轻其中某一类型的伤害，但有时可能产生二次伤害，因此在选择治理油层伤害的表面活性剂时要十分小心。

（一）油湿伤害与治理

当水湿地层转化为油湿后，原油的渗透率可能降低 15%～85%，平均降低 40%。这是因为井底附近的地层成为油湿时，油层岩石优先吸引油类物质。这使得油层岩石表面的薄膜厚度明显增加，而使油层的外流通道减小，也就降低了对油的相对渗透性。地层油湿对气井也有不良的影响。油层岩石油湿后可以造成严重的水堵或乳化液堵塞。

油井、气井中油湿的根源主要是某些钻井泥浆滤液中的表面活性剂及大修或油井增产措施用的液体能够使地层油湿；作为防腐剂及杀菌剂的表面活性剂通常是阳离子型的，油基乳化泥浆通常含有不少阳离子表面活性剂，当它们的极性基在砂岩和黏土表面吸附后将疏水基暴露在外而使之反转为油湿；含有喷出沥青的油基泥浆可以油湿砂岩、黏土或碳酸盐岩。

强水湿表面活性剂可以将某些油湿表面变为水湿表面，这可以扩大油的流动通道并把油渗透性恢复到井底周围水湿基岩未受伤害时的情况。但是从砂岩与黏土中清除阳离子表面活性剂是非常困难的。最好的做法是避免地层沙子与黏土接触到阳离子表面活性剂。

（二）水堵与治理

当大量的水流入部分油湿地层时，恢复原有的油或气产量可能很慢，特别是在油层压力已经衰减的情况下。这种问题是由于井眼附近对油或气的相对渗透率的改变造成的，一般可以自行纠正，但可能持续几个月或几年。

在注入油井的液体中加入 0.1%～0.2% 体积的表面活性剂使表面或界面张力下降，常常就能预防水堵。这种表面活性剂必须同时水湿地层并且预防乳化。地层中注入含 1%～3% 体积选定表面活性剂的水或油溶液，可以加速清除油井的水堵，这种表面活性剂必须能减低表面或界面张力并使地层保持水湿状态。清除伤害所需要的表面活性剂体积比预防所需要的大许多倍。

（三）黏稠乳堵与治理

地层中井底附近黏稠的油水乳化液能使油井或气井的产量严重下降。在砂岩地层中，地层不是油湿或不存在乳化表面活性剂时，能否形成乳化液还有疑问。在碳酸盐岩中，乳化液往往在酸压中形成。注入破乳表面活性剂后，如果表面活性剂与每个乳化小滴得到密切接触，就能破坏地层中的乳化液。为破坏乳化液，表面活性剂必须在乳化小滴表面上吸附并降低其界面张力，因而使乳化小滴聚结。为破坏地层中的乳化液，通常需要注入含 2%～3% 体积破乳剂的净水或净油。处理液的体积至少必须等于或大于以前进入地层的伤害液体。为清除乳化液堵所需要的表面活性剂一般是预防堵塞所需体积的 20～30 倍。

（四）界面薄膜堵塞与治理

包括表面活性剂在内，能形成界面膜的物质可能吸附在油水界面上而造成地层堵塞。界面膜与原油的油湿及乳化液性质有密切关系。粉粒黏土及沥青可以明显地增加薄膜强度。盐浓度增高也增加薄膜强度。暴露于空气中的油可以形成坚韧的薄膜。特殊的表面活性剂能在某种油水系统中增加薄膜强度。有些表面活性剂能使薄膜在油中再溶解，因而减轻地层堵塞，利用溶剂作表面活性剂的载体对清除坚韧的薄膜有益。

（五）固形物堵塞与治理

由分散、絮结或固体移动形成的颗粒也可能导致堵塞。因此，原则上最好保持地层黏土在油层中的原始状态。但是在各种工程运作中，黏土往往被水、油或泥浆滤液携带到地层中，黏土的分散、絮结、松脱、移动，可能比黏土膨胀造成更多的油井伤害。有黏土堵塞可疑时，必须进行认真分析做出正确的判断。对于确认为黏土分散造成的堵塞，可以选择一种非离子表面活性剂使黏土絮结以减轻堵塞；但对黏土絮结造成的堵塞，使用絮结表面活性剂可能会使堵塞更加严重。

黏土分散是地层堵塞的常见原因。阴离子表面活性剂能在酸性溶液中分散黏土，高 pH 值液体容易使黏土分散。如果采用表面活性剂来分散泥浆堵塞炮眼中的黏土，这些表面活性剂在高浓度时可能也同时分散地层中的黏土。

黏土絮结有时能使地层伤害减轻或加重。特殊的非离子表面活性剂可以用来使黏土絮结，酸以及其他低 pH 值液体容易使黏土絮结。

黏土颗粒大小的改变对地层伤害有影响。用阳离子表面活性剂使黏土油湿，黏土颗粒将极度增大，从而使黏土堵塞更为严重。因为阳离子表面活性剂与地层矿物表面负电荷的静电作用，极不容易从黏土与沙子上清除掉。因此，在砂岩油井的注入液或循环液中应避免使用阳离子表面活性剂。互溶剂的预冲洗通常能减低黏土及沙子上的阳离子表面活性剂吸附。

用盐酸酸化处理可以使水合钠黏土的颗粒减小，水合钠黏土与酸作用时，氢离子将通过离子交换钠离子，因为水合氢黏土比原先的水合钠黏土颗粒较小，盐酸处理有利于增加地层渗透性。但是，盐酸也可能造成黏土絮结，因而造成伤害。在用盐酸酸化砂岩时，可能需要用阴离子表面活性剂以预防黏土絮结。

（六）表面能增高导致的渗透率降低与治理方法

井底附近液体的高表面能减少油与气向井内的流动，增加油井的排液时间。在完井、大修或油井增产用的液体中应选加表面活性剂以保持井底附近的液体有低的表面及界面张力。

用于防止或消除伤害的表面活性剂应该能：①降低表面与界面张力；

②防止形成乳化液并破坏已形成的乳化液；③在地层水的盐度与 pH 值条件下，能使油层岩石水湿；④不使地层黏土膨胀、收缩或受干扰；⑤在油层条件下能保持表面活性（目前许多表面活性剂在含盐量超过 5000mg/kg 时就会失去较大的活性，一般在使用表面活性剂处理之前先泵入溶剂或相对低盐度的水，以减少在井处理完工后的出水产量，在干气井中不应使用溶剂预冲洗)；⑥在油层温度下能溶于携带液或处理液中，有些有效的表面活性剂能分散在携带液中；⑦对地层或生产出来的液体有耐受能力（有些阳离子或阴离子表面活性剂可以被高浓度的盐从溶液中“盐析”出来，但一般在高温度时较非离子表面活性剂的溶解度会高一些)。

二、表面活性剂在酸化工程中的应用

酸化是借助酸液对地层岩石、堵塞物的化学溶蚀作用，以及酸压的水力作用，提高地层渗透性，达到油井增产、水井增注的工程措施。

为了完成酸化工程目标，在酸化液中除主剂酸外，还需含有一些添加剂，如缓蚀剂（将在表面活性缓蚀剂中专述)、铁离子稳定剂、黏土稳定剂等。

酸化所用的盐酸和土酸均为强酸，尤其是盐酸与碳酸盐的反应速度极快，常导致近井部位的地层过度酸化，而纵深部分得不到充分酸化，这种现象对低渗透地层的高温深井影响更大，是造成酸化作业失败的主要原因。与过度酸化同样严重影响酸化作业的另一个关键因素是酸化工作液的过度滤失。为此，当前改善酸化反应质量的核心问题是解决酸液的缓速和降滤失问题。

为达到深部酸化目的，需要克服酸液接触地层时瞬时反应问题，让酸液的 H^+释放或运动以一定速度进行，使足够量的酸液进入油井纵深部位，打开深部油流通道。20 世纪 70 年代以来开发的稠化酸、泡沫酸、乳化酸、胶束酸等多种缓速酸，都是通过表面活性剂作用来实现 H^+与储油岩层的延时接触，完成持续酸化，深部酸化。

缓速酸的作用原理可以是借助各种相态的物质对基质酸实行分割，待前部酸液与近井地带反应形成通路后，其余酸液沿通路进入井位纵深继续酸化；对基质酸进行分割的物质可以是气体（泡沫酸)，可以是油类（乳化酸)，可以是表面活性剂形成的胶束（胶束酸)。缓速酸的作用还可以借助酸液黏度提升，从而降低 H^+扩散速率来实现（稠化酸或称胶凝酸)。

（一）稠化酸

稠化酸是在酸液中加入稠化剂，提高酸液黏度，借以降低流体对流速度和离子扩散速率，减小酸岩反应速度和酸液滤失速度，增加活性酸穿透距离，达到深部酸化目的。

稠化酸的基酸可以是无机酸（盐酸、土酸，亦有用硫酸的），也可以是有机酸（甲酸、乙酸等）。其功能添加剂是稠化剂，显然应选用高分子表面活性剂。

1.（改性）天然高分子表面活性稠化剂

胍胶、羟丙基胍胶、CMHEC、HEC等天然聚合物是早期使用的稠化剂，属多糖类聚合物，其特点是增黏效果好，但适用温度低，一般在40℃以下，应用受到很大的限制。黄原胶具有良好的酸稳定性，大分子链中含有羟基、羰基等多种强水化基团，分子间长侧链之间的相互缠绕赋予其优良的增黏能力，酸液中不产生残渣，可用作酸液稠化剂。但黄原胶在高于65℃时发生分解，导致体系黏度急剧下降，必须复配适当的热稳定剂使用。

2. 合成高分子表面活性稠化剂

（1）丙烯酰胺类高分子表面活性剂。丙烯酰胺AM分别与阴离子单体（如AA、AMPS等）、阳离子单体[如甲基丙烯酰氧乙基三甲基氯化铵（DMC）、DMDAAC、三甲基烯丙基氯化铵（TM），甲基丙烯酰胺基丙基二甲基二羟丙基硫酸铵（MAPDMDHPAS）]，或与两种离子类单体共聚，合成了多种酸液稠化剂。AM/AA、AM/AMPS、AM/DMDAAC、AM/DMC、AM/AMPS/DMDAAC、AM/AMPS/DMC、AA/AM/AMPS/DMC、AM/AMPS/MAPDMDHPAS等都具有较好的增稠性能。

为了使稠化酸在注入地层时具有高黏度以控制H^+释放，而在酸化完成后黏度降低利于返排，研制了适时稠化的稠化剂。如在AM、AMPS共聚时加入微量聚乙二醇[10]双丙烯酸酯（PEGDA）作为扩链剂。AM/AMPS稠化酸在高温（150～200℃）下持续5～6h，黏度只有微小下降；而AM/AMPS/PEGDA稠化酸在初始一段时间黏度高于AM/AMPS稠化酸，随时间推移黏度逐渐下降，经过6h，其黏度就只有后者的一半左右。AM/AMPS/PEGDA稠化酸在高温下黏度递降的原因是PEGDA分子中酯键水解导致它的相对分子质量大幅降低的结果。具有稠化剂扩链功能的单体主要是多个端羟基聚醚（或多元醇）与丙烯酸的酯，这些单体还有聚乙二醇双甲基丙烯酸酯、聚丙二醇双（甲基）丙烯酸酯、聚甘油丙烯酸酯。它们在共聚反应中的用量在10^{-6}

～10^{-5}量级（单体质量分数）。

在共聚单体中引入 *N*,*N*-二甲基丙烯酰胺（DMAM），可以提高稠化酸的耐热性。如 AM/AMPS/DMAM/DMDAAC 和 AM/AMPS/DMAM/DMC 以 20% HCl 配置成 1% 的浓度的稠化酸在 200℃ 时的黏度保持率仍有 83%，这些稠化酸有较宽的温度适用范围。

近期国外又研制出随温度升高酸的黏度随之升高的聚乙烯甲基醚和琥珀糖增黏剂（SGN）。

（2）乙烯类单体合成的高分子表面活性剂。聚乙烯基吡咯烷酮是应用较早的一种稠化剂。它的酸稳定性好，可以和盐酸、硫酸、氢氟酸配伍，适用于碳酸盐岩、部分砂岩（如泥质砂岩）地层。

用 *N*-乙烯基内酰胺、α,β-不饱和酰胺、乙烯基磺酸钠或乙烯基苯磺酸钠制得的共聚物稠化剂具有较强的抗剪切、抗高温（204℃）、抗盐性。

（二）泡沫酸

设计缓速酸的重要思想是以双相酸液替换单相本体酸，借助非酸液相保护后备酸液的浓度和反应活性。因此设计了两种重要的缓速酸：①泡沫酸（气体作非酸液相）；②乳化酸（油作非酸液相）。

泡沫酸中气体体积分数较大，液体一般仅占总体积的 10%～40%。泡沫的携带能力较强，利于将酸岩反应生成的微粒和岩屑带到地面，带出的微粒量通常比普通酸液高 7 倍以上；返排到达井口时由于压力突降，泡沫迅速膨胀，形成井筒内的高压并产生回流，利于乏酸返排。泡沫酸中酸液量小，引起黏土膨胀也小，适合含水敏性黏土储层的酸化。在低渗透储层进行泡沫酸化施工时，不加降滤剂就能取得很好的效果；在高渗及高压差储层需加入常规液体降滤剂控制滤失，或在注泡沫酸之前注入黏性前置液来控制液体初滤失。由于地层毛细管压力使得低渗层的泡沫不稳定，而高渗透层得以封堵，使酸液转向进入低渗透层，更高效和均匀地分布，达到了转向酸化的目的。因此，对于渗透率较低、层间矛盾突出的非均质性严重的地层，泡沫酸将具有选择性深层酸化解堵作用，同时其形成的低密度残液具有低压助排效果。所携酸液的化学溶蚀作用能解除地层污染，扩大和连通油层孔隙，恢复和提高油层近井地带的渗透率，实现增产目的。

泡沫酸以含添加剂的常规酸液为基酸，用耐盐、耐酸、耐温的起泡剂及稳泡剂，得到能满足酸化施工要求、性能稳定、与地层配伍良好的泡沫状酸化液体系。要求泡沫酸的起泡倍数大于 3.5，稳定性大于 30min。

泡沫酸用的气体可以是空气、N_2、CO_2等。

作为泡沫酸的起泡剂可以是阴离子表面活性剂，如十二烷基苯磺酸钠、十二烷基硫酸钠(SDS)、α-烯烃磺酸盐；也可以是阳离子表面活性剂，如十二烷基三甲基溴化铵(DTAB)、十六烷基三甲基溴化铵(HDAB)、氯代十六烷基吡啶等；还可以是非离子表面活性剂，如烷基酚聚氧乙烯醚 OP-10。氟表面活性剂，如 *N*-丙基全氟辛基磺酰胺基乙醇 FS[$C_8F_{17}SO_2N(C_3H_7)CH_2CH_2OH$]，FS 在浓度 0.03% 时的氮气泡沫半衰期 720min，比十二烷基硫酸钠（0.20%）的泡沫半衰期（127min）长 4 倍半还多。

为获得稳定性高的泡沫，可以加入助表面活性剂和稳泡剂。常用的助表面活性剂为长链极性化合物，有高碳醇（如十二醇）、高碳酰胺类（月桂酰二乙醇胺）。稳泡剂为高分子表面活性剂，主要功能是增加泡沫液膜流体黏度和膜自身强度，其中有羧甲基纤维素、羧丙基甲基纤维素（HPMC）、明胶、黄原胶（XC）、部分水解聚丙烯酰胺（HPAM）、聚乙烯醇（PVA）等。

以多种起泡剂复配，可以大大提升起泡性和泡沫稳定性，十六烷基三甲基溴化铵与烷基酚聚氧乙烯醚的复合起泡剂获得的酸液氮气泡沫体积与十二烷基磺酸钠相近，但泡沫半衰期更长。

泡沫稳定性还与液相中组分的相互作用密切相关。如十二烷基硫酸钠（0.20%）+十二烷醇（0.005%）+明胶（0.20%）体系的氮气泡沫在 pH 值为 2～5 区间的 $t_{1/2}$ 为 1090～1640min，而十二烷基硫酸钠（0.20%）+CTAB（0.03%）+明胶（0.20%）体系在相同 pH 值范围的 $t_{1/2}$ 可以达到 1900min 以上。但在 pH 值由 5 增至 7 的变化中，前一体系的泡沫半衰期在 pH 值为 5.6 时达到最大值 1690min 后缓慢下降 1560min，而后一体系则很快递降到 1000min。

（三）乳化酸

长期通油孔道的岩石表面吸附了原油中的天然活性组分，呈现明显的亲油憎水性；而长期通水孔道则发生羟基化，呈现明显的亲水憎油性，致使油水相沿各自的连通渠道流动。以往采用常规的水基酸化液（如土酸、盐酸、醋酸等）对含水油井酸化，导致产液含水率上升而增油不明显；另外，水基酸化液和岩矿反应剧烈，消耗快，有效作用距离短，也影响酸化效果。

乳化酸是在乳化剂的作用下将酸液相分散到油相中形成的一种油包酸型乳状液。乳化酸注入地层后，在破乳过程中缓慢释放出酸液，能大大减缓酸—岩反应速度，增大酸液在地层中的有效作用距离。

乳化酸的酸液通常是盐酸、土酸，也可以是其他酸和混合酸；分散介质可以是煤油、柴油、原油等。柴油—盐酸形成的W/O型乳化酸体系，在油田中已被广泛采用。

1. 常规乳化酸

由矿物油类物质形成W/O型乳液所需表面活性剂的HLB值应该在4左右，故乳化剂应该具有较低的HLB值（3～6）。采用的乳化剂多为非离子型，如Span-60（失水山梨醇单硬脂酸酯）、Span-80（失水山梨醇单油酸酯）、Span-40（失水山梨醇单棕榈酸酯）等；但许多情况下采用复配表面活性剂体系，被用于制备复合表面活性剂体系的有吐温型非离子表面活性剂（吐温-60、吐温-80）、阴离子表面活性剂（十二烷基磺酸钠、油酸钠等）、阳离子表面活性剂（有机胺类）。国外报道的乳化酸所用的乳化剂多为阳离子型，或阳离子型与非离子型表面活性剂的复配体系，二元复配体系的HLB值以各组分的HLB值和质量分数w计算。

$$HLB = (HLB)_1 w_1 + (HLB)_2 w_2$$

乳化酸稳定性与乳化剂结构有关。乳化剂疏水基为饱和直链碳氢结构时，获得的乳化酸稳定性最高。如果在疏水基中存在不饱和键，或疏水基为支化结构，都会使乳化酸稳定性降低。这是由于饱和直链疏水基最容易实现分子间紧密排列，由色散力产生的疏水缔合作用也最强，这有利于形成致密的界面膜。

常规乳化酸的分散酸液粒径在数微米至数十微米。

乳化酸的表面张力比常规酸小，而黏度却比常规酸大。如针对大庆油田砂岩油层配置的土酸为内相，柴油+原油为外相，借助Span-80（0.20%）+正戊醇（0.05%）混合乳化剂制得的乳化酸表面张力为21.50mN/m，不到对应土酸黏度（66.48mN/m）的1/3；而其黏度为2.07mPa/s，是土酸（0.68mPa/s）的3倍。抽样井位进行的现场实验表明，乳化酸处理的井位累积增产的天数是土酸处理井位的1.5～2.5倍，累积增产原油是后者的17倍。

然而，至今乳化酸仍存在一些缺陷，如：高温稳定性差，应用范围受限；缓速效果有限，酸液不能进入地层更深部位，难以达到理想的酸化解堵效果。

2. 微乳酸

微乳酸是在乳化酸基础上发展而来的一种新的缓速酸体系，同常规乳化酸相比，它具有稳定、缓速、对岩石骨架损害小以及容易泵入等优良性能。

乳化酸属于热力学不稳定体系，耐盐性一般也较差，遇到高矿化度地层水会很快破乳，致使酸化作用的距离较短，难以达到深部酸化目的。微乳酸是将酸、油、表面活性剂和助表面活性剂混合形成的均匀、透明体系。与乳状液相比，微乳液分散体系的热力学稳定性要高得多；在微乳液体系中，油/水界面张力往往达到超低，黏度亦很低，容易泵入；由于油外相微乳酸降低了氢离子的释放速度，减小了酸液对油（套）管的腐蚀。

微乳酸的乳化剂由表面活性剂和助表面活性剂组成。表面活性剂通常采用阳离子型和非离子表面的复合体系，如：十六烷基三甲基溴化铵（CTAB）+壬基酚聚氧乙烯醚（NP-15）、十六烷基三甲基氯化铵（CTAC）+脂肪醇聚氧乙烯醚［AEO_9，即 $C_{12}H_{25}$（C_2H_{40}）$_9H$］、十六叔胺+脂肪醇聚氧乙烯醚（AEO_9）。还可以用仲胺或伯胺作阳离子表面活性剂。助表面活性剂通常是醇类（如正丁醇、正戊醇、正己醇、正辛醇等）的复配物，助表面活性剂的种类、组成、浓度对微乳酸的稳定性影响很大。微乳酸中的乳化剂用量很大，为体系的10%左右。

被分散的基质酸通常为土酸、盐酸。分散介质为煤油、柴油。当基质酸、油、乳化剂三个主要组分处于一定的浓度范围时，就可能出现均一的微乳液相。因此设计微乳液配方的基础工作是做出基质酸—油—乳化剂（复合的）三组分相图。

三、表面活性剂在堵水中的应用

采油进入后期阶段，含水大幅增加。堵水调剖的工作量逐年增大。堵水的实质是改变水在地层中的渗透规律，使油流进入采出井。

按照堵水剂的功能分为选择性堵水剂和非选择性堵水剂。

（一）选择性堵水剂

选择性堵水剂（简称堵剂）体系有水基、油基和醇基三大类，各自以水、油和醇作为溶剂或分散介质配制。依据表面活性剂类型，若干种低分子表面活性剂和大分子表面活性剂都可作为选择性堵水剂。

1. 低分子表面活性剂堵剂

（1）阴离子表面活性剂堵剂。一些阴离子低分子表面活性剂可以和地层水中的离子生成不溶物沉淀，以此实现堵水。如山萮酸钾是水溶性的，而山萮酸钠不溶于水。山萮酸钾水溶液注入地层，与地层水的钠生成沉淀，可以封堵水层。

以环烷酸钠、松香酸钠、脂肪酸钠（如硬脂酸钠、油酸钠等）可以选择性地封堵地层水中钙、镁离子含量高的油井。

（2）阳离子表面活性剂。阳离子表面活性剂的胺盐或季铵盐正电基可以被地层砂岩表面的负电荷吸附，使砂岩表面发生润湿反转，变成油湿表面，阻止水流通过。作为堵水剂的阳离子表面活性剂可以是水溶的，也可以是油溶的。如十八烷基胺醋酸盐（$C_{18}H_{37}N^{+}H_{3} \cdot CH_{3}COO^{-}$）、双十八烷基二甲基氯化铵[$(C_{18}H_{37})_{2}N^{+}(CH_{3})_{2} \cdot Cl^{-}$]等。

2. 大分子表面活性剂堵剂

大分子表面活性剂中可作为堵水剂的有碳链水溶大分子和聚硅氧烷，后者是油溶的。

（1）碳链大分子表面活性剂堵剂。部分水解聚丙烯酰胺、部分水解聚丙烯腈、两性离子聚合物属水基堵剂。其相对分子质量在数万至上百万。这些大分子物质堵水的机理是：①由于相溶性的选择，堵水剂优先进入含水饱和度高的地层，以其极性的锚点基团在岩石表面吸附；②未吸附的极性部分在水中伸展较小致使大分子线团卷缩阻塞水流通道。

为提升大分子表面活性剂的性能，采用了多种单体共聚，其中的非离子型单体有*N*-乙烯基乙酰胺、*N*-乙烯基*N*-甲基乙酰胺、*N*-乙烯基2-吡咯烷酮、*N*-乙烯基甲酰胺（VF）、*N*-乙烯基*N*-烷基乙酰胺等；阴离子单体有丙烯酸碱金属盐、2-丙烯酰胺-2-甲基丙烷磺酸（AMPS）铵盐或碱金属盐、马来酸（顺丁烯二酸）、衣康酸（亚甲基丁二酸）、苯乙烯磺酸、乙烯磺酸（或其铵盐或碱金属盐）等；阳离子单体有二甲基二烯丙基氯化铵、丙烯酰胺或丙烯酸季铵盐衍生物（如丙烯酰胺基乙基三甲基氯化铵）。

近年，以疏水缔合单体参与聚合改性的水溶大分子表面活性剂堵水时有报道。如甲基丙烯酸二甲胺乙酯（DMAEMA）单体与溴化十六烷（$C_{16}Br$）反应，得到疏水改性聚甲基丙烯酸二甲胺乙酯（pDMAEMA）。这些单体共聚得到的疏水改性聚合物进入地层会将其极性基吸附于岩石表面，暴露在外侧的疏水基对水的不相溶性有利阻止水的渗透。

（2）烃基卤代硅烷。烃基卤代硅烷（$R_{n}SiX_{(4-n)}$）在水存在下生成羟基烃基硅烷，然后很快缩聚得到聚硅醚类。二氯二甲基硅烷的水解缩聚反应如下，产物不溶于水而沉淀。

$$(CH_3)_2SiCl_2 \xrightarrow{+2H_2O} (CH_3)_2Si(OH)_2 \longrightarrow HO{+}Si(CH_3)_2{-}O{+}_nH$$

二氯二甲基硅烷还可与砂石表面的羟基反应，使出水层的砂石表面由亲水反转为亲油，增加了水的流动阻力，减少了油井出水。

$$\text{(砂石表面)}(OH)_4 + 2\,(CH_3)_2SiCl_2 \longrightarrow \text{(砂石表面)}[O_2Si(CH_3)_2]_2$$

多种二氯二烷基硅烷（烷基为：甲基、乙基、丙基）、二氯二苯基硅烷、三氯烷基硅烷（其中烷基可以是：甲基、乙基、丙基、戊基、十二烷基、十八烷基等）、三氯苯基硅烷、三氯乙烯基硅烷或它们的混合物等，都可用于选择性堵水。它们以煤油或柴油配成溶液使用。

3. 泡沫堵剂

泡沫分为二相泡沫和三相泡沫，前者包括起泡剂和水溶添加剂，后者还含有固相如膨润土、白粉等。三相泡沫比二相泡沫稳定得多，现场多使用三相泡沫。

三相泡沫的堵水调剖机理是依靠稳定的泡沫流体在注水层中叠加的气液阻滞效应，改变吸水层内的渗流方向和吸水剖面，减缓主要水流方向的水线推进速度和吸水量，扩大注入水的扫油面积、波及体积和驱油效率。

泡沫起泡剂用 ABS，稳泡剂用 CMC，固相可以用膨润土、水泥等。由水泥作为固相的泡沫水泥堵剂具有较好的黏弹性、膨胀性和充填性。其选择性堵水是利用水泥浆在含水饱和带固化，而在含油饱和带不固化的原理。

在泡沫配方中分别加入硅酸钠、HPAM-甲醛、HPAM-Cr（Ⅲ）制得泡沫凝胶，它具有良好的稳定性和机械强度，可以延长堵水有效期，适于高渗透层和裂缝性含水地层的堵水。

4. 活性稠油堵剂

在具有一定黏度的稠油中加入 W/O 型乳化剂。活性稠油进入地层后，遇水能在较低搅动强度下形成稳定的 W/O 型乳状液，黏度增加，阻止地层水向井底流动；遇油则被稀释，黏度下降，流出地层。

以活性稠油做选择性堵剂时，所用的表面活性剂有硬脂酸及其锌盐、铝盐、油酸锌、失水山梨醇单油酸酯、十二烷醇聚氧乙烯［20］醚、十二烷基磺酸钠等。表面活性剂的使用浓度在稠油中约为 0.2%。

（二）非选择性堵水剂

非选择性堵水技术适用于封堵单一水层或高含水层。因所用的堵剂对油和水无选择性，施工时，要找准水层段，并采用适当的工艺措施将油层和水层分开，然后将堵剂挤入水层，造成堵塞。

非选择性堵剂主要有沉淀型、水泥型、树脂型和冻胶型。

用于堵水的树脂有酚醛树脂、脲醛树脂、环氧树脂、聚氨酯树脂、三聚氰胺—甲醛树脂等。

冻胶堵剂是以大分子表面活性剂如HPAM、CMC、HEC、羧甲基半乳甘露聚糖(CMGM)、羟乙基半乳甘露聚糖(HEGM)、木质素磺酸钠(Na-LS)、木质素磺酸钙（Ca-LS)、它们的溶液经交联得到不流动的软体物质。交联剂可以用高价金属离子，也可以用醛类或醛的缩聚物。

第五节　表面活性剂在油田水处理中的应用

在油气田的水处理中表面活性剂被用作阻垢剂、除油剂、杀菌剂、絮凝剂、重金属离子螯合剂等。本节介绍表面活性剂作为阻垢剂和杀菌剂的应用。

一、阻垢剂

阻垢剂主要是指能够防止水垢生成或抑制其沉积生长的化学试剂，是工业水处理中必不可少的物质，可以保障安全运行，延长设备寿命。当前应用的阻垢剂多为阴离子型或阴离子—非离子型表面活性剂。

（一）阴离子—非离子型表面活性阻垢剂

用于阻垢的低分子表面活性剂主要是阴离子非离子表面活性剂，其非离子极性基为聚氧乙烯醚，阴离子极性基有羧酸盐、磺酸盐、磷酸酯盐和硫酸酯盐型。

羧酸盐型，如辛基酚聚氧乙烯醚羧酸盐（OPC）对硫酸钙的阻垢能力较强，但阻止碳酸钙结垢的能力较差。分子中EO结构单元较少的，阻垢效能更高。

磺酸盐型，如壬基酚聚氧乙烯醚乙磺酸钠盐(NPES)；磷酸酯盐型，如十二烷基聚氧乙烯磷酸酯(钠)盐(AEP)。在它们浓度分别达到40mg/L和10～20mg/L时，对硫酸钙的阻垢率接近90%或更高。分子中EO结构单元较多的，阻垢效果较好。

硫酸酯盐型，如十二烷基聚氧乙烯醚硫酸酯（钠）盐（AEs）。阻垢性较差。

（二）天然高聚物阻垢剂

天然聚合物阻垢分散剂主要有淀粉、纤维素、单宁、木质素、腐殖酸钠、壳聚糖等。淀粉和纤维素是多聚糖类高分子化合物，分子中有大量羟基，易与水中的钙、镁等离子发生整合作用，从而抑制钙、镁等化合物晶体的生长沉淀；淀粉和纤维素的羧甲基化产物可作为阻垢分散剂。单宁是聚合度不同的、含有许多酚羟基的物质，分子中还有部分水解产生的羧基，能够与多种金属离子通过配位作用形成溶解度较大的螯合物，阻止结垢物析出沉淀；还可在金属表面形成单宁铁保护膜；并具有一定的杀菌作用。木质素是一种芳香型化合物，分子中的苯甲醇羟基、酚羟基、羰基等，可以发生烷基化、羟甲基化、酯化、酰化等反应，这些基团中氧原子上的未共用电子对能与金属离子配位而抑制结垢。腐殖酸钠是一种结构复杂的高分子羧酸盐混合物，可抑制碳钙晶体的生成。壳聚糖能吸附在碳酸钙晶核的活性点上，引起晶体畸变使碳酸钙微晶不能正常生长，壳聚糖分子中有氨基，对钙离子有较大的容忍度。

天然聚合物各批次性能不稳定、投放量大，其阻垢和分散作用不及合成聚合物阻垢剂，现在已很少使用。但是天然聚合物来源广、价廉、可生物降解，可以通过改性制备经济、环保、高效的聚合物阻垢剂。壳聚糖与丙烯酸的共聚物，其阻垢性能优于壳聚糖。对木质素、单宁改性可得到兼有阻垢、缓蚀、絮凝、杀菌多种功能的水处理剂。目前国内常见的天然高分子阻垢分散剂主要是改性的木质素和壳聚糖两大类。

采用自由基共聚对工业木质素磺酸盐进行接枝制得的改性磺化木质素对碳酸钙垢具有良好的阻垢性能，对抑制磷酸钙垢、锌垢和分散氧化铁也有一定的作用，是分散性绿色阻垢剂。

腐殖酸钠是主要由羧酸盐组成的高分子混合物，它对碳酸钙垢的阻垢性能优于聚丙烯酸；低浓度（≤15mg/L）下的阻垢率与聚马来酸相当。腐殖酸钠还有优良的锌离子稳定性能及分散氧化铁沉淀的能力，在一定浓度范围优于聚马来酸和聚丙烯酸。

（三）合成聚合物阻垢剂

1. 聚羧酸型阻垢剂

聚羧酸型阻垢剂是20世纪70年代开始发展起来的，类别众多、性能优良可调的阻垢剂。合成该类阻垢剂的主要单体有（甲基）丙烯酸、马来酸（酐）、衣康酸。作为阻垢剂的聚羧酸有聚丙烯酸、聚甲基丙烯酸及其钠盐、马来酸—丙烯酸、丙烯酸—丙烯酸酯、衣康酸—甲基丙烯酸、丙烯酸—丙烯酰胺、丙烯酸—丙烯酸羟烷基酯、马来酸酐—醋酸乙烯酯、马来酸酐—醋酸乙烯酯—丙烯酸甲酯、马来酸酐—醋酸乙烯酯—苯乙烯，马来酸酐—丙烯酸—丙烯酸羟丙酯共聚物等。

这些聚合物中的—COO^-、—COO—属氧配位螯合基团，有丙烯酰胺参与组成的共聚物还带有酰胺侧基，是带氧配位原子和氮配位原子的螯合剂。它们对Ca^{2+}、Mg^{2+}、Ba^{2+}、Fe^{3+}等离子有较强的螯合能力，而它们的分子主链又有发生内旋转改变构象的能力，由此干扰水垢晶格排列，阻止水垢沉积。

2. 聚磺酸（盐）型阻垢剂

作为有效的水处理剂，磺酸基聚合物的突出优点是对水中电解质不敏感，耐温性好，对磷酸钙和铁垢有良好的抑制作用，能有效地分散黏泥，稳定金属离子和有机膦酸，药效持久，不易凝胶，阻垢综合性能优越。

聚磺酸的合成方法有磺酸基单体的聚合和借助大分子化学反应对聚合物进行磺化两种。带磺酸基的单体主要有乙烯磺酸、烯丙基磺酸、苯乙烯磺酸、2-甲基-2丙烯酰胺基-丙磺酸（AMPS）、3-烯丙氧基-2-羟基-丙磺酸-1（HAPS）、异戊二烯磺酸盐（MBSN）。与磺酸单体共聚的单体有丙烯酸、马来酸、丙烯酰胺、衣康酸等。其中有的共聚物对$CaSO_4$垢、$Ca_3(PO_4)_2$垢均有良好的抑制作用，能有效地分散氧化铁和稳定锌离子。

3. 含磷共聚物阻垢剂

含磷共聚物是由无机单体次磷酸分别与有机单体如丙烯酸（AA）、马来酸（MA）、磺酸基单体等共聚合成的聚合物。按磷酰基所处的位置可将含磷聚合物分为两类：一类称为磷酸亚基聚羧酸、磷基聚羧酸或聚磷基羧酸（PCA）；它们的磷酰基处于大分子中间，这类聚合物主要对抑制碳酸钙垢有效，复配后对抑制碳酸钙、硫酸钙、磷酸钙结垢等以及分散黏泥和氧化铁有协同效果。另一类称为磷酰基羧酸（POCA），其磷酰基在大分子的一端。磷基聚合物分子中同时有 ═PO(OH) 和 —COOH，对成垢离子的螯合能力显著增强。在冷却水中，它既能阻垢（主要对碳酸钙垢有效）又能缓蚀，有很高的钙容忍度，抗氯离子侵蚀性能好。

以次亚磷酸钠、丙烯酸和2-甲基-2-丙烯酰胺基-丙磺酸等为原料，合成了带磺酸基的磷酰基羧酸共聚物。该聚合物分子中既有强酸基以保持离子特性，有助于溶解；又有弱酸配位基易于对成垢离子加以螯合有利抑制垢晶生长。该物质可以有效地抑制碳酸盐、磷酸盐、硅酸盐结垢，又能稳定锌盐、分散氧化铁和各种悬浮微粒，并具有一定的缓蚀性能，与其他药剂具有良好的协同作用。类似的还有异丙烯膦酸、丙烯酸和2-甲基-2-丙烯酰胺基-丙磺酸的共聚物；异丙烯膦酸、异丙烯磺酸和丙烯酸的共聚物。

4. 醚基共聚物阻垢剂

1989年日本报道了以缩水甘油醚作原油阻垢剂，投加70μg/g，阻垢率可达到61%。其后以含醚基或聚醚的单体合成的共聚物作为阻垢剂在国外陆续有报道。其中有：丙烯酸-丙烯酰胺-烷氧基聚乙二醇丙烯酸酯共聚物；聚亚烷基二醇丙烯醚-不饱和羧酸共聚物；不饱和羧酸、不饱和羧酸酯、不饱和磺酸盐和不饱和醚类（烯丙基甘油醚或烯丁基甘油醚）的四元共聚物；链端含有磺酸基、磷酸基或羧酸基的聚氧乙烯醚不饱和单体与其他不饱和单体的共聚物等。这些含醚基的共聚物对钙、镁、铝有很好的抗沉积作用，有优良的磷酸钙、碳酸钙、硫酸钙和硅垢抑制功效，对氧化铁、氧化锌有分散能力。有的品种钙容忍度很高，可以在高硬、高碱、高温和含油条件下实现对碳酸钙、磷酸钙、磷酸锌等难溶盐的阻垢分散。

（四）绿色环保阻垢剂

绿色环保阻垢剂是随绿色化学的发展而研制开发的，它们从原料、生产到成品以至应用的全过程都不会造成环境污染，而在使用后又能被微生物降解成为水和二氧化碳。

1. 聚环氧琥珀酸（盐）

聚环氧琥珀酸(Polyepoxysuccinic Acid，PESA)是分子主链上带有醚氧原子，侧基上带羧基的聚合物，这是20世纪90年代首先由美国Betz公司开发的环保型阻垢剂。

（1）聚环氧琥珀酸的合成。聚环氧琥珀酸的合成以马来酸酐为原料，首先在碱性条件下制备马来酸钠，然后借助钨酸钠催化以双氧水将其氧化成环制得环氧琥珀酸（钠），再以 $Ca(OH)_2$ 引发聚合得到PESA，反应式为

$$\text{马来酸酐} \xrightarrow[H_2O]{NaOH} \text{马来酸钠 (NaO, ONa)} \xrightarrow[H_2O_2]{Na_2WO_4}$$

$$\text{环氧琥珀酸钠 (NaO, ONa)} \longrightarrow \text{---}\!\left(\text{CH}-\text{CH}-\text{O}\right)\!\text{---}\ \ Na^+\ {}^-O-\underset{\|}{C}(=O)\quad \underset{\|}{C}(=O)-O^-\ Na^+ \quad \text{PESA}$$

若引发剂 $Ca(OH)_2$ 的用量较大，对后续阻垢应用过程会有不良影响。改用钒系催化剂催化马来酸盐的环化，再用稀土催化剂催化环氧琥珀酸盐聚合，此法取得了较好的效果，但是催化剂的价格较贵（熊蓉春等），因此目前仍然普遍采用 $Ca(OH)_2$ 引发聚合法。以 NaOH 引发环氧琥珀酸聚合也合成了 PESA。

(2) 聚环氧琥珀酸的阻垢性能。适宜作为阻垢剂的 PESA 聚合度为 2～25，而阻垢性能最优的聚合度为 2～10。PESA 可使水垢沉粒变小，处于微晶状态，而且存在 PESA 的垢是疏松排列的。这表明 PESA 有使结垢物质分散和发生晶格畸变的作用。PESA 阻碳酸钙垢的能力强于水解聚马来酸酐(HPMA)、羟基-1,1-亚乙基二磷酸(HEDP)，稍逊于 2-膦酸基丁烷-1,2,4-三羧酸(PBTCA)。但 PESA 抑制硫酸垢的能力明显优于其他阻垢剂，当其浓度为 10mg/L 时，对硫酸钙阻垢率达 100%；浓度 80mg/L 时，可硫酸钡阻垢率达 100%。PESA 的钙容忍度也很高。PESA 稳定 Zn^{2+} 的能力不如含磷的阻垢剂（PBTCA、HEDP），与聚羧酸阻垢剂（聚丙烯酸 PAA、水解聚马来酸酐 HPMA）相近。

在 PESA 中引入磺酸基可以提升对碳酸钙、磷酸钙的阻垢能力和稳定 Zn^{2+} 氧化铁的能力。聚环氧磺羧酸在浓度 10mg/L 时对碳酸钙的阻垢率达到 90%。

2. 聚天冬氨酸

聚天冬氨酸（Polyaspartic Acid，PASP）分子属水溶大分子多肽链物质，通过肽键—CO—HN—延长分子链，类似于蛋白质的结构。其结构式为

$$\text{---}\left[\ \text{a:}\ -CH(CH_2COOH)-C(=O)-N(H)-\ \right]\text{---}\left[\ \text{b:}\ -CH_2-CH(COOH)-C(=O)-N(H)-\ \right]\text{---}$$

a　　　　b

聚天冬氨酸具有优良的生物降解性，在微生物（酶催化）作用下发生降解，最终产物为稳定的小分子无毒物质。聚天冬氨酸是优良的环保型阻

垢剂，还是泥浆降黏剂，用于膨润土泥浆、盐水泥浆等。在医药中 PASP 被用作大分子药物的负载体。

（1）聚天冬氨酸的合成。聚天冬氨酸可以通过两个途径合成。

1）马来酸、马来酸酐或富马酸和可以产生氨气的物质为原料。原料首先在 50 ～ 140℃反应生成马来酸铵盐、马来酰胺酸和天冬氨酸及其盐的混合物，该混合物在常压或减压或 N_2 气体保护以及有酸催化剂存在的条件下，于 160 ～ 300℃热聚制得聚琥珀酰亚胺 PSI，产率最高可达 90% 以上。合成反应式为

NH_3 △ NaOH

PSI　PASP

聚合反应可以在本体状态或加入某种溶剂（或介质）变成溶液（或分散）的状态下进行，本体聚合时可以加入一些反应助剂如沸石、硫酸盐、硅酸盐等稀释反应物，使其不至于在反应过程中变得过于黏稠而难以继续。最终制得的 PASP 相对分子质量多分布于 1000 ～ 4500，分子链中包含约 30% 的 α – 酰胺结构和 70% 的 β 酰胺结构。

2）L–天冬氨酸缩合聚合合成 PSI，PSI 在碱性条件下水解即可得 PASP。第一步 PSI 合成反应式为

催化剂 △

聚合反应也可以采用本体聚合和溶液聚合两种实施方式。本体聚合条件与马来酸酐等作为原料时相似。溶液聚合多以非质子极性溶剂（包括含硫或含氧的杂原子环状有机物）为介质，以酸性物质（磷酸、亚磷酸、硫酸氢盐、焦硫酸盐、硼酸以及对甲基苯磺酸等）作催化剂。该法的产率最高达 98%，相对分子质量分布较宽，在 800 ～ 50000 范围。

（2）聚天冬氨酸的阻垢性能。PASP 是一种多功能的阻垢剂，对碳酸钙、硫酸钙、硫酸钡、硫酸锶垢有极其优良阻垢性能。由于 PASP 分子中同时具有酰胺键和羧基，集中了中性和阴离子型阻垢剂的优点，可通过凝聚

分散、晶格畸变、络合增溶三种方式发挥阻垢作用。作为阻垢剂的适合相对分子质量为1000～4000，对碳酸钙、硫酸钙、硫酸钡防垢的相对分子质量以2400～3200(聚合度20～28)效果最好。

在温度不高于60℃时，对Ca^{2+}浓度分别为600mg/L和800mg/L的碳酸钙水质阻垢率达到90%的PASP浓度是3mg/L和12mg/L。PASP和氧化淀粉复配，适宜高钙、高pH值、高温体系阻垢。当其各自浓度均为1mg/L时，在80℃持续12～40h，钙离子浓度为300mg/L，pH值在8.5以下，该复配体系的防垢率均可达到100%。但在钙离子浓度增高情况下阻垢率有所下降。扫描电镜观察显示，在该复配防垢剂作用下，碳酸钙晶粒尺度减小。以马来酸酐、氨水、柠檬酸、牛磺酸为原料合成了含羧基、羟基、磺酸基的改性PASP共聚物（SHPASP），该物质对6800mg/L的$CaSO_4$水质阻垢率达到100%的浓度仅为8mg/L。

二、杀菌剂

在油田污水中存在的细菌主要为硫酸还原菌（SRB）、铁锈菌和腐生菌(TGB)。SRB是厌氧菌，能将水中的SO_4^{2-}还原为H_2S，使局部水域的pH值降到4以下，导致低碳钢、低合金钢、镍合金、奥氏体不锈钢、铜合金钢严重点蚀，形成黑色FeS沉淀物，产生大量黏泥，堵塞管道和注水井。TGB是异养菌，它分泌大量黏液附着在管线和设备上，形成生物垢，堵塞注水井和过滤器；同时也会产生氧浓差电池而引起设备和管道腐蚀；并为SRB提供生存、繁殖的环境。其中最重要的腐生菌是铁锈菌，它能将低价铁氧化成高价铁，利用氧化放出的能量生存。

（一）季铵盐表面活性杀菌剂

迄今应用的杀菌剂主要是阳离子表面活性剂。常见的有十二烷基三甲基氯化铵（1231）、十二烷基二甲基苄基氯化铵（1227）、十二烷基二甲基苄基溴化铵（新洁尔灭）、C_{18}～C_{19}烷基二甲基苄基氯化铵（DS-F）、氰基季铵盐、双C辛烷基季铵盐以及聚氮杂环季铵盐、聚季铵盐（TS-819）、双季铵盐等。这类杀菌剂的作用原理主要是阳离子通过静电力、氢键力以及表面活性剂分子与蛋白质分子间的疏水结合等作用，吸附带负电的细菌体，聚集在细胞壁上，产生室阻效应，导致细菌生长抑制死亡。油田应用较多有1227，但随着应用时间增长，细菌抗药性也在增长。

（二）絮凝剂

有机高分子絮凝剂属大分子表面活性剂，由于作为絮凝剂的有机高分子物的相对分子质量很高，它们的表面活性通常是较低的。然而，研究发现，有机絮凝剂的双亲特性对其絮凝性能有影响。

按来源分类，有机高分子絮凝剂分为两类：（改性）天然高分子絮凝剂和合成高分子絮凝剂。按作用基团分类，可分为阴离子、阳离子、非离子型和两性离子型高分子絮凝剂。与无机絮凝剂比较，有机高分子絮凝剂用量少，受无机电解质影响较小，污泥量少，絮凝效果好，适用范围广。

高分子絮凝剂的絮凝能力可以用第一絮凝点浓度（即絮凝后上层清液第一次达到最大透光度时的絮凝剂浓度）、在该絮凝点的上层清液相对透光度（与清水比较）、絮凝体体积、絮凝体沉降速率等参数加以评价。

1. 天然有机高分子絮凝剂

天然有机高分子絮凝剂主要有改性淀粉、改性纤维素、改性壳聚糖和改性的其他天然高分子物。

（1）改性淀粉。淀粉的改性通常是以乙烯基单体接枝，所用的单体有丙烯腈、甲基丙烯酸甲酯、丙烯酸酯、醋酸乙烯酯、苯乙烯、丁二烯、丙烯酰胺、丙烯酸、环氧化物及含有氨基的单体等。接枝可以用化学法和辐射法。化学法的引发剂有铈盐（Ⅳ）、锰盐（Ⅲ）和其他氧化还原引发体系；辐射法分为预辐射法和共辐射法。改性淀粉絮凝剂不仅具有应用范围广、用量少、使用工艺简单、无二次污染、价格低等优点，而且溶解性、絮凝性、黏结性等均良好。此外，水体 pH 值和使用温度对它的影响也较小。

（2）改性纤维素。羧甲基纤维素（钠）广泛用于废水污泥处理中提高滤饼质量；与阳离子絮凝剂配伍，可进一步降低滤饼水分。纤维素接枝乙烯基单体也被用于废水污泥处理，尤其对色素类物质有良好的去除效果。

（3）改性壳聚糖。甲壳素是地球上资源量仅次于纤维素的天然高分子物质，它具有与纤维素相同的骨架结构，其不同点是在糖环的 2-位上连着乙酰胺基，而非羟基。甲壳素在碱性条件下经脱乙酰反应制得壳聚糖，这是为数极少的天然阳离子聚电解质之一。随脱乙酰度增加，壳聚糖水溶性变优。

壳聚糖及其改性物属绿色环保型絮凝剂，用作城市污水处理在效果和经济上都比较理想：以香草醛（3-甲氧基-4 羟基-苯甲醛）接枝得香草醛修饰改性的壳聚糖（VCG），絮羡性能比壳聚糖大大改善。

2. 合成有机高分子絮凝剂

（1）非离子型高分子絮凝剂。

1）聚丙烯酰胺。聚丙烯酰胺 PAM 的絮凝性能优良，在我国和美国都是销量最大的絮凝剂品种。适宜作为絮凝剂的 PAM 相对分子质量要在 10^6 以上。实践证明，随相对分子质量升高，PAM 的絮凝性能也增高；当相对分子质量达到 8×10^6 以上，继续增高相对分子质量，PAM 絮凝性能变化不大。PAM 的残留单体对人脑和肝脏有毒害，在决定使用场合时要特别小心。

一个高相对分子质量的 PAM 分子的长度可以达到微米量级，这已经超过了黏土悬浮体系中的微粒间距。PAM 分子借助其极性基在黏土微粒表面的负电中心吸附，而一个絮凝剂分子有成千上万个吸附基团，它们可以在若干个悬浮微粒上吸附。因此，研究有机高分子的絮凝机理，需要重点考察大分子链的内旋转对吸附微粒间距的影响、吸附微粒之间的相互作用变化、被絮凝剂分子吸附的悬浮微粒与介质相溶性变化的影响等因素。

2）聚氧乙烯。聚氧乙烯（PEO）分子链中的醚键使得这类大分子有优异的柔性，很容易改变分子构象以适应溶剂的极性与之相溶。在洗煤废水中 5mg/L 的 PEO 即可使悬浮微粒的沉降速率明显加快。对有二氧化硅微粒、二氧化硅胶体和黏土矿物的水质，PEO 也有很好的絮凝性能。

（2）阴离子高分子絮凝剂。

1）丙烯酸聚合物。丙烯酸—丙烯酰胺共聚物中的丙烯酸结构单元序列为 5%～30%，相对分子质量为 10^6 量级的，可作为絮凝剂。它尤其适合作为带正电微粒的悬浮液絮凝剂。20 世纪 60 年代，丙烯酸—丙烯酰胺共聚物用于赤泥絮凝，在冶金工业中引起了重要的技术革新。即使对于高岭土这类矿物，部分水解聚丙烯酰胺也有较好的絮凝性能。

丙烯酸钠—乙烯醇共聚物是将丙烯酸甲酯—乙酸乙烯酯共聚物在氢氧化钠存在下水解制备的，调节两种结构单元的序列长度可以控制共聚物的电荷密度。

2）磺酸（盐）类聚合物。聚苯乙烯磺酸是磺酸类高分子絮凝剂的主要品种。苯乙烯与苯乙烯磺酸共聚可以提高相对分子质量，也可通过原料比变化来调节目标物电荷密度。

2-丙烯酰胺基-2-甲基丙磺酸（AMPS）有聚合活性较高的基团和磺酸基，其共聚物有较高的抗盐性，它们作为絮凝剂的研究也在进行中。

（3）阳离子高分子絮凝剂。因为在油气田废水中多含有带负电荷的地层矿物悬浮微粒，阳离子大分子絮凝剂往往具有很好的效果。聚二甲基二烯丙基氯化铵分子是环链结构，具有较高的电荷密度，无毒，性能受介质条件影响很小，是一种安全的饮用水处理絮凝剂。由于 DMDAAC 聚合物去油能力强，絮凝速率快，被广泛用于油田污水处理；此外，该类絮凝剂对染料有很好的脱除能力，可作为染色及造纸业废水的处理剂。

三、除油剂

油田废水多含有微细原油颗粒，而炼油厂的废水中则有原油，油品的微细颗粒。因此，在这些废水的处理工程中需要考虑油质去除问题。当前，含油废水的处理有机械法、物理机械法、物理化学法和混凝法。

混凝法是借助无机或有机絮凝剂的絮凝作用去除油质微粒。无机混凝剂投量大，浮渣多、含水高，絮体沉降慢，污泥脱水和处理中易造成“跑矾”现象，或导致管线、溶气缸等结垢，而且给环境带来二次污染。而有机高分子混凝剂用量少，絮凝能力强，浮渣少，效率高，不会增加净化水中的含盐量，有利于净化水及浮渣的再生资源化，价格比用聚合铝便宜，也避免了管线的结垢现象。

（一）阳离子聚合物除油剂

阳离子聚合物除油剂中的重要种类是二甲基二烯丙基氯化铵的共聚物。如 DMDAAC-AM 共聚物在剂量 40 ～ 50mg/L 处理辽河油田稠油废水使其中的含油量由 360mg/L 降至 10mg/L 。甲基丙烯酸甲酯—二甲基二烯丙基氯化铵-丙烯酰胺共聚物对含油废水有优良处理效果，在剂量为 5 ～ 25mg/L 时对含油 767mg/L 废水的除油率达到 99% 。

具有一定疏水功能侧基的单体与水溶聚合物单体合成的共聚物亦有较好的去油效果。如 2-乙基己基丙烯酸酯丙烯酰胺—丙烯酸乙酯三甲基氯化铵嵌段共聚物在很低浓度下（8mg/L）即可使炼厂的废水浊度从 87. 5NTU 降至 12. 6NTU。

（二）树枝形大分子除油剂

树枝形大分子聚酰胺胺类絮凝剂在用量 15 ～ 20mg/L 时可将含油 320mg/L 的废水降低至含油 1mg/L ，与天然高分子絮凝剂（可溶淀粉、羧甲基纤维素）复配使用时，用量可以降低至 5mg/L 。

（三）氨荒酸类除油剂

氨荒酸类是20世纪90年代发展起来的油田污水处理剂，已在美国北海、墨西哥湾等地应用，而我国对这类除油剂的研究较少。

氨荒酸类表面活性剂有优良的除油效果。一种含2个氨荒酸基团的表面活性剂DTC的结构式如下，在剂量30mg/L条件下，油田废水得以澄清。

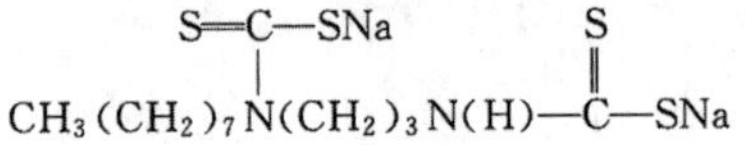

$$
\begin{array}{l}
\qquad\qquad\quad S{=}C{-}SNa \qquad\qquad\qquad\quad S \\
\qquad\qquad\qquad | \qquad\qquad\qquad\qquad\qquad\quad \| \\
CH_3(CH_2)_7N(CH_2)_3N(H){-}C{-}SNa
\end{array}
$$

DTC

第六节　表面活性剂在原油破乳中的应用

随石油开采进入二次采油和三次采油阶段，多种增产措施的应用势必注入各种化学剂；此外，储层稠油比例日益增高。这些因素导致采出液的成分和存在状态越来越复杂，许多油井采出液不只是油包水型乳液，还出现油包水和水包油两种乳液共存的多重乳液。这些采出液在进入炼厂前需要破乳，实现油水分离。

一、原油破乳的主要方法

（一）机械物理法

对乳状液施加物理作用，使分散的乳胶粒运动、聚结，实现相分离。常用的机械物理破乳方法有过滤、离心分离、加热、电场、振荡、超声辐射等。

（二）化学法

化学法是在乳状液中加入化学物质，借以改变乳状液类型和降低界面膜强度（或摧毁界面膜），使乳状液失稳，实现相分离。

无机盐（如$FeSO_4$、烧碱等）可以压缩界面膜的双电层，有利聚结过程进行。只含少量水分的油包水乳状液甚至可以用吸附/吸收水分的物质（如黏土、水泥等）破乳。从20世纪30年代以来，在原油破乳中更为常用的方法则是表面活性剂破乳。

二、低分子表面活性破乳剂

第一代和第二代破乳剂主要有阴离子型和非离子型表面活性剂。

（一）阴离子表面活性破乳剂

用于破乳的阴离子表面活性剂有羧酸盐、磺酸盐、硫酸酯盐、氨荒酸盐等。

1. 羧酸盐

用作破乳剂的羧酸盐有脂肪酸盐、环烷酸盐等。

2. 磺酸盐

烷基磺酸盐、烷基苯磺酸盐、烷基萘磺酸盐、石油磺酸盐、琥珀酸酯磺酸盐都可作破乳剂。

水溶性芳基磺酸盐对黏土和其他固体粉粒稳定的 O/W 乳液和注表面活性剂三采返排的 O/W 乳液都有破乳效果。应用中往往是将烷基磺酸盐与烷氧基化酚醛树脂和盐水混合作为混合破乳剂。

3. 硫酸酯盐

烷基硫酸酯盐表面活性剂可用于破乳。

上述几类破乳剂价廉，但用量大（约 1000mg/L），效率低，电解质干扰大。

4. 氨荒酸盐

一种双氨荒酸盐结构如下，它对 O/W 乳状液有破乳效果

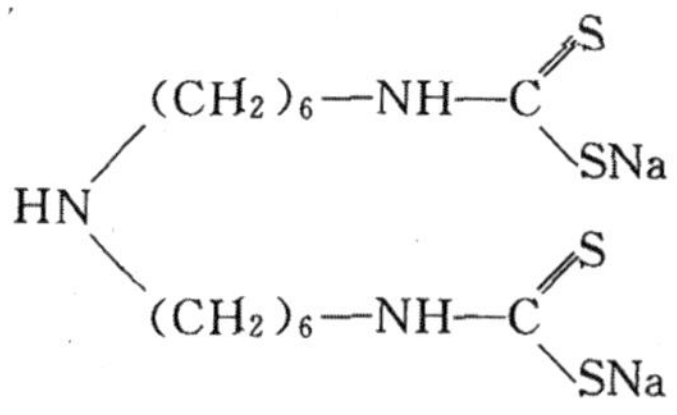

$$HN\begin{cases}(CH_2)_6-NH-C(=S)-SNa\\(CH_2)_6-NH-C(=S)-SNa\end{cases}$$
。

（二）非离子表面活性破乳剂

第二代破乳剂多为聚氧乙烯醚亲水基表面活性剂，包括 OP 型（烷基酚聚氧乙烯醚）、Paregal 型（烷基醇聚氧乙烯醚）、Tween 型（10-4）。它们的亲水基属非离解性基团，耐电解质，但用量仍然较大（100 ~ 500mg/L）。

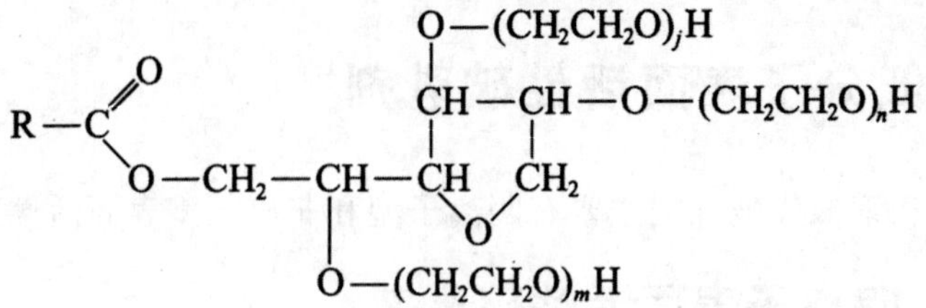

```
                              O—(CH2CH2O)jH
          O                   |
         //                   CH—CH—O—(CH2CH2O)nH
R—C                           |    |
         \                    |    |
          O—CH2—CH—CH   CH2
                     |    \   /
                     |      O
                     O—(CH2CH2O)mH
```

Tween型

(三) 阳离子表面活性破乳剂

季铵盐型表面活性剂被用于 O/W 溶液的破乳，如十四烷基三甲基氯化铵。

(四) 两性离子-非离子型表面活性破乳剂

被用作破乳剂的两性离子-非离子型表面活性剂主要是含有季铵盐基、磺酸（盐）基和聚氧乙烯序列的，多为季铵盐基丙磺酸。

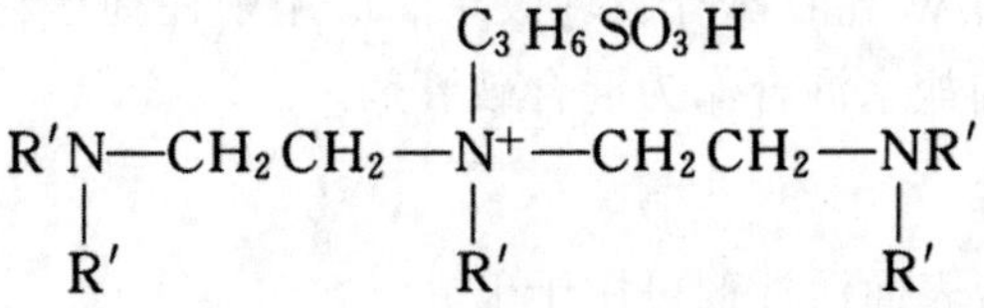

```
                    C3H6SO3H
                    |
R'N—CH2CH2—N+—CH2CH2—NR'
  |                 |                  |
  R'                R'                 R'
```

$$R'=-(C_3H_6O)_y(C_2H_4O)_xH \quad x=5\sim30,\ y=15\sim50$$

该物质是二亚乙基三胺两端的胺被氧化乙烯-氧化丙烯嵌段双取代的，中间的仲氨基被烷基和丙磺酸基取代，成为季铵盐基。两端的叔氨基也可以再被丙磺酸基季铵化。该物质有阳离子、阴离子和非离子三种亲水基团；它的疏水基是聚氧丙烯序列。因为分子中氧乙烯和氧丙烯结构单元数已经足够多，它们实质上已属大分子表面活性剂范畴。

两性离子-非离子型破乳剂有很好的脱水脱盐效果，对 H_2S、CO_2 和盐的缓蚀性能也很好，缓蚀率可达96%。

三、破乳机理

化学破乳的机理是非常错综复杂的。不同破乳剂的破乳机理往往很不相同。为揭示破乳剂的破乳机理，需要从分子相互作用层次和分子运动水平上深入研究。

（一）反相毁坏

乳状液中加入反相乳化剂，由于它具有形成与原乳状液类型相反乳状液的功能，它与乳化剂形成络合物，消除后者的乳化功能，破坏乳状液。

（二）乳化剂顶替、转移和破坏

通过加入某种表面活性剂或其他物质，借助物理化学或生物作用毁坏乳化剂自身结构或消除其乳化功能，亦可破乳。

1. 微生物损毁

某些微生物在乳液的油水界面上生长，它们以乳化剂表面活性剂作为营养源，吞噬乳化剂，而排除的物质不具备乳化功能，致使乳液破坏。

2. 表面活性剂顶替

高活性表面活性剂在乳液的油水微界面上的吸附可以替代破乳剂，使其脱离界面，但在界面上顶替了破乳剂的表面活性剂又不能形成足够强度的界面膜。因此，在热或机械扰动下，乳状液就会被破坏。

3. 乳化剂增容作用

大分子表面活性剂只需以单个或少数几个分子即可形成胶束，它们可以增容乳化剂分子，使其脱离油水界面，破坏乳液。

（三）高分子表面活性剂分子内运动对破乳的贡献

链状分子高分子物质对多种分散体系具有絮凝作用，这是一个复杂的物理化学过程。具有吸附基的大分子一进入分散体系，就会以其若干个锚点基团在油水微界面上吸附，而大分子的其余部分穿插漂浮在介质中，可能继续捕捉吸附微粒；由于大分子的分子长度可以达到几百纳米甚至微米级，它的一个分子最终可能和几个分散质微粒吸附。

高分子科学揭示，大分子自身处于不停的热运动状态，它可以通过主链的内旋转改变其分子构象。按构象熵最大原理，大分子总是趋于取分子卷曲的无规线团状。这一过程势必导致被大分子表面活性剂吸附的分散质微粒相互碰撞，从而击破其保护膜发生聚结形成尺寸较大的微粒。这种过程反复进行就导致破乳。

第四章　油田管道的腐蚀与防护技术

随着中国油田开发进入中后期，作为油田主要设施的管道的腐蚀问题便日益突出起来。管道的腐蚀不仅给油气工业带来巨大的经济损失，而且会造成重大人身伤亡事故和严重的环境污染。金属管道的防腐蚀方法非常多，防腐蚀技术日新月异。本章侧重于防腐蚀技术的性能特点、工艺过程、施工过程及其实际应用。

第一节　油田管道腐蚀的严重性与影响因素

一、金属腐蚀与防护的重要性

（一）腐蚀的定义

金属材料表面和环境介质发生化学和电化学作用，引起材料的退化与破坏称为腐蚀。随着非金属材料的迅速发展，越来越多的非金属材料作为工程材料使用。因此，腐蚀更广泛的定义是：腐蚀是某种物质由于环境的作用引起的破坏和变质。多数情况下，金属腐蚀后失去其金属特性，往往变成某种更稳定的化合物。例如，日常生活中常见的水管生锈、金属加热过程中的氧化等。

按照热力学的观点，腐蚀是一种自发的过程，这种自发的变化过程破坏了材料的性能，使金属材料向着离子化或化合物状态变化，是自由能降低的过程。人类开始使用金属后不久，便提出了防止金属腐蚀的问题。古希腊早在公元前就提出了用锡来防止铁的腐蚀。我国商代就已经用锡来改善铜的耐蚀性而出现了锡青铜。

（二）金属腐蚀与防护的重要性

国民经济各部门大量使用金属材料，而金属材料在绝大多数情况下与腐蚀性环境介质接触而发生腐蚀，因此，腐蚀与防护是很重要的问题。

腐蚀往往会带来灾难性的后果。在油气田的开发中,从油水井管道和储罐以及各种工艺设备都会遭受严重的腐蚀,造成巨大的经济损失。中原油田的生产系统平均腐蚀速率高达 1.5 ～ 3.0mm/a,点蚀速率高达 5 ～ 15mm/a。1993 年其生产系统、管线、容器腐蚀穿孔 8345 次，更换油管 59×10^4m，直接经济损失 7000×10^4元，间接经济损失近 2×10^8元。1986 年，威远至成都的输气管道泄漏爆炸，死亡 20 余人。四川气田因阀门腐蚀破裂漏气，造成火灾，绵延 22d，损失 6×10^8元人民币。腐蚀破坏所造成的直接经济损失也是很巨大的。有人统计每年全世界腐蚀报废和损耗金属为 1×10^8t，占钢年产量的 20%～40%。当然，这些只是直接的经济损失，而由腐蚀引起的设备损坏、停产、产品质量下降、效率低，引起物资的跑、冒、滴、渗损失，对环境污染以至爆炸、火灾等的间接经济损失更是无法估量。因此研究腐蚀规律、解决腐蚀破坏，就成为国民经济中迫切需要解决的重大问题。

二、金属材料腐蚀的分类

将金属腐蚀分类，目的在于更好地掌握腐蚀规律。但用于金属腐蚀的现象和机理比较复杂，因此金属腐蚀的分类方法也是多种多样的，至今尚未统一。现在一般将腐蚀形态分为八类，它们分别是：

（1）均匀腐蚀或全面腐蚀：腐蚀均匀分布在整个金属表面上。从重量上来看，均匀腐蚀代表金属的最大破坏。但从技术观点来看，这类腐蚀并不重要。因为如果知道了腐蚀速度，便可以估算出材料的腐蚀公差，并在设计时将此因素考虑在内。

（2）电偶腐蚀或双金属腐蚀：凡具有不同电极电位的金属相互接触，并在一定介质中所发生的电化学腐蚀称为电偶腐蚀或双金属腐蚀。

（3）缝隙腐蚀：浸在腐蚀介质中的金属表面，在缝隙和其他隐蔽的区域内常常发生强烈的局部腐蚀，这种腐蚀常和空穴、垫片底部、搭接缝、表面沉积物以及螺帽和柳钉下的缝隙内积存的少量静止溶液有关。

（4）小孔腐蚀（简称孔蚀）：这种腐蚀的破坏主要在某些活性结点上，并向金属内部深处发展。通常其腐蚀深度大于孔径，严重时可穿透设备。

（5）晶间腐蚀：这种腐蚀首先在晶粒边界上发生，并沿着晶界向纵深发展。虽然外观没有明显的变化，但其机械性能大为降低。

（6）选择性腐蚀：合金中的某一组分由于腐蚀优先地溶解到电解质溶液中，从而造成另一组分富集于金属表面上。

(7) 磨损腐蚀：腐蚀性流体和金属表面间的相对运动，引起金属的加速磨损和破坏。一般这种运动的速度很高，同时还包括机械磨耗和磨损作用。

(8) 应力腐蚀：应力腐蚀破坏是指在拉应力和一种给定腐蚀介质共存而引起的破坏。金属或合金发生应力腐蚀破坏时，大部分表面实际不遭受腐蚀，只有一些细裂纹穿透内部，破坏现象能在常用的设计应力范围内发生，因此，后果很严重。

金属腐蚀又根据发生的部位，可分为全面金属腐蚀和局部金属腐蚀两大类；还可按腐蚀环境分类，分为化学介质腐蚀、大气介质腐蚀、海水介质腐蚀和土壤腐蚀等；也可按腐蚀过程的特点，分为化学腐蚀、电化学腐蚀和物理腐蚀三大类。

三、影响金属腐蚀的因素

(一) 空气相对湿度和金属腐蚀的临界相对湿度

空气中氧气始终是充分供给的，腐蚀反应的速度主要取决于水分出现的机会，如果达到或超过某一相对湿度时，锈蚀便很快发生与发展。一般来说，钢铁生锈的临界相对湿度约为75%。

(二) 空气中污染性物质

常见的空气中污染性物质如SO_2、CO_2、Cl^-、灰尘等，它们都是酸性的。

(三) 温度

环境温度及其变化影响金属表面水分凝聚及电化学腐蚀反应速度。

(四) 酸、碱、盐

酸、碱、盐的影响主要表现在影响水膜电解质浓度和H^+浓度，从而加速腐蚀。

(五) 生产过程中的一些影响因素

生产过程中的影响因素如人体汗液、金属切削液、洗涤液、油污等均会加速腐蚀。

四、金属在各介质中的腐蚀

（一）海水的腐蚀

1. 海水的物理化学性质

海水中含有多种盐类，表层海水含盐量一般在3.2%～3.75%之间，随水深的增加，海水含盐量略有增加。海水中的盐主要为氯化物，占总盐量的88.7%（表4-1）。

表4-1 海水中主要盐类含量

成　分	100g海水中的含量/g	占总盐量的百分数/%
NaCl	2.7123	77.8
$MgCl_2$	0.3807	10.9
$MgSO_4$	0.1658	4.7
$CaSO_4$	0.1260	3.6
K_2SO_4	0.0863	2.5
$CaCl_2$	0.0123	0.3
$MgBr_2$	0.0076	0.2

由于海水总盐度高，所以具有很高的电导率，海水平均电导率率约为4×10^{-4}S/cm,远远超过河水（2×10^{-4}S/cm）和雨水（1×10^{-3}S/cm）的电导率。

海水含氧量是海水腐蚀的主要因素之一，正常情况下，表面海水氧浓度随水温度大体在5～10mg/L范围内变化。

2. 海水腐蚀的特点

海水是典型的电解质溶液，其腐蚀有如下特点：

（1）中性海水溶解氧较多，除镁及其合金外，绝大多数海洋结构材料在海水中腐蚀都是由氧的去极化控制的阴极过程。一切有利于供氧的条件，如海浪、飞溅、增加流速，都会促进氧的阴极去极化反应，促进钢的腐蚀。

（2）由于海水的电导率很大，海水腐蚀的电阻性阻滞很小，所以海水腐蚀中金属表面形成的微电池和宏观电池都有较大的活性。海水中不同金属接触时很容易发生电偶腐蚀，即使两种金属相距数十米，只要存在电位差并实现电连接，就可发生电偶腐蚀。

（3）因海水中氯离子含量很高，因此大多数金属，如铁、钢、铸铁、锌、镉等，在海水中是不能建立钝态的。海水腐蚀过程中，阳极的极化率很小，因而腐蚀速率相当高。

（4）海水中易出现小孔腐蚀，孔深也较深。

3. 腐蚀的因素

海水是含有3%～3.5%氯化钠为主盐、pH 值为 8 左右的良好电解质。影响海水腐蚀的主要因素有：

（1）氧含量：海水的波浪作用和海洋植物的光合作用均能提高氧含量，海水的氧含量提高，腐蚀速率也提高。

（2）流速：海水中碳钢的腐蚀速率随流速的增加而增加，但增加到一定值后便基本不变。而钝化金属则不同，在一定流速下能促进高铬不锈钢的钝化提高耐蚀性。当流速过高时金属腐蚀将急剧增加。

（3）温度：与淡水相同，温度增加，腐蚀速度将增加。

（4）生物：生物的作用是复杂的，有的生物可形成保护性覆盖层，但多数生物是增加金属腐蚀速度。

（二）H_2S 的腐蚀

H_2S 不仅对钢材具有很强的腐蚀性，而且 H_2S 本身还是一种很强的渗氢介质，H_2S 腐蚀破裂是由氢引起的。

1. H_2S 电化学腐蚀过程

H_2S 的相对分子质量为 34.08，密度为 1.539mg/m³。H_2S 在水中的溶解度随着温度的升高而降低。在 760mmHg、30℃时，H_2S 在水中的饱和浓度大约 3580mg/L。

干燥的 H_2S 对金属材料无腐蚀破坏作用，H_2S 只有溶解在水中才具有腐蚀性。在油气开采中与二氧化碳和氧相比，H_2S 在水中的溶解度最高。H_2S 在水中的离解反应为：

$$H_2S \rightleftharpoons H^+ + HS^-$$

$$HS^- \rightleftharpoons H^+ + S^{2-}$$

释放出的氢离子是强去极化剂，极易在阴极夺取电子，促进阳极铁溶解反应而导致钢铁的全面腐蚀。

腐蚀产物主要有 Fe_9S_8、Fe_3S_4、FeS_2、FeS 。它们的生成是随 pH 值、H_2S 浓度而变化。

2. H_2S 导致氢损伤过程

H_2S 水溶液对钢材电化学腐蚀的另一产物是氢。被钢铁吸收的氢原子将破坏其基本的连续性，从而导致氢损伤。在含硫化氢酸性油气田上，氢损伤通常表现为硫化物应力开裂（SSC）、氢诱发裂纹（HIC）和氢鼓泡（HB）等形式的破坏。

3. 影响腐蚀的因素

（1）H_2S 的浓度。软钢在含有 H_2S 的蒸馏水中，当 H_2S 含量为 200 ~ 400mg/L 时，腐蚀速率达到最大，而后又随着 H_2S 浓度增加而降低，到 1800mg/L 以后，H_2S 的浓度对腐蚀速率几乎无影响。如果介质中还有其他腐蚀性组分，如二氧化碳、氯离子、残酸等时，将促使 H_2S 对钢材的腐蚀速率大幅度增高。

（2）pH 值。H_2S 水溶液的 pH 值将直接影响着钢铁的腐蚀速率。通常表现出在 pH 值为 6 时是一个临界值，当 pH 值小于 6 时，钢的腐蚀速率高，腐蚀液呈黑色、浑浊。

（3）温度。温度对腐蚀的影响较复杂。钢铁在 H_2S 水溶液中腐蚀速率通常是随温度升高而增大。实验表明在 10% 的 H_2S 水溶液中，当温度从 55℃升到 84℃时，腐蚀速率大约增大 20%。但温度继续升高，腐蚀速率将下降，在 110 ~ 200℃之间的腐蚀速率最小。

（4）暴露时间。在 H_2S 水溶液中，碳钢和低合金钢的初始腐蚀速率很大，越为 0.7mm/a，但随着时间的增长，腐蚀速率会逐渐下降。实验表明，2000h 后，腐蚀速率趋于平衡，约为 0.01mm/a。这是由于随着暴露时间的增长，硫化铁腐蚀产物逐渐在钢铁表面上沉积，形成一层具有减缓腐蚀作用的保护膜。

（5）流速。如果流体流速较高或处于湍流状态时，由于钢铁表面上硫化铁腐蚀产物膜受到流体的冲刷而被破坏或黏附不牢固，钢铁将一直以初始的高速腐蚀，从而使设备、管线、构件很快受到腐蚀破坏。为此，要控制流速的上限，以把冲刷腐蚀降低最小。通常规定阀门的气体流速低于 15m/s。相反，如果气体流速太低，可造成管线、设备底部集液，而发生因水线腐蚀、垢下腐蚀等导致局部腐蚀破坏。因此，通常规定气体的流速应大于 3m/s。

（6）氯离子 Cl^-。在酸性油气田水中，带负电荷的氯离子 Cl^-，基于电价平衡，它总是争先吸附到钢铁的表面，因此，Cl^-的存在往往会阻碍保护性的硫化铁膜在钢铁表面的形成。Cl^-可以通过钢铁表面硫化铁膜的细孔和缺陷渗入其膜内，使膜发生显微开裂，于是形成孔蚀核。由于 Cl^-的不断移入，在闭塞电池的作用下，加速了孔蚀破坏。在酸性天然气气井中与矿化水接触的油管、套管腐蚀严重，穿孔速率快，与 Cl^-的作用有着十分密切的关系。

（三）CO_2 的腐蚀

在油气田开发的过程中，CO_2 溶于水对钢铁具有腐蚀性，这早已被人们所认识。近十几年来，在石油天然气工业中，CO_2 的腐蚀问题再一次受到重视。

1. CO_2 腐蚀机理及腐蚀破坏的特征

在常温无氧的 CO_2 溶液中，钢的腐蚀速率是受析氢动力学所控制。CO_2 在水中溶解度很高，一旦溶于水便形成碳酸，释放出氢离子。氢离子是强去极化剂，极易夺取电子还原，促进阳极铁溶解而导致腐蚀。

阳极反应：

$$Fe + 2Fe^- \rightarrow Fe^{2+}$$

阴极反应：

$$H_2O + CO_2 \rightarrow 2H^+ + CO_3^{2-}$$

$$2H^+ + 2e^- \rightarrow H_2 \uparrow$$

阴极产物：

$$Fe + H_2CO_3 \rightarrow FeCO_3 + H_2 \uparrow$$

对于阴极析氢反应机制，目前有两种完全不同的观点。一种是氢通过下式氢离子的电化学还原而生成：

$$H_3O^+ + e^- \rightleftharpoons H_{ad} + H_2O$$

另一种是氢通过下列各式吸附态 H_2CO_3 被直接还原而生成：

$$CO_{2sol} \rightleftharpoons CO_{2ad}$$

$$CO_{2ad} + H_2O \rightleftharpoons H_2CO_{3ad}$$

$$H_2CO_{3ad} + e^- \rightleftharpoons H_{ad} + HCO_{3ad}^-$$

$$HCO_{3ad}^- + H_3O^+ \rightleftharpoons H_3CO_{3ad} + H_2O$$

下角标 ad 代表吸附在钢铁表面上的物质，sol 代表溶液中的物质。上述腐蚀机理是对裸露的金属表面而言。实际上，在含 CO_2 油气环境中，钢铁表面在腐蚀初期可视为裸露表面，随后将被碳酸盐腐蚀产物膜所覆盖。所以，CO_2 水溶液对钢铁腐蚀，除了受氢阴极去极化反应速度的控制，还与腐蚀产物是否在钢表面成膜、膜的结构和稳定性有着十分重要的关系。

2. 影响 CO_2 腐蚀的因素

影响 CO_2 腐蚀的因素有以下几点：

（1）CO_2 分压。当分压低于 0.021MPa 时腐蚀可以忽略；当 CO_2 分压为 0.021MPa 时，通常表示腐蚀将要发生；当 CO_2 分压为 0.021 ～ 0.21MPa 时，腐蚀可能发生。

（2）温度。当温度低于 60℃时，由于不能形成保护性的腐蚀产物膜，腐蚀速率是由 CO_2 水解生成碳酸的速度和 CO_2 扩散至金属表面的速度共同决定，于是以均匀腐蚀为主；当温度高于 60℃时，金属表面有碳酸亚铁生成，腐蚀速率由穿过阻挡层传质过程决定，以及垢的渗透率、垢本身固有的溶解度和流速的联合作用而定。由于温度 60 ～ 110℃范围时，腐蚀产物厚而松，结晶粗大，不均匀，易破损，则局部孔蚀严重。而当温度高于 150℃时，腐蚀产物细致、紧密、附着力强，于是有一定的保护性，则腐蚀率下降。

（3）腐蚀产物膜。钢被 CO_2 腐蚀最终导致的破坏形式往往受碳酸盐腐蚀产物膜的控制。当钢表面生成的是无保护性的腐蚀产物膜时，以“最坏”的腐蚀速率被均匀腐蚀；当钢表面的腐蚀产物膜不完整或被损坏、脱落时，会诱发局部点蚀而导致严重穿孔破坏。当钢表面生成的是完整、致密、附着力强的稳定性腐蚀产物膜时，可降低均匀腐蚀速率。

（4）流速。高流速易破坏腐蚀产物膜或妨碍腐蚀产物膜的形成，使钢始终处于裸管初始的腐蚀状态下，于是腐蚀速率高。A. Ikeda 认为流速为 0.32m/s 是一个转折点。当流速低于它时，腐蚀速率将随着流速的增大而加速，当流速超过这一值时，腐蚀速率完全由电荷传递所控制，于是温度的影响远超过流速的影响。

（5）氯离子 Cl^-。Cl^- 的存在不仅会破坏钢表面腐蚀产物膜或阻碍产物膜的形成，而且会进一步促进产物膜下钢的点蚀，Cl^- 含量大于 3×10^4mg/L 时尤为明显。

第二节　油田管道的防腐技术

腐蚀破坏的形式是很多的，在不同的条件下引起的金属腐蚀的原因是各不相同的，而且影响因素也非常复杂，为了保证设备的长期安全运转，合理选材、正确设计、精心制造及良好的维护管理等几个方面的工作密切结合，是十分重要的，而材料选择是其中最重要的一环。处理介质的目的是改变介质的腐蚀性，以降低介质对金属的腐蚀作用。因此，根据不同的条件采用的防护技术也是多种多样的。

一、管内贴合穿插高密度聚乙烯（HDPE）防腐技术

（一）原理

贴合穿插 HDPE 管技术是将外径比主管道内径稍微大一些的 HDPE 管经过四级等径压缩装置暂时缩小 HDPE 管的外径，缩径量约 10%，然后由牵引装置以一定的牵引力和牵引速度将缩径的 HDPE 管拉入主管道中，定位后撤销拉力，用气压使衬管恢复到原来的直径（在没有气压的情况下，经过十多个小时后也可自动恢复到原来的直径)，这样插入的 HDPE 管就与主管道紧紧地结合在一起，形成“管中管”，达到旧管道修复或新管道内防腐的目的。HDPE 管穿插自动贴合技术的原理如图 4-1 所示。

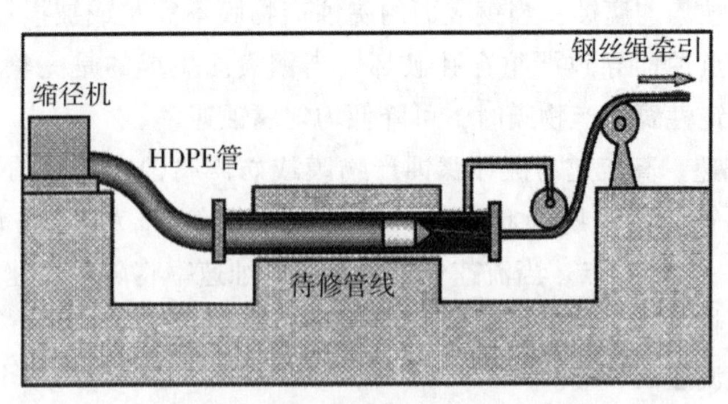

图 4-1　贴合穿插 HDPE 管示意图

实验表明，HDPE 管从缩径机出来时，直径稍微有些增大，而后在一定的拉伸力作用下，直径便稳定在所设计的数值，直到拉力被撤销。在整个

穿插过程中直径的变化规律如图 4-2 所示。

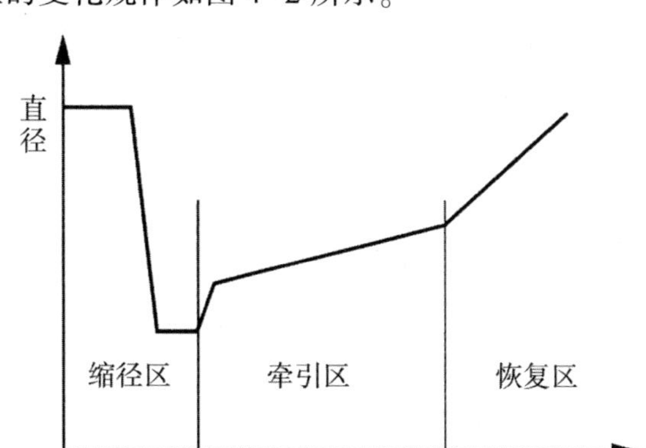

图 4-2　HDPE 管在穿插过程中直径的变化规律

对于一定的收缩比，所需的拉伸力与 HDPE 管的屈服强度和横截面积成正比关系：

$$F = K\sigma_y A$$

式中，F 为拉伸力，kN；K 为系数，取值与 HDPE 管的直径和收缩比有关；σ_y 为 HDPE 的屈服程度，MPa；A 为 HDPE 管的横截面积，cm^2。

在穿插过程中，为确保 HDPE 管不被拉断，最大拉伸力不能超过材料屈服强度的二分之一。据此由公式可以计算出对应于一定直径和收缩比的 HDPE 管的最大允许壁厚。

（二）HDPE 穿插技术特点

HDPE 穿插技术有如下特点：

（1）管道整体性能好、质量可靠。穿插 HDPE 管后的管道，充分发挥了各自材料的特点。HDPE 管是一种热塑性材料，不生锈，不腐蚀，不结垢，具有突出的耐磨损性和良好的抗化学品性以及良好的流动特性。而主体管道的抗压、抗冲击性能很好，二者复合后，具备了钢管和 HDPE 管的综合特性。为提高管线的耐蚀性、耐磨性、抗压能力，延长管线的使用寿命提供了可靠的保障。据报道，在主体钢管上，即使有 φ12mm 的蚀孔，内衬 4mm 厚的 HDPE 管后，其承压强度仍可达 4MPa 以上。

（2）修复成本低，管道有效寿命长。据国内外多方面资料报道，利用贴合穿插 HDPE 管技术修复旧管线的造价仅是新上管线综合造价的 50% 左右。管道线的使用寿命可延长 5 倍以上。

（3）修复管道的范围为直管或带慢弯的钢管、铸铁管、水泥管。修复速度快，HDPE管的穿插速度可达20m/min，一次可穿插1～2km。

（4）管线连接处采用复合法兰，由钢法兰—热熔压制PE法兰—密封垫—钢法兰组成。

（5）对主管线的清洗要求不高，只要没有突出的毛刺，大于10mm的圆滑焊瘤，大于5mm的平滑积垢即可。这样就可以提高施工速度，降低生产成本。

（6）使用范围广。利用本技术可穿插直径75～1200mm不同直径的管线，广泛地应用于排污管道、燃气管道、输油管道、化工管道、注水管道、高压管道、工程管道以及海底管线。

（三）HDPE管的性能及承压能力的计算

1. HDPE管的性能

HDPE管是以高密度聚乙烯为原料经挤塑而成的热塑型管材。具有以下一些性能：

（1）安全使用寿命可达50a以上。经ISO国际认证机构与美国ASTM的测试报告，高密度聚乙烯管在正常使用下可有50a以上的寿命，是现今使用管材中的佼佼者。

（2）无毒性。高密度聚乙烯管是以聚乙烯原料加压挤出而成，无任何重金属添加物与化学安定剂，管材完全不具毒性，是新一代的环保材质。

（3）高韧性、耐强震。高密度聚乙烯管柔软而坚韧的材质特性，兼具了金属管与橡皮管的双重优点，可耐强震、重压、土层扭曲等灾害，相当适合位处地震频繁地带使用。

（4）抗腐蚀性特优。高密度聚乙烯管的活性极低，目前世界上尚无法找到任何的黏结剂来接合它，可见其抗化学品性特优，即使在60℃情况下，在液氨、盐酸、硫酸、硝酸、氢氧化钠、氯化钠、苯甲酸、酒石酸等溶液中都是很稳定的。

（5）低摩擦系数、高输送量。高密度聚乙烯管其管内部的光滑度优于其他管种，且不会附着任何物质，相同管径下其输送水量为金属管的1.3倍。

（6）温度使用范围大。高密度聚乙烯管安全使用范围为-60～60℃，在低温时特性更佳，可抵抗任何恶劣的气候变化。

（7）耐冲击力强。高密度聚乙烯管具有拉伸率700%以上，耐压力

25kg/cm^{2}以上，重物直接压过管身亦不破裂的优异特性。

（8）可挠性极佳。高密度聚乙烯管可挠性强，易于弯曲，在不加热情况下可弯曲配管，小管径更可制成盘管，大大降低接头使用成本。

（9）质管轻、易搬运。HDPE 管密度为 0.955kg/cm^2，重量比水还轻，搬运施工轻便快速。

HDPE 管的性能参数见表 4-2。

表 4-2 HDPE 管的性能参数

项目	指标	项目	指标
线膨胀系数/1/℃	1.4×10^{-4}	断裂伸长率/%	>350
导热系数/W/(m·K)	0.45	纵向回塑率/%	<3
弹性模量/MPa	600～900	厚度/mm	3～12
泊松比	0.45	脆化度/℃	<-70
软化点/℃	126		

（10）可焊性优良。HDPE 管具有优良的可焊接性能，这已由发达国家多年的工程实践所证明，按焊接规程完成的焊缝，具有高于管道本身的强度，这些也可由实验室的实验所证实。

2. 承压能力的计算

当管道只承载内压时，最大应力是环向应力，轴向应力只占环向应力的一半。而径向力往往不超过环向应力的 10%。

欧洲各国大都运用的公式为：

$$\sigma_{环} = \frac{pd_{平均}}{2s} \leqslant [\sigma]$$

式中，$\sigma_{环}$为环应力，MPa；p 为内应力，MPa；$d_{平均}$ 为平均直径，mm；s 为壁厚，mm；$[\sigma]$ 为许用应力，MPa。

美国采用的公式如下：

$$\sigma_{环} = \frac{pD}{2s} \leqslant [\sigma]$$

式中，$\sigma_{环}$为环应力，MPa；p 为内应力，MPa；D 为外径，mm；s 为壁厚，mm；$[\sigma]$ 为许用应力，MPa。

两公式的不同之处是美国采用的公式有较大的安全系数。

根据大量实验研究和工程应用经验，一般在国外确认的 HDPE 管道的许用应力值为 5MPa。

(四) 管线穿插 HDPE 管配套技术

管线穿插 HDPE 管配套技术如下：

(1) 管道物理清洗技术。高压水射流及 PIG 物理清洗设备及技术，可有效清洗管线内焊瘤、污垢、氧化皮、泥沙及其他异物，为前处理的成功提供了可靠的保障。

(2) HDPE 管的焊接技术。先进的 HDPE 管热熔焊技术，可有效地将 HDPE 管连接在一起，且焊接的强度高于 HDPE 管本身的强度。

(3) 已取得国家专利的差速滚轴压缩装置可使 HDPE 管尺寸减小率达到 10%以上，使得 HDPE 管能顺利插入主管道中。

(4) 高温压制复合法兰接口技术。管道的连接设计使用在管端高温压制聚乙烯与钢法兰紧密结合的复合法兰的连接方法，如图 4-3 所示。

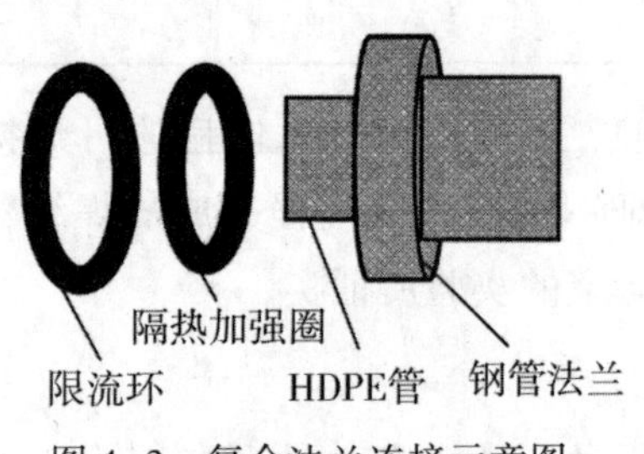

图 4-3　复合法兰连接示意图

首先，将多余的 HDPE 管按预定的长度切下，聚乙烯隔热加固垫安装在伸出的 HDPE 管上，再加一个限流金属环。然后，用专门设计的复合法兰高温压制装置，将伸出的 HDPE 管加热到压缩成型所需的温度，压缩 HDPE 管形成聚乙烯与钢法兰紧密结合的复合法兰，用以连接相邻的两段管道。

这种管道连接方法通过衬管与主管法兰端面拟合，可在衬管与主管之间和两管段之间形成有效的密封，具有很高的承压能力。

以上这些技术的有机结合使 HDPE 管的穿插技术提高到一个新水平。

二、翻转内衬法修复技术

(一) 原理及施工过程

翻转内衬法是 20 世纪 90 年代从国外引进的新技术，并以较快的速度形成系列化和规模化生产，又在工程实践中做了较大的改进，取得了多项专利。翻转内衬法是把带有防渗膜和浸透热固性树脂（环氧树脂或其他树脂）的纤维软管作为翻转材料，把经彻底清洗后要修复的旧管道（或埋地新管道）作为翻转通道，采用气压或水压翻转工艺，使软管翻转，并紧贴在旧管道的内壁上，防渗膜成为新管道的内壁，经加热固化后在旧管内形成整体性很强的光滑的“管中管”。其工艺流程如图 4-4 所示。

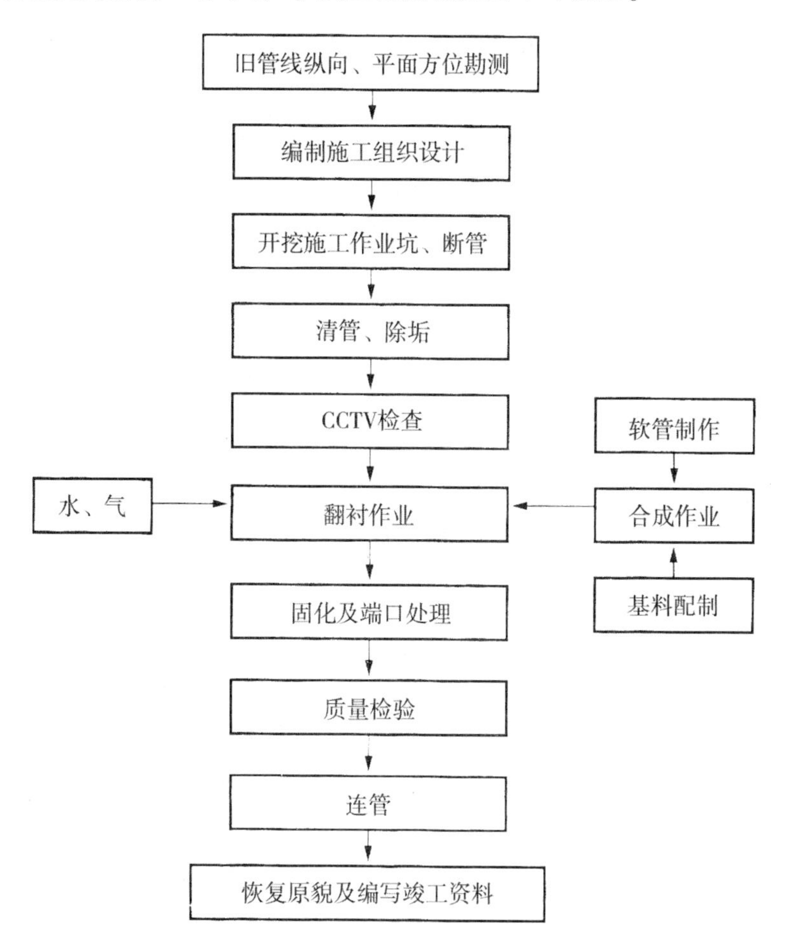

图 4-4　翻转内衬法的工艺流程图

1. 旧管道沿线勘察

编制旧管线修复施工组织设计时，往往忽视该管线原始竣工资料和管道在服役期间的变迁。当竣工资料尚不齐全、不准确时，要做好如下几项勘察工作，如管径、旁通管、管床塌陷、地下水位和管内结垢的特性以及管线附近埋设物等。这些数据直接影响到内衬层的厚度设计、结构设计和施工专用机具及其施工措施的设计。

2. 清管除垢

目前应用较广泛的是高压水清管和机械清管或两种方法并用。要根据管材的特点（如铸铁管、螺纹管及混凝土管）和各种垢质的特点（硬质结垢物、软质结垢物及其分布）选择清管方式。清管工作的质量甚为重要，是直接影响修复质量的重要环节，应引起足够的重视。

3. 软管的结构和基料浸渍

软管有两种形式，缝制的有缝软管和编制的无缝软管，软管的厚度在1.5～5.0mm之间。软管的防渗水层也有两种：一种是适合于饮用水的PE防水层；另一种是适合于污水与油气的聚氨酯防水层。软管直径根据修复管道的内径确定，一般比管道内径小5～10mm，以避免因软管直径过大，造成衬层出现褶皱现象。

基料即指树脂，所选用的树脂要有很好的耐蚀性，与钢管内壁有很牢固的结合力，固化时的收缩率要小，固化后有较好的机械强度和力学性能，所以通常选用环氧树脂。如用于饮水管道，应选用无毒级环氧树脂及相应的固化剂；若用于其他方面，则可选用相应的配方。在浸渍过程中，最重要的一点是在软管载体中不能有气体存在，否则，内衬层中会形成很多毛细通道，导致修复失败。

4. 翻衬作业

翻衬作业通常使用水压翻转工艺，其优点是翻转速度和加热水的温度容易控制，内衬的质量比较稳定。翻衬作业的工序如图4-5所示。

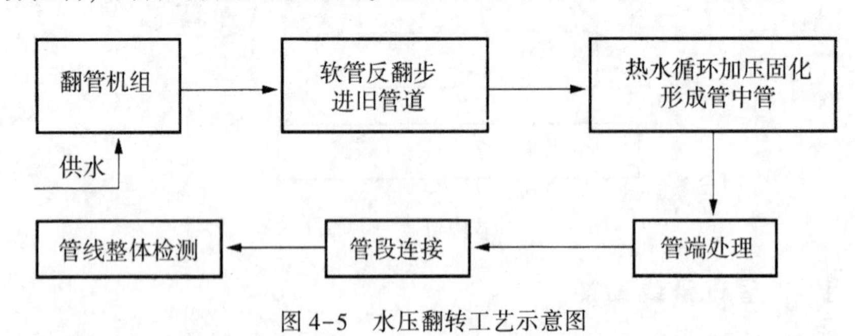

图4-5　水压翻转工艺示意图

5. 固化及端口处理

树脂的固化是用热水使其达到固化温度。水温65～75℃，经6～7h循环即可固化。端头处理采用挡圈加密封胶的办法。在端头处理时，端口处用料过厚，选用的材料收缩性过高，施工压套时不够仔细等都会影响修复的质量，应按规律仔细作业。

（二）特点与适用范围

翻转内衬法修复技术的特点与适用范围归纳为以下几点：

（1）翻转内衬法修复技术是一套比较成熟的工艺，层黏合效果好，无夹层。

（2）对旧管道清洗要求较高，要达到 GB 8923—88《涂装前钢材表面锈蚀等级》的 St2 标准。

（3）修复段的连接采用法兰连接，不能直接对衬层进行焊接。

（4）可对不同材质（钢管、铸铁管、水泥管）、有一定变形的管道进行修复。

（5）修复费用是重建费用的 40%～60%，修复后，管线可延长寿命 20a 以上。

（6）可对石油、燃气、污水、饮用水、化工等管道进行修复，修复管径范围为 φ100～1000。

三、阴极保护

利用电化学原理，将被保护金属进行外加阴极极化以减少或防止金属腐蚀的方法称为阴极保护法。外加的阴极极化可采用两种方法来实现：一种是牺牲阳极保护法；另一种是外加电流法。

牺牲阳极保护法是将活泼金属或其合金连在被保护的金属上，形成一个原电池，这时活泼金属作为电池的阳极而被腐蚀，基体金属作为电池的阴极而受到保护。一般常用的牺牲阳极材料有铝、锌及它们的合金。牺牲阳极和被保护金属的表面积应有一定的比值，通常是被保护金属表面积的 1%～5% 左右。

牺牲阳极保护法具有设备简单、投资少等突出优点，所以，近年来牺牲阳极保护法应用逐渐广泛，尤其是与涂料或衬里相配合时比较适宜。因此，油田污水处理站的容器大部分采用衬里与牺牲阳极法配套使用。

外加电流法是将被保护的金属与另一附加电极作为电解池的两极，被保护金属为阴极，这样就使被保护金属免受腐蚀。一般地，埋入地下的管道采用这种方法防腐。

在进行阴极保护时，阴极上要发生阳极反应，并放出氢，钢铁上过量出氢将会引起“氢脆”。

因此，阴极保护要与涂漆等方法结合使用，即先用涂层进行大面积覆盖，其不完密的地方再使用阴极保护，这样即可以防止“氢脆”，在经济上也非常合理，钢铁的腐蚀问题也得到了解决。

四、阳极保护

将被保护设备与外加直流电源的正极相连，在一定的电解质溶液中将金属进行阳极极化至一定电位，如果在此电位下金属能建立起钝态并维持钝态，则阳极过程受到抑制，而使金属的腐蚀速度显著降低，这时设备得到了保护，这种方法称为阳极保护法。对于钝化溶液和易钝化的金属组成的腐蚀体系，可采用外加阳极电流的方法，使被保护金属设备进行阳极钝化以降低金属的腐蚀。

五、金属表面覆盖层

金属表面覆盖层是在金属表面喷、衬、镀、涂上一层耐蚀性较好的金属或非金属物质以及将金属进行磷化、氧化处理，使被保护金属表面与介质机械隔离而降低金属腐蚀。保护层法是使金属表面生成一层致密的不易腐蚀的物质，以此将金属与外部介质隔绝开来使金属免遭腐蚀的一种方法。

（一）涂层

涂层广泛地用于国民经济的各个部门，因为它具有一定的防锈缓蚀作用，同时又具有施工简便和价格便宜等优点。近年来，美国每年所用涂料高达 20×10^8 美元。目前，国内生产的涂料种类繁多，已达 200 多种。各种涂料都有其自己的特性和应用范围，没有一种涂料是万能的。在选择涂料防腐时，必须要了解涂料的性能及所用的环境和介质，油田容器外壁涂层要充分考虑高温、大气特点以及紫外线等因素。内壁则要充分考虑耐高温、高含盐水等因素。为了更好地选择涂料，有时要针对环境与周围介质的特点进行一系列试验，在试验的基础上确定涂料的品种。

涂层包括底层漆和面漆两个组成部分。在选择涂料时，除应考虑上述因素外，还要考虑底漆和面漆的搭配，搭配不合理也将出现问题。另外，涂层中包括主要成膜材料是油料或树脂，次要成分是颜料、稀释剂和辅助剂材料，在选择涂料时，这几个部分都要根据各自的特点选择搭配，如果选择不当，保证不了涂层质量。油田常用的涂料有环氧树脂、聚氨酯涂料、乙烯基涂料等。

富锌涂料是一种含有大量活性颜料——锌粉的涂料，其干膜锌粉含量85%～95%。富锌涂料一般作底漆使用，对潮湿大气有极高的抗蚀效果。

在富锌涂料中，一方面由于锌的阴极保护作用，另一方面由于在大气腐蚀下，锌粉的腐蚀产物比较稳定且起到封闭、堵塞漆膜孔隙的作用，所以涂层有良好的屏蔽作用。尽管富锌涂层比较薄，但仍有较好的保护效果，使用寿命也较长。

在大气腐蚀情况下，即使漆膜被碰损，露出的金属锌又会产生腐蚀而把损坏处重新封闭，锌腐蚀产物的保护能力是很高的，有人曾在城市大气的环境下试验，经过110d大气腐蚀的富锌漆其腐蚀产物厚度很薄，而腐蚀产物像保护层一样，保护着内部的锌粒都未受到腐蚀，经电子衍射分析，这种腐蚀产物是碱式碳酸锌。另外，在液膜下，漆膜表面的锌腐蚀产物全部遮盖了活化锌表面，会阻止电化学反应的进行。但当漆膜一旦损伤，露出的金属锌就会起到阴极保护作用，所以富锌漆的阴极保护效应是潜在性的，随漆膜损坏时出现。

（二）防锈底漆

钢铁经表面处理后很容易反锈，另外对于大型设备的表面除锈一般很难保证做得彻底，再加上涂料覆盖一般都比较薄，容易有针孔或损伤。即使致密完好的涂层在一般环境中，水和氧分子以及一些介质离子仍可以慢慢渗透到金属表面。针对以上问题，一般仅靠涂层对金属的屏蔽作用是不够的，因此，需要采取一些办法以提高涂层的防锈能力，使用防锈底漆或带锈底漆可以有效地解决上面的问题，保证涂层与金属基体有良好的黏附性能。

防锈底漆是一种能阻止锈蚀过程发生和发展的底漆，其防锈能力一般是通过下述三条途径来达到目的：

（1）牺牲阳极作用。通过涂料中的颜料对钢铁表面起牺牲阳极作用而保护金属，如上述的富锌漆就是一种最典型的牺牲阳极防锈底漆。

(2) 钝化或缓蚀作用。涂料中含有强氧化性的颜料如铬酸盐等可以使金属表面获得钝化，一些颜料如红丹等可与漆基生成金属皂，并与铁离子生成难溶盐而抑制了腐蚀作用。

(3) 惰性覆盖作用。涂料中含有一些化学性质稳定，对酸、碱、日光、空气、水分都不会发生作用的颜料。这些颜料还往往具有较强的遮盖力。例如铁红、云母氧化铁防锈漆属这种类型。

(三) 带锈底漆

带锈底漆是一种可直接涂覆在带锈钢铁表面的底漆，按其作用机理一般可分为三种类型：

(1) 转化型带锈底漆。转化型带锈底漆亦称为反应性带锈涂料，涂料中含有能与铁锈起反应的物质，把铁锈转化为无害的、难溶的或具有一定保护作用的络合物与螯合物，生成的络合物与螯合物通过成膜物质的黏附作用固定在钢铁基体表面上。转化型底漆可用的转化剂很多，如磷酸、亚铁氰化钾、单宁酸、草酸、铬酸等。这些转化剂与铁表面的氧化物都可生成各种难溶、稳定、无害的铁化合物。

转化型带锈底漆适用于锈蚀比较均匀并且不残留轧制氧化皮和片状厚锈的钢铁表面，其特点是作用快，需及时地涂上防锈底漆和面漆方能起到良好的保护作用。问题是对锈层厚薄不均匀的钢铁表面转化液用量难以掌握，用量少时转化不完全，用量多时过量的磷酸会腐蚀金属本身并放出氢气，影响涂层对金属的黏附力。

(2) 稳定型带锈底漆。稳定型带锈底漆主要依靠活性颜料，使铁锈形成难溶的络合物和使金属钝化而达到稳定锈蚀的目的。稳定型带锈底漆对施工表面的要求没有像转化型带锈底漆那么高，对于锈蚀不均匀的钢铁表面也可使用。稳定型带锈底漆的漆基以醇酸为基础的多，常配以少量的表面活性剂以增强其渗透能力，一般还加入一些其他颜料、填料以增强漆膜的防锈性及耐久性。

(3) 渗透型带锈底漆。渗透型带锈底漆是利用液体成膜物质对疏松铁锈的浸润和渗透作用，把铁锈紧密地包封起来，使其失去活性，从而阻止锈蚀的发展，同时底漆中还有防锈颜料起防锈作用。

适用的成膜物质很多，如熟油、油基漆、醇酸树脂等。但渗透能力最好的是鱼油和鱼油醇酸，防锈颜料可用红丹。为了增强渗透能力，一般加入表面活性剂，以降低液体表面张力。

渗透型带锈底漆由于具有良好的渗透力，因而比较适用于陈旧和化学污染较小的钢铁表面，对于钢结构的一些铆接和螺栓连接部位特别适用，能起到一般防锈漆难以达到的保护作用，在新发展的品种方面，有采用碱金属或碱土金属的铁酸盐代替红丹作颜料。铁酸盐具有强还原性，可将活泼的铁锈还原成稳定的磁铁结构。显然，若所用的液体成膜物质既具有良好的渗透性，又能和铁锈生成稳定络合物或螯合物，即同时起到渗透和稳定作用的话，则能得到更好的效果。

（四）塑料防腐蚀涂料——粉末涂料

塑料和合成树脂没有严格区别，它们都是有机高聚物。合成树脂给人的印象是液体或固体的高聚物，而塑料则往往被认为是已经聚合成固态的高聚物。按照这样的概念，当以合成树脂为主要成膜物质的涂料固化后，固化膜也可以称为塑料。这里所要介绍的塑料防腐涂料是指那些稳定性特别高的，但结晶度、临界表面张力和溶解度参数都很低的热塑性塑料，如各种氛塑料、聚烯烃塑料、氯化聚醚和聚苯硫醚等，这些塑料在常温下很难找到合适的溶剂，黏附性能较低，但绝大多数对酸、碱、甚至溶剂都有较高的稳定性，若能作为涂层涂覆在金属表面，将是一层很好的防腐涂层。

塑料涂料的涂覆办法可分干法和湿法两种。干法就是不用液体为媒介，直接把塑料粉末涂覆在金展表面并加热塑化；湿法则是先把塑料粉末与水或有机溶剂等液体介质配成分散液或乳状液，均匀涂覆于金属表面，待液体挥发后再加热塑化。为了提高塑料涂层的综合物理机械性能和黏结性能，热塑化后多数涂层还进行淬火处理。

（五）涂料的合理选择

合理选用涂料是保证涂料能较长期使用的重要方面，其基本原则如下：

（1）根据环境介质正确选用涂料。在生产过程中，腐蚀介质种类繁多，不同场合引起腐蚀的原因各不一样。选用涂料，必须考虑被保护物面的使用条件、涂料的使用条件与涂料的适用范围的一致性。例如介质的酸碱性、氧化性、腐蚀性、环境温度和光照条件等，并应在涂料合用的前提下，尽量选用价廉的涂料。

（2）根据被保护表面的性质选用涂料。不同材质的被保护表面，其性质是不同的，如金属与非金属的表面性质就有很大的差异，选用时要考虑涂料对表面是否具有足够的黏结能力，会不会发生不利于黏合的化学反应。例如酸固化的涂料就不能涂覆在易被酸腐蚀的钢铁表面；红丹不能涂覆在铝、锌的表面。当钢铁表面难以进行喷沙或酸洗表面处理时，一般所选用的涂料就应用防锈底漆或带锈底漆。

(3) 根据涂料的性能合理地配套选用涂料。涂料种类繁多，性能各异，若配套或改性得好，可以得到一个性能良好、优于单一涂料的混合涂料(或涂层)。例如，乙烯类涂料的黏合力较差，可采用磷化底漆或铁红醇酸底漆作过镀层与乙烯类涂料配套使用；冷固化酚醛涂料固化剂对钢铁表面有腐蚀作用，可采用环氧涂料作底漆。凡此种种，都可以收到良好的效果。

总之，正确、合理地选用涂料，需要设计许多基本知识和实践经验，在使用时征求涂料厂的意见往往是非常重要的，切莫一知半解乱用，结果往往适得其反。

六、金属保护层

金属保护层法是在金属表面加上一层致密的金属或合金，从而使被保护金属免遭腐蚀的一种方法。一般采用电镀，也有用熔融金属浸镀或喷镀，或者直接从溶液中置换金属进行化学镀等。

金属喷镀是将金属在高温火焰中熔化，同时用压缩空气将熔融的金属吹成雾状微粒，并以较高的速度喷射到预先经过处理的基体表面上，从而形成一层金属镀层，在镀层温度没有完全冷却时，应再涂刷环氧树脂面漆。用喷镀得到的喷涂层与基体结合牢固，大大提高了防腐效果。

采用金属保护层来防腐，一定要考虑金属平衡电势的差异，如果镀层金属的平衡电势比基体金属高，如铁镀锡等，一旦镀层上有缺陷，则金属的腐蚀将更加严重。如果镀层金属的平衡电势比基体金属低，如铁镀锌，当镀层出现缺陷时，由于镀层金属起“牺牲阳极”的作用，就能继续保护基体金属免受腐蚀。

第三节　油田管道成垢原因

结垢是油田管道遇到的最严重的问题之一。结垢可能发生在地层和井筒的各个部位，有些井的油层由于垢在井筒炮眼的生产层内沉积而过早地废弃；由于水垢是热的不良导体，因此，水垢的形成大大降低了传热效果。

水垢的沉积也会引起设备和管道的局部腐蚀，在短期内穿孔而破坏。

一、碳酸钙

（一）碳酸钙结垢机理

碳酸钙垢（$CaCO_3$）是由于钙离子与碳酸根离子或碳酸氢根离子结合而生成的，反应如下：

$$Ca^{2+} + CO_3^{2-} = CaCO_3\downarrow$$

$$Ca^{2+} + 2HCO^{-} = CaCO_3\downarrow + CO_2\uparrow + H_2O$$

经大量研究表明，碳酸钙垢的生成是一个十分精细的过程。在油田管道水溶液中，离子或分子总是处于不停地运动中，一个离子或分子总是处于其他离子或分子的作用范围内。所以，不论溶液的浓度如何，溶液中始终存在着这种离子或分子的团簇。在晶核生成之前的稳定溶液中，这些团簇与生成它们的离子或分子处于动态平衡。在溶液浓度达到过饱和状态时，这些团簇变得足够大而生成晶核，接着就是不可逆的晶粒长大过程。这一过程可用下式表达：

$$Ca^{2+} + CO_3^{2-} = CaCO_3$$

$$CaCO_3 + Ca^{2+} = (CaCO_3)Ca^{2+}$$

$$(CaCO_3)Ca^{2+} + CO_3^{2-} = (CaCO_3)_2$$

$$(CaCO_3)_{x-1}Ca^{2+} + CO_3^{2-} = (CaCO_3)_x \text{ 临界团簇}$$

$$(CaCO_3)_x + Ca^{2+} + CO_3^{2-} = (CaCO_3)_{x+1}$$

$$(CaCO_3)_{x+1} + Ca^{2+} + CO_3^{2-} \rightarrow \text{晶核长大过程}$$

研究碳酸钙沉淀结垢规律及其他因素的影响规律则是集中在后两步。

（二）影响碳酸钙结垢的因素

影响碳酸钙结垢的因素有以下几点。

（1）二氧化碳。当油田管道水中二氧化碳含量低于碳酸钙溶解平衡所需的含量时，反应式向右边进行，油田管道水中出现碳酸钙沉淀，碳酸钙沉淀附在岩隙、管道和用水设备表面上，产生了垢。反之，当油田管道水中二氧化碳含量超过碳酸钙溶解平衡所需的含量时，反应式向左边进行，这时原有的碳酸钙垢会逐渐被溶解。所以，水中二氧化碳的含量对碳酸钙的溶解度有一定的影响。由于水中二氧化碳的含量与水面上气体中二氧化碳的分压成正比，因此，油田管道水系统中任何有压力降低的部位，气相中二氧化碳的分压都会减小，二氧化碳从水中逸出，导致碳酸钙沉淀。

（2）温度和压力。温度是影响碳酸钙在油田管道水中溶解度的另一个重要因素。绝大部分盐类在水中的溶解度都随温度升高而增大。但碳酸钙、硫酸钙和硫酸锶等是反常溶解度的难溶盐类，在温度升高时溶解度反而下降，即水温较高时就会结出更多的碳酸钙垢，而提高二氧化碳压力，可以使碳酸钙在水中的溶解度增大，所以升高温度和压力对碳酸钙在水中的溶解度有着相反的作用。碳酸钙的溶解度随着温度的升高和二氧化碳的分压降低而减小，后者的影响尤为重要。因为在系统内的任何部位，压力降低都可能产生碳酸钙沉淀。

（3）pH 值。地下水或地面水一般均含有不同程度的碳酸，在水中三种形态碳酸在平衡时的浓度比例取决于 pH 值。

三种碳酸在平衡的浓度比例与水的 pH 值有完全相应的关系。在低 pH 值范围内，水中只有 $CO_2 + H_2CO_3$，在高 pH 值范围内只有 CO_3^{2-} 离子，而 HCO_3^- 离子在中等 pH 值范围内占绝对优势，尤以 pH 值为 8.34 时为最大。因此，水的 pH 值较高时就会产生更多的碳酸钙沉淀；反之，水的 pH 值较低时，则碳酸钙不易产生沉淀。

（4）盐量。油田管道水中的溶解盐类对碳酸钙的溶解度有一定的影响。在含有氯化钠或除钙离子和碳酸根离子以外的其他溶解盐类的油田管道水中，当含盐量增加时，便相应提高了水中的离子浓度。由于离子间的静电相互作用，使 Ca^{2+} 和 CO_3^{2-} 的活动性减弱，结果降低了这些离子在碳酸钙固体上的沉淀速度，溶解的速度占了优势，从而碳酸钙溶解度增大。将这种现象称为溶解的盐效应。反之，油田管道水中的溶解盐类具有与碳酸钙相同的例子时，由于同离子效应而降低了碳酸钙的溶解度。

二、碳酸镁

碳酸镁是另一种形成水垢的物质，碳酸镁在水中的溶解性能和碳酸钙相似。碳酸镁的溶解反应如下：

$$Mg_2CO_3 + CO_2 + H_2O \rightarrow Mg(HCO_3)_2$$

与碳酸钙一样，碳酸镁在油田管道水中的溶解度随水面上二氧化碳分压的增大而增大，随着温度升高而减小。但是，碳酸镁的溶解度大于碳酸钙，如在蒸馏水中碳酸镁的溶解度比碳酸钙大四倍。因此对于大多数既含有碳酸镁同时也含有碳酸钙的水来说，任何使碳酸镁和碳酸钙溶解度减小的条件出现，首先会形成碳酸钙垢，除非影响溶解度减小的条件发生剧烈的变化，否则碳酸镁垢未必会形成。

碳酸镁在油田管道水中易水解成氢氧化镁，碳酸镁的水解反应如下：

$$MgCO_3 + H_2O \rightarrow Mg(OH)_2 + CO_2$$

由水解反应生成的氢氧化镁的溶解度很小，氢氧化镁也是一种反常溶解度物质，它的溶解度随着温度的上升而下降。含有碳酸钙和碳酸镁的水，当温度上升到 82℃时，趋向于生成碳酸钙垢；当温度超过 82℃时，开始生成氢氧化镁垢。

三、硫酸钙

（一）硫酸钙结垢机理

硫酸钙或石膏是油田管道水另一种常见的固体沉淀物。硫酸钙常常直接在输水管道、锅炉和热交换器等的金属表面上沉积而形成水垢。硫酸钙的晶体比碳酸钙的晶体小，所以硫酸钙垢一般要比碳酸钙垢更坚硬和致密。当硫酸钙用酸处理时，并不像碳酸钙那样有气泡产生，在常温下很难去除，因此去除硫酸钙垢要比去除碳酸钙更困难。对于硫酸钙垢，在 38℃以下时，生成物主要是石膏 $CaSO_4 \cdot 2H_2O$，超过这个温度主要生成硬石膏 $CaSO_4$，有时还伴有半水硫酸钙 $CaSO_4 \cdot 1/2H_2O$。

在注入不含硫酸根淡水的一些油田也发生有严重的硫酸盐结垢现象。在这种情况下，地层中的注入水中硫酸盐的富集是由于下述的过程造成的：

（1）岩石中所含石膏的溶解作用。

（2）岩石中硫化物被水中所含溶解氧氧化，产生硫酸根。

（3）注入水与油藏内封存水的混合。注入的淡水一旦同封存水相混合，就会形成比注入水的硫酸盐含量更高的混合物。但这种水仍难达饱和，为此需要附加的 Ca^{2+} 或 SO_4^{2-} 离子源，则可能产生过饱和或沉积结垢。

（二）影响硫酸钙结垢的因素

影响硫酸钙的因素如下：

（1）温度。硫酸钙在水中的溶解度比碳酸钙大，硫酸钙在25℃的蒸馏水中的溶解度为2090mg/L，比碳酸钙的溶解度要大几十倍。当温度小于40℃时，油田中常见的硫酸钙是石膏；当温度大于40℃时，油田管道水中可能出现无水石膏。

当温度约为40℃时，硫酸钙的溶解度达到最大值；然后温度升高，硫酸钙溶解度开始下降；当温度超过50℃时，硫酸钙的溶解度明显下降。这与碳酸钙溶解特性完全不同，硫酸钙的溶解度随着温度升高总是减小的。当温度大于50℃时，无水石膏的溶解度变得比石膏更小，因而在较深和较热的井中，硫酸钙主要以无水石膏的形式存在。实际上，垢从石膏转变为无水石膏时的温度，是压力和含盐量的函数。

（2）盐量。含有氯化钠和氯化镁的水对硫酸钙的溶解度有明显的影响。硫酸钙在水中的溶解度不但与氯化钠浓度有关，而且还和氯化镁有关。当水中只含有氯化钠时，氯化钠浓度在2.5mol/L以下时，氯化钠浓度的增加会使硫酸钙的溶解度增大；但氯化钠含量进一步增加，硫酸钙的溶解度又减小。

（3）压力。硫酸钙在水中的溶解度随着压力增加而增大，增大压力对硫酸钙溶解度的影响是物理作用，增大压力能使硫酸钙分子体积减小，然而要使分子体积发生较大改变，就需要大幅度增加压力。

无水石膏的溶解度随着温度的升高而增大，超过40℃后随着温度的升高而降低。二氧化碳分压直接影响碳酸钙的溶解性；二氧化碳分压对硫酸钙溶解性能的影响很小。

四、硫酸钡

硫酸钡是油田管道水中最难溶解的一种物质，在共沉淀条件下，硫酸盐结垢的难易程度与化学溶度积原理相一致，硫酸钡最快，其次是硫酸锶，最慢的是碳酸钙。当温度上升时，硫酸钡的结垢趋势减弱，当压力上升时，三种硫酸盐的溶解性增大，结垢减少。

影响硫酸钡溶解度的因素如下：

（1）温度。硫酸钡的溶解度随着温度升高而增大。当水温为25℃时，硫酸钡在蒸馏水中的溶解度为2.3mg/L。当水温为95℃时，硫酸钡在蒸馏水中的溶解度为3.9mg/L。但在100℃以上，其溶解度却随温度上升而下降，如180℃，硫酸钡溶解度与25℃相当。

（2）含盐量。硫酸钡在水中的溶解度与碳酸钙一样，随着含盐量的增加而增加。在温度为25℃时，把氯化钠投加到蒸馏水中，当氯化钠浓度为100mg/L时，硫酸钡的溶解度由2.3mg/L增加到30mg/L。若把该氯化钠水溶液的温度由25℃提高到95℃，则硫酸钡的溶解度由30mg/L提高到65mg/L。

五、氯化钠垢

在国内一些油田进行石油开采过程中会出现氯化钠过饱和现象，形成氯化钠微小的晶体，当晶体增大到某一点时，“盐桥”就会在油井或管线的表面形成。影响“盐桥”形成的主要因素有以下两种：①温度和压力降低，导致产出氯化钠溶液过饱和并析出晶体；②蒸浓效应，由气体逸出带走部分水蒸气引起产出液过饱和析出晶体，造成盐块的形成。这些盐垢沉积物会桥架在油管中，影响油井的生产能力，严重时会造成油井停产。

常用清盐的工艺方法是通过注入低矿化度水来溶解盐垢。这种方法的缺点有以下几点：①低矿化度水消耗量大；②低矿化度水不易获得；③设备花费昂贵；④当环境温度低于水的冰点的时候不易操作，同时也会影响油井的正常生产。

六、铁沉积物

油田管道水中铁化合物来自两个方面，其一是水中溶解的铁离子，其二是管道的腐蚀产物。油田管道水的腐蚀通常是由溶解的二氧化碳、硫化氢和氧引起的，溶解气体与地层水中的铁离子反应也能生成铁化合物。每升地层水中铁含量通常仅几毫克。

结垢物种常常存在FeO、FeS与Fe_2O_3，其主要来源是管线与设备遭受腐蚀而产生的。这些腐蚀常与碳酸盐、硫酸盐垢混杂而沉积下来。

注入水或地层水中含铁较低，由于水中含氧、H_2S或CO_2，也会与地层岩石中的铁反应生成铁的化合物。在地层或井底较密闭的体系中，生成物多为还原性铁盐，即二价铁盐。

水中含铁量高往往是由于腐蚀造成的，任何一种原因形成的铁化合物，都可能在金属表面沉积形成垢，或以胶体状态悬浮在水中。含有氧化铁胶体的水呈红色，称为“红水”。含有硫化亚铁胶体的水呈黑色，称为“黑水”。铁化合物的沉积和颗粒极易阻塞地层、油井和过滤器。水的 pH 值直接影响着铁离子的溶解度。当水的 pH 值不大于 3.0 时，水中有大量的三价铁离子存在，但是当 pH 值超过 3.0 时，三价铁离子会形成不溶性氢氧化铁，水中不再有游离的三价铁离子存在。影响碳酸氢铁溶解度的因素和影响碳酸氢钙、碳酸氢镁的溶解度一样，都与二氧化碳的浓度和温度有关。

因此，含有铁离子的地层水可能会产生碳酸亚铁、硫化亚铁、氢氧化亚铁、氢氧化铁和氧化铁等沉积物。铁化合物主要取决于地层水中硫离子浓度、碳酸根或碳酸氢根离子浓度、溶解氧浓度以及水的 pH 值。

两种氧化状态的铁离子与同一种阴离子作用可以生成不同溶解度的化合物。水中的铁离子也可以形成硫化物或碳酸盐沉淀。此外，铁细菌也可以在含氧量小于 0.5mg/L 的系统中生长，在生长过程中能将二价铁氧化成三价铁并形成氢氧化铁。铁细菌虽然不直接参加腐蚀过程，但是能造成腐蚀和堵塞。

第四节　油田管道防垢技术

控制油田管道水结垢的方法主要是控制油田管道水的成垢离子或溶解气体，也可以投加化学药剂以控制垢的形成过程。因为油田水数量大而质量较差，所以在选用阻垢方法时必须综合考虑使用方法、投资和经济效益。

油田管道水成为过饱和，其中一种盐不能再溶解时，则发生结垢，控制结垢的作用主要在于：

(1) 防止晶核化或抑止结晶变大。

(2) 分离晶核，控制成垢阳离子，主要是螯合二价金属离子。

(3) 防止沉积，保持固体颗粒在水中扩散并防止在金属表面沉积。

可以采用不同的方式改变系统条件，以增大盐的溶解度。油田系统常用控制结垢的方法有下面几种。

一、控制 pH 值

降低油田管道水的 pH 值会增加铁化合物和碳酸盐垢的溶解度，pH 值对硫酸盐垢溶解度的影响很小。然而，过低的 pH 值会使水的腐蚀性增大而出现腐蚀问题。控制 pH 值来防止油田管道水结垢的方法，必须做到精确控制，否则会引起严重腐蚀和结垢。在油田生产中要做到精确控制 pH 值往往是很困难的。因此，控制 PH 值的方法适用范围有限。

二、去除溶解气体

油田管道水中的溶解气体如氧气、二氧化碳、硫化氢等可以生成不溶性的铁化合物、氧化物和硫化物。这些溶解气体不仅是影响结垢的因素，又是影响金属腐蚀的因素，采用物理方法或化学方法可以去除水中溶解气体。

三、防止不相容的水混合

不相容的水是指两种水混合时，沉淀出不溶性产物。不相容性产生的原因是一种水含有高浓度的成垢阳离子，另一种水含高浓度成垢阴离子，当这两种水混合，离子的最终浓度达到过饱和状态，就产生沉淀，导致垢的生成。A 水与 B 水混合在一起，就有可能生成碳酸钙、硫酸钙、硫酸钡和硫化铁等盐垢，见表 4-3。

表 4-3　两种不同类型水的化学成分

组分	A 水	B 水
Ca^{2+}	有	无
HCO_3^-	无	有
SO_4^{2-}	无	有
Ba^{2+}	有	无
Fe^{2+} 或 Fe^{3+}	无	有
H_2S	有	无

因此，在油田生产过程中，应尽可能避免不相容水的混合，如对于套管损坏井，不同层位水互窜，可能引起结垢，则须用隔水采油工艺。注入水如果与地层水不相容，尽量选择优良水质，否则应施加处理措施。污水回注时，将清水与污水进行分注，以免引起结垢与腐蚀问题的发生。

四、采用防垢剂进行防垢

油田使用防垢剂为常用的控制结垢措施。这种方法简便、易行，使用时需对防垢剂进行合理的评价与选择。

第五节　油田管道除垢技术

除垢的方法通常有三种：第一种是对水溶性或酸溶性水垢，可直接用淡水或酸液进行处理；第二种是以垢转化剂处理，将垢转变成可溶于酸的物质，然后再以无机酸，如盐酸处理；第三种是用除垢剂直接将垢转化成水溶性物质予以清除。

一、水溶性水垢

最普通的水溶性水垢是氯化钠，用比较淡的水就能使它溶解。不应利用酸来清除氯化钠水垢。

如果石膏水垢是新形成的和多孔的，则可用含有55g/L的氯化钠的水进行循环，使石膏水垢溶解。在38℃时，55g/L的氯化钠能溶解石膏的数量为淡水的3倍。

二、酸溶性水垢

所有水垢中以碳酸钙($CaCO_3$)居多，它为酸溶性。盐酸或醋酸可用来清除碳酸钙水垢，甲酸和氨基磺酸也已被使用。在低于93℃的温度下，醋酸不会损害镀铬表面，但盐酸会使镀铬表面严重损坏。在酸中加入特殊的表面活性剂有助于除垢。酸溶性水垢还包括碳酸铁($FeCO_3$)、硫化铁(FeS)和氧化铁(Fe_2O_3)等。

加有多价螯合剂的盐酸通常用来消除铁质水垢，多价螯合剂能使铁保持在溶解液中，直至它从井中被采出时为止。例如，由15%盐酸、0.75%醋酸和0.55%柠檬酸配成的螯合酸的螯合时间多于15d。通常用15%螯合盐酸，但由于与铁的化合物反应很慢，因而需要20%的浓度；也可用10%的醋酸溶液来消除铁质水垢，而不附加多价螯合剂，但是醋酸的反应比盐酸慢得多。

三、不溶于酸的水垢

唯一的不溶于酸的水垢（它在化学上是可反应的）是硫酸钙。硫酸钙虽然在酸中不反应，但可以先用化学溶液垢转化剂处理，将硫酸钙转变为一种溶于酸的化合物，通常是 $CaCO_3$ 或 $Ca(OH)_2$，然后再用酸清除。表 4-4，指出了硫酸钙在某些常用于转化石膏的垢转化剂中的相对溶解度，试验条件为 200mL 溶液和 20g 试剂级石膏。

表 4-4　石膏的溶解度实验

垢转化剂种类	被溶解的石膏/%	
	24h	72h
NH_4HCO_3	87.8	97.0
Na_2CO_3	83.8	85.5
Na_2CO_3 - NaOH	71.2	85.5
KOH	67.6	71.5

表 4-4 中所示的大多数化学剂都可以将石膏转变为溶于酸的碳酸钙。KOH 把石膏转变为 $Ca(OH)_2$，它溶于水或弱酸；但只有 68%～72% 的石膏被转化，留下不溶的水垢。石膏转化后，残余的流体被循环出来。然后可用盐酸或醋酸清除碳酸钙。当存在蜡、碳酸铁和石膏时，去垢的程序如下：

（1）用溶剂（如煤油或二硫化碳）加表面活性剂，清除油脂。

（2）用螯合酸清除铁质水垢。

（3）将石膏水垢转变为 $CaCO_3$ 或 $Ca(OH)_2$。

（4）用盐酸或醋酸清除被转化的 $CaCO_3$ 水垢，水或弱酸溶解 $Ca(OH)_2$。

四、除硫沉积物

硫溶剂解堵治理技术是目前国内外广泛采用的一套硫沉积治理方法。加注硫溶剂可降低元素硫与管道内壁的接触面，使元素硫呈气态与气流一起运动，从而防止硫沉积。硫溶剂主要分为物理溶剂和化学溶剂。常用的物理溶剂有甲苯、四氯化碳、二硫化碳等，只能处理中等程度的硫沉积，其中芳香烃的溶硫性又高于脂肪烃。常用的化学溶剂主要有二芳香基二硫化物、二烷基二硫化物、二甲基二硫化物等，能有效处理较为严重的硫沉积。其中，二甲基二硫化物的溶硫能力最强。无论哪种溶剂，都应具备以下条件：

（1）对硫的溶解性较高。

（2）处理过程中无毒害。

（3）对地层伤害极小，保证地层流体能够正常流动。

（4）操作简单，易于分离和回收。

（5）具有较高的稳定性，使用过程中不易损失。

（6）价格便宜，易于制备。

（7）与沉积硫不发生不可逆反应。

（8）不引起管道设备腐蚀。

常见的加注硫溶剂的方法有3种：油管直接间歇注入法、环空间歇注入法、环空连续注入法。在实际操作过程中，将缓蚀剂与硫溶剂一起注入，既脱除了单质硫也防止了管道内的腐蚀。

国外是从1960年后开始研究硫溶剂，国内近几年才开始对这方面进行研究。1970年，Fisher首次提出用二烷基二硫化物作为硫溶剂。80年代初期，Hyne先后报道了将苯硫醇钠-DMF（*N*,*N*-二甲基甲酰胺）催化体系和NaHS-DMF催化体系作为硫溶剂，能取得较好的效果。作者通过实验测得五种常见单一溶剂在80℃时对硫的溶解性能，结果见表4-5。

表4-5 单一溶剂中硫的溶解度

溶剂	溶解度/(g/mL)	溶剂	溶解度/(g/mL)
苯	0.0527	二乙烯三胺	0.0264
乙二胺	0.0871	三乙烯四胺	0.0291
乙醇胺	0.0925		

单一硫溶剂虽然溶硫效果较好，但是由于毒性大、反应慢等特点，一般不单独作为溶硫剂使用。荷兰庞沃特公司提出将二甲基二硫化物与催化剂配成溶液，此溶液能高效地解决硫沉积问题，且硫容量高，可再生重复使用。

Gerdt Wllken发现烷基萘也是一种较好的硫溶剂，其原理是烷基萘中苯

环上的 π 电子与 S8 环之间的分子作用力，使其具有溶硫性。通过进一步实验发现，将一种矿物油作为烷基萘的载体一同注入管道，溶硫效果更好。将烷基萘与主轴油按 7：3 的比例混合，当系统温度为 50℃时，能够溶解 30g/L 的单质硫。

刘竞成、李颖川等先后将三乙烯四胺、乙醇胺、乙二醇三者按 12：8：5和 2：2：1 进行复配，这两种复配溶剂都具有较高的硫溶解度，溶硫速度也较快。在管线中注入缓蚀剂是一种有效的防腐措施，乙二醇与 HT-6 缓蚀剂的配伍性较好，为减小管道的腐蚀速率，将其与 HT-6 缓蚀剂配合。前者（12：8：5）由于三乙烯四胺含量高，腐蚀性大，因此一般不作为硫溶剂；后者腐蚀性小，是硫溶剂的较好选择。

二硫化碳（CS_2）对硫具有较高的溶解性，但由于 CS_2 有毒且燃点低，因此很少使用。陈赓良将工业正戊烷掺入 CS_2，可提高 CS_2 的燃点，且不影响 CS_2 的溶硫性。他还提出可将水加入 CS_2 中，使之成为一种高内相比的非牛顿型乳液，此乳液对硫的溶解性也很好。

美国宾华公司推出一种硫溶剂，简称 SULFA-HITECH（硫速通），其是二甲基二硫（DMDS）与 3%～5% 的二甲基替甲酰胺（DMF）在 0.15%～0.5% 的 NaSH 催化剂的作用下进行反应得到的产物。其具有溶硫性高且溶硫速率快、稳定、可再生循环使用等优点。

李丽等基于美国 SULFA-HITECH 溶硫剂和加拿大 DMDS-DMF-NailS 溶硫剂，开发出了去除气井开发中沉积硫效果更好的复配溶剂。此溶剂是将二甲基二硫醚（DMDS）与二芳香基二硫醚（DADS）进行复配，并加入 PT 催化剂。溶硫方程为

$$RSSR + S_x \rightarrow RS_{x+2}R$$

产物 $RS_{x+2}R$ 是多硫化物，因此不仅反应物具有溶硫能力，产物也具有溶硫能力。

某些地方的气矿定期停产，需将发生硫堵严重的部分拆下来清洗，徐春碧提到，用乙二醇作载体加热溶硫，溶硫效果好，部件清洗得很干净。值得注意的是，清洗频率也不宜过高。吕明晏等提到清管会使氧气进入管道中，使烃类冷凝的现象更加严重，而这会为硫沉积提供条件。

五、除硅沉积物

如果金属表面上一旦发现硅酸盐垢，则用一般的化学方法很难消除，

通常可采用氢氟酸、氢氧化镁，或交替使用酸碱溶液除垢。

六、新型除垢剂

近些年来发展的除垢剂主要有如下6种：

（1）水溶性盐类，如马来酸二钠盐，可将$CaSO_4$垢直接转化成水溶性物质，添加润湿剂或有机溶剂可增加其作用效果。

（2）葡萄糖酸盐（钾、钠）、氢氧化钠（钾）和碳酸钾（钠）的混合溶液，可除去$CaSO_4$垢，其特点是生效快。

（3）酸和矾催化剂。用以清除被包藏的硫化物沉积垢，以无机盐酸（多是盐酸）、五氧化二钒、羟酸（单羟酸或多羟酸）的混合液形式使用，可加入润湿剂增效。有时用砷酸盐、硫脲等缓蚀剂，以抑制酸的腐蚀作用。

（4）双硫醚（R-S-S-R），烷基碳数可为2～11。它用于清除油藏、油井和管线的硫化物沉积垢，与脂肪胺复配可增效。

（5）双大环聚醚和有机酸盐。该剂可在水溶液中使用，随管线流动而清除远方的硫酸钡垢。

（6）甲基化单大环状聚胺。在水溶液中使用，可溶解硫酸钙、钡垢。

第五章　油田化学应用技术研究新进展

本章从三个方面出发对油田化学应用技术新进展进行了阐述，分别是含油污泥处理新技术，介绍了两种技术，一是电化学生物耦合处理技术，二是外加营养物质微生物—电化学耦合处理技术；油田管道腐蚀与防护新技术，介绍了化学镀镍和热喷镀镍（铝）技术；表面活性剂研究新进展，从聚电解质表面活性剂和非离子高分子表面活性剂两方面进行了介绍。

第一节　含油污泥处理新技术

一、电化学生物耦合处理技术

电化学生物耦合处理技术（Electrochemical Biological Coupling Technology，EBCT），是生物强化去除与电场耦合进行含油污泥处理的新技术。

（一）纯电场的污泥处理

1. 电场作用方式的研究

经过电场的作用，乳化的油滴会携带电荷，并且带电的油滴会沿着同一个方向移动到某一极。石油中含有大量的大分子有机物，它们在电场的作用下发生氧化还原反应，产生的效果与水解酸化、裂解的效果相似，将大分子有机污染物转化为小分子有机物质，从而降低了污泥中的油含量。在电场的作用下，金属电极会产生一层氧化膜，降低了导电效果，这是使用电场处理污泥的缺点。

采用60V直流稳压电源单一作用，分为以下4种不同的作用方式。

（1）竖插式作用。如图5-1所示，竖插式反应器是通过在含油污泥中插入钢管或者铁管，钢管或铁管之间确定合适的作用距离，接通正负电极，控制适当的湿度。

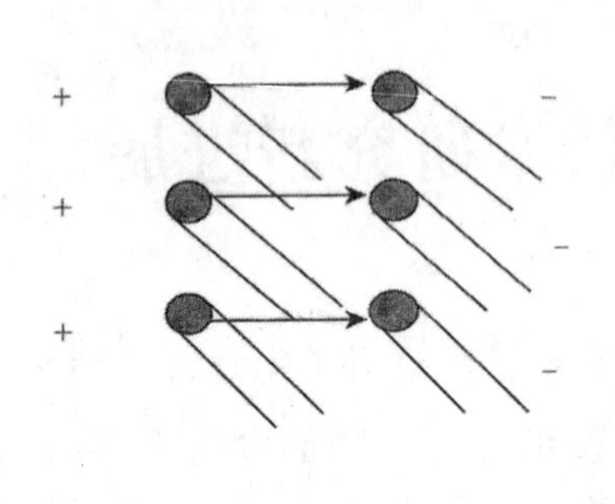

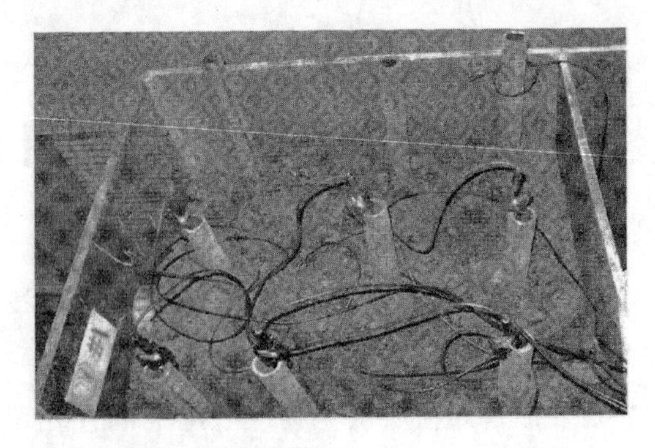

图 5-1　竖插式作用图及反应器实物

（2）点圆竖插式作用。如图 5-2 所示，点圆竖插式反应器是通过在含油污泥中插入钢管或者铁管，外侧为桶装的结构，以中心钢管为正极或者负极，形成环状的辐射，需要根据具体的情况，确定钢管和圆筒之间合适的作用距离，接通正负电极，同时控制适当的湿度，最好是交叉更换正负极，有利于更好地处理污泥，达到均匀处理的目的。

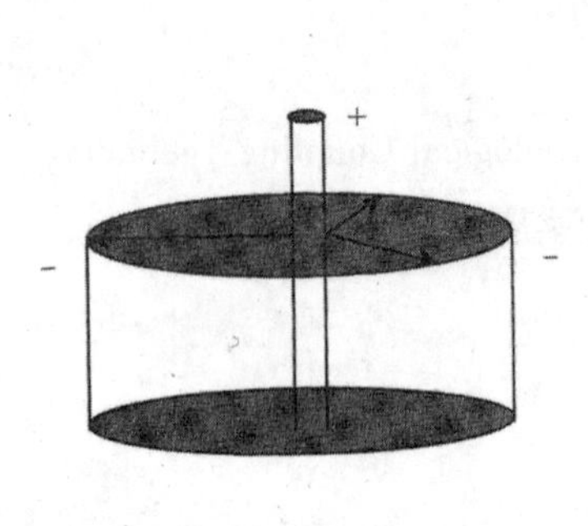

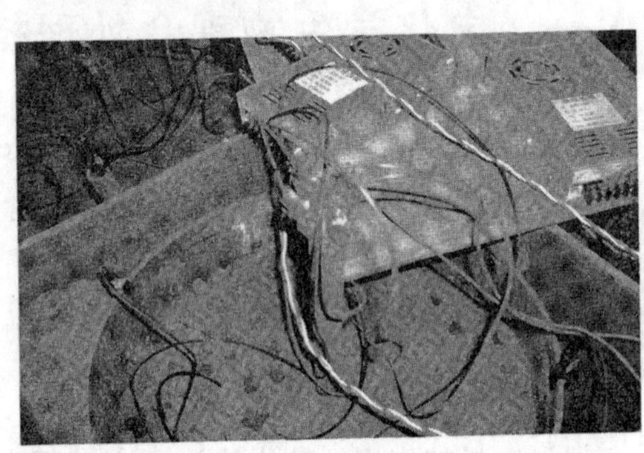

图 5-2　点圆竖插式作用图及反应器实物

（3）立体式作用。如图 5-3 所示，立体式作用反应器是通过在含油污泥中插入钢管或者铁管，外侧为桶装的结构，同时在圆筒的上下两面同时作用正负极，主要的形式是以铁丝网的形式作为电极，形成环状和立体的辐射，需要根据具体的情况，确定钢管和圆筒之间合适的作用距离，接通正负电极，同时控制适当的湿度，建议适当地调换正负极，有利于更好实现无死角的污泥的电化学处理，从而达到均匀处理的目的。

（4）上下式作用。如图 5-4 所示，上下式作用反应器是以铁丝网作为电极，在污泥的上下两层进行电极作用，或者多层作用，形成面面交互的作用方式，可以多层进行连接，接通正负电极，同时控制适当的湿度。建议适当的调换正负极，可以实现更好的处理效果。

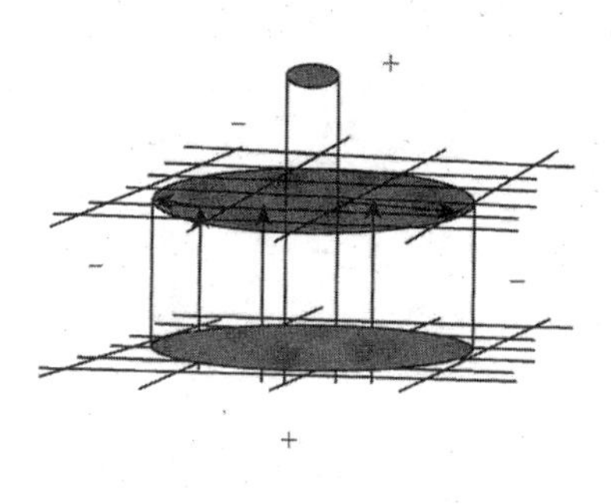

图 5-3　立体式作用图及反应器实物

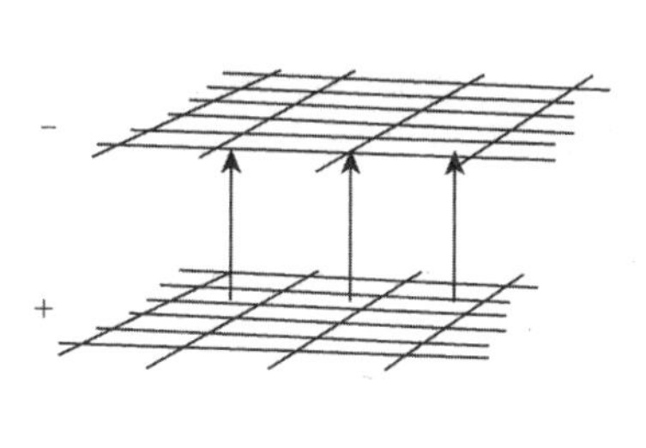

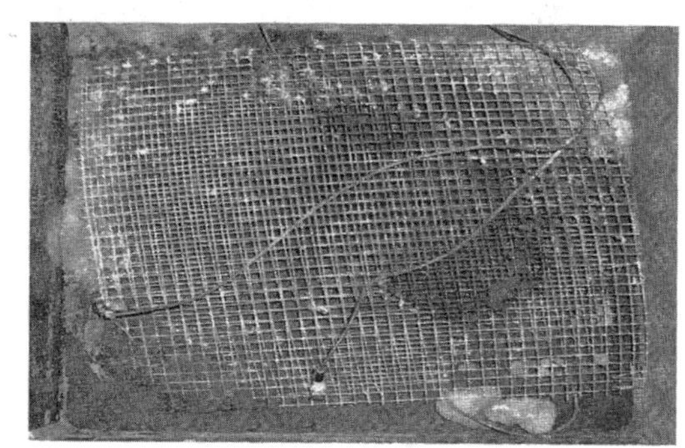

图 5-4　上下式作用图及反应器实物

2. 电场作用强度的研究

反应器主要用于电场作用强度的比较研究。

如图 5-5 所示，两个反应器的区别是：5#反应器中，电场作用强度为 3V/cm，而 6#反应器的电场强度为 2V/cm。

图 5-6 所示为 1～4 号反应器中油泥含油量变化情况，在 4#反应器作用下，油泥的含油量在初始为 5.8605% 的情况下，60d 后达到 0.7482%，而 1#、2#、3#反应器中油泥分别从初始的 4.8425%、4.7761%、4.1935% 下降到了 2.5210%、1.2604%、3.1017%，4 种作用方式的反应器的降解率分别达到 1#47.94%、2#73.61%、3#26.04%、4#87.2%。由此可见，4#采用上下式作用的反应器效果最好，2#点圆竖插式作用效果次之，接下来分别是 1#和 3#反应器。但从经济成本考虑，1#反应器成本最低，2#、3#和 4#反应器的作用方式，不仅成本相对较高，而且由于在电场作用时，有导体在污泥表面整体覆盖或四周包围，在加水提高污泥湿度时，很容易造成联

电，甚至有可能发生电击的危险。

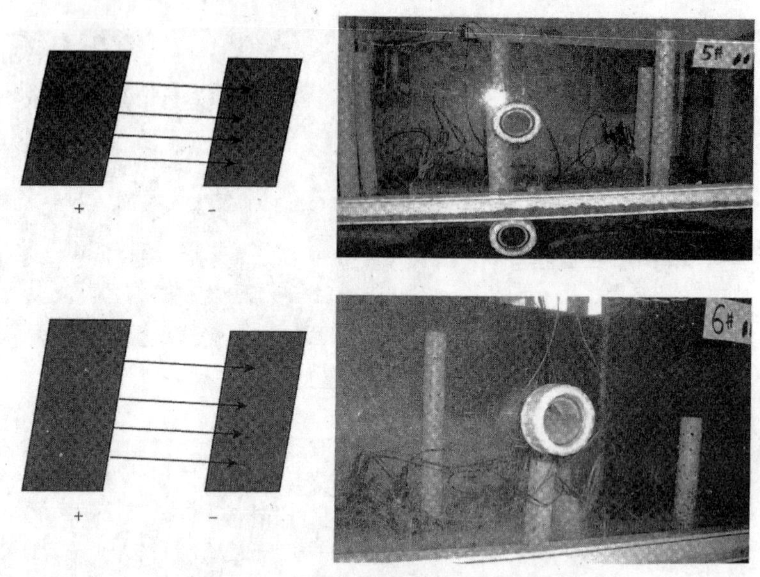

图 5-5　铁板式作用图及反应器实物

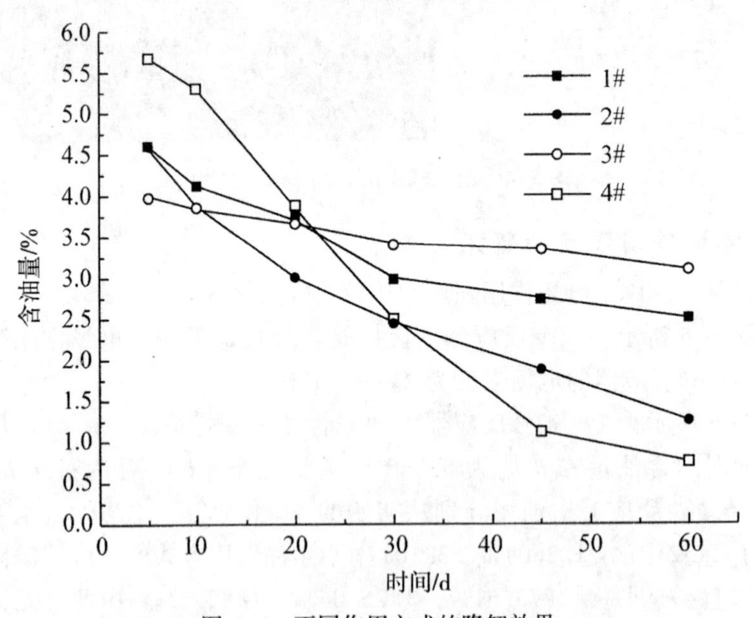

图 5-6　不同作用方式的降解效果

图 5-7 所示为 5#和 6#反应器中油泥含油量变化情况，可以看出 5#反应器中油泥含油量由初始的 4.7368%，经 60d 后变为 3.0835%，降解率为 34.9%，而 6#反应器中油泥含油量由初始的 4.6542%变为 2.7550%，降解率为

40.8%。由此可见，电场作用强度为3V/cm的反应器效果要好于2V/cm的。

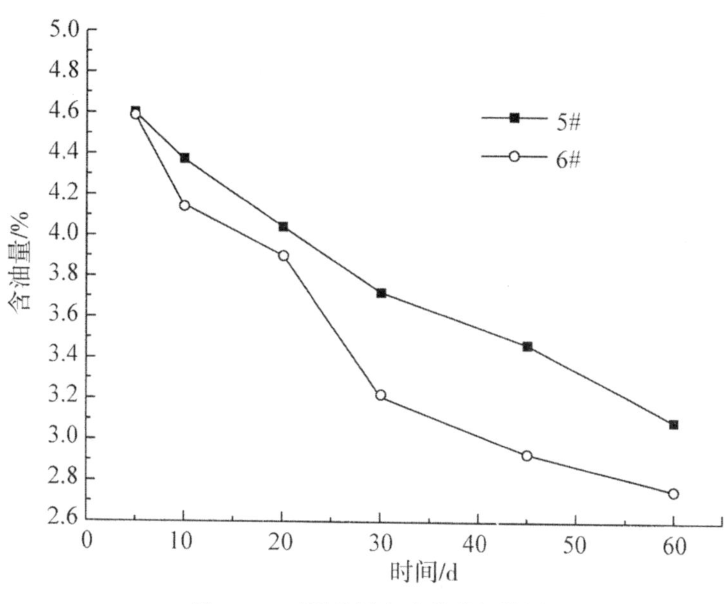

图5-7　不同作用方式的降解效果

（二）含油污泥微生物菌剂处理

试验首先对菌剂的处理效果进行了室内装置的试验处理效果研究。室内试验采用图5-8的反应器，添加含油污泥后，加入5%左右的菌剂，然后监测含油量的变化情况。

如图5-9所示，菌剂投加20d左右后含油污泥由原来的4.611%降到1.2184%，去除率为73.57%。

图5-8　加菌剂油泥的反应器

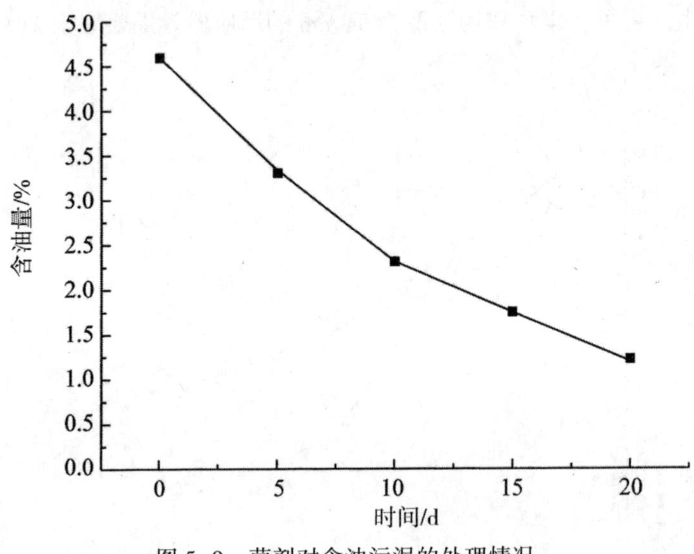

图 5-9　菌剂对含油污泥的处理情况

(三) 微生物-电化学耦合处理含油污泥技术

试验考虑将电场和微生物联合作用，实现含油污泥的深度处理，该试验与上述电场试验同时运行，只是运行的时间较短，只有 20d。试验的具体方法是：用上述的点圆竖插式反应器，通入 60V 直流电，并将之前发酵的菌液加入到 7#反应器中的油泥里，为防止联电，加菌液的量不宜过大，但两反应器的湿度要保持一致，均取 5L 之前发酵的菌液，用蒸馏水稀释至 10L 加入。在用蒸馏水稀释时，加入少量的营养元素 Na、K 和 Fe。

7#采用电场—微生物联合作用，作用方式与上述的 2#反应器相同，处理对象为混合后的现场处理后的含油污泥，8#为纯电场的反应器。

图 5-10 所示为 7#和 8#反应器中油泥含油率变化情况。8#反应器中的油泥，经过 20d 的电场—微生物联合修复，由初始的 4. 6122% 变为了最终的 1. 4118%，降解率达到 69. 4%。7#反应器油泥含油量由最初的 4. 6110%，经过 20d 后，变为 1. 0184%，其降解率为 77. 91%，可见微生物—电化学耦合处理是具有一定效果的。

通过上述实验数据可知，电化学生物耦合技术深度处理油田含油污泥在工艺上是可行的。

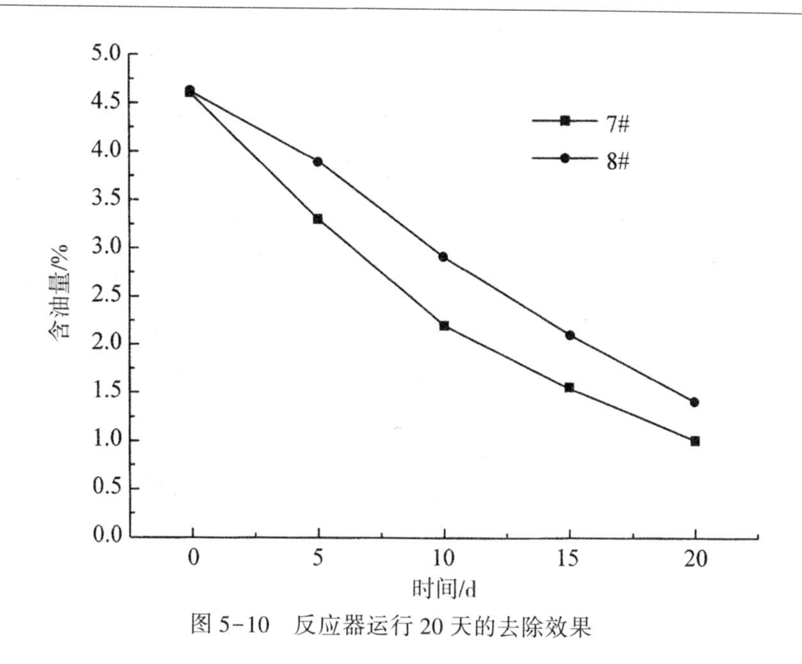

图 5-10　反应器运行 20 天的去除效果

二、外加营养物质微生物-电化学耦合处理污泥技术研究

（一）不同反应器内部设计和试验方案

1#反应器如图 5-11 所示，内部包括四个部分，在每部分内添加化学药剂，将 10cm 土包置于每部分之间，起到隔断的作用。第一部分为原样，作对比；将沼液添加到第二部分；将牛粪溶液添加到第三部分；将糖蜜稀释溶液添加到第四个部分。去除污泥中油含量的机制是：刺激反应器内的原位微生物，使其深度处理含油污泥。

2#反应器如图 5-12 所示，该反应器内添加物为外援菌剂配置的溶液，内部使用 10cm 土包分成四个部分，每一部分内的添加剂不一样。第一部分为原样，作对比；将沼液添加到第二部分；将牛粪溶液添加到第三部分；将糖蜜稀释溶液添加到第四部分。降低污泥中油含量的机制是：刺激反应器内的外源微生物，使其对含油污泥进行深度处理。

3#反应器如图 5-13 所示，该反应器 3#-1、3#-2、3#-3 都添加化学药剂和外源菌剂配制的溶液和沼液。3#-4 没有添加任何试剂。3#-1、3#-4 有电场作用。每个部分都用 10cm 的土包隔开，主要通过添加化学药剂和沼液对外源菌剂的刺激来降解含油污泥中的原油。同时，以电板为电极 3#-4 和 3#-1 处理含油污泥。

沼液 化学药剂 1#-2	牛粪 化学药剂 1#-3
CK 化学药剂 1#-1	糖蜜 化学药剂 1#-4

图 5-11　1#反应器内部和现场反应器实物

沼液 菌剂 2#-2	牛粪 菌剂 2#-3
CK 菌剂 2#-1	糖蜜 菌剂 2#-4

图 5-12　2#反应器内部和现场反应器实物

沼液 化学药剂 菌剂 3#-2	沼液 化学药剂 菌剂 3#-3
电化学 沼液 化学药剂 菌剂 3#-1	电化学 CK 3#-4

图 5-13　3#反应器内部和现场反应器实物

4#反应器如图 5-14 所示，该反应器 4#-1、4#-2 都添加了化学药剂；4#-2、4#-4、4#-5 添加了沼液；4#-3、4#-4、4#-5 添加了外源菌剂；只有 4#-5 添加牛粪。每个部分都用 10cm 的土包隔开，主要看以电板为电极的电场作用下，各个营养物质对含油污泥中的原油降解的对比情况。

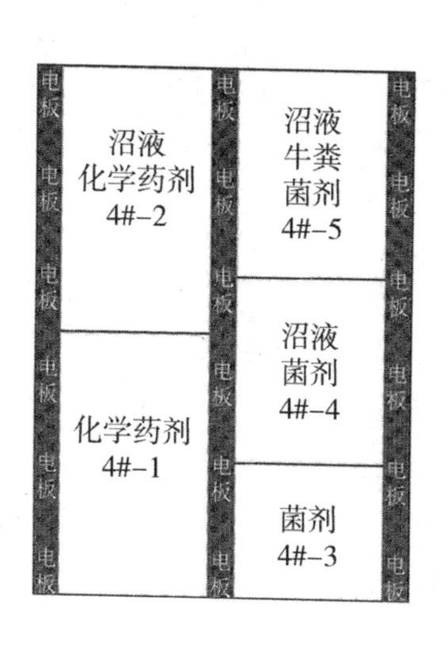

图 5-14　4#反应器内部和现场实物图

5#反应器如图 5-15 所示，该反应器 5#-1 为 CK 不添加任何溶液，5#-2、5#-3、5#-6 添加了化学药剂；5#-3、5#-5、5#-6 添加了沼液；5#-4、5#-5、5#-6 添加了外源菌剂溶液。每个部分都用 10cm 的土包隔开，主要看以电网为电极的电场作用下，各个营养物质溶液对含油污泥中原油降解的对比。

（二）含油量检测与结果分析

现场反应器的内槽高为 150cm，对其含油量进行检测的时候选取两个位置，第一个是表层 10cm，第二个是底层 100cm，使用采样器对其转取。各种营养物质在反应器内会发生渗透和转移，对底层样品检测的时候采取多点样品混合的方法。原位微生物刺激除油 1#反应器，表层含油污泥的含油量变化如图 5-16 所示，底层含油污泥的含油量变化如图 5-17 所示。

电网		电网		电网
电网	沼液 化学药剂 5#–3	电网	沼液 化学药剂 菌剂 5#–6	电网
电网	化学药剂 5#–2	电网	沼液 菌剂 5#–5	电网
电网	电化学 CK 5$–1	电网	菌剂 5#–4	电网

图 5–15　5#反应器内部和现场反应器实物

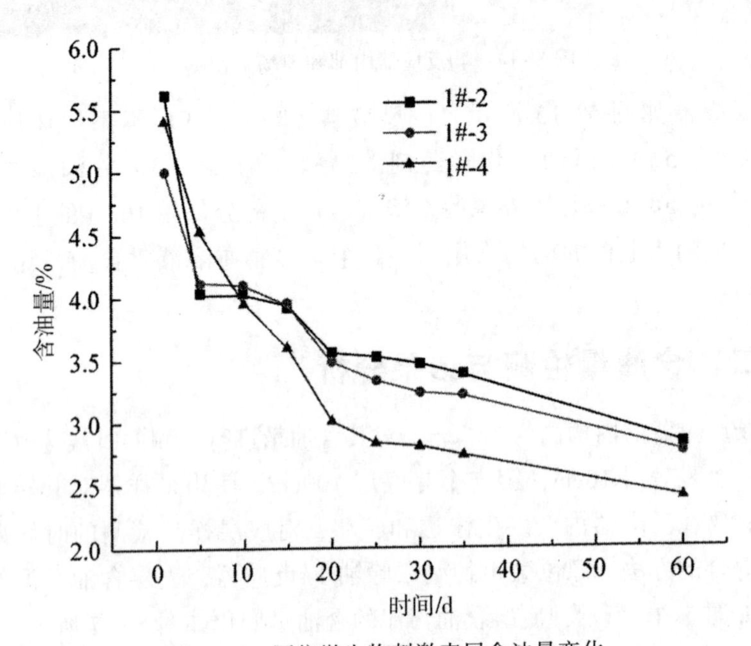

图 5–16　原位微生物刺激表层含油量变化

1#反应器没有通电，先全部添加化学药剂，之后再将沼液、牛粪溶液和糖蜜稀释溶液分别添加到各部分，用来刺激原位微生物的生长，加快其降解污泥中油的速度。表层添加沼液的部分含油量下降，从原本的5.6043%降到2.8272%，污泥中油的去除率达到49.55%；添加牛粪溶液的部分含油量由原本的4.9995%降到2.7533%，污泥中油的去除率达到44.93%；添加蜜糖稀释溶液部分的油含量从原本的5.3968%降到2.3924%，去除率达到55.67%；底层含油量由6.9316%降到2.0811%，去除率达到69.98%。

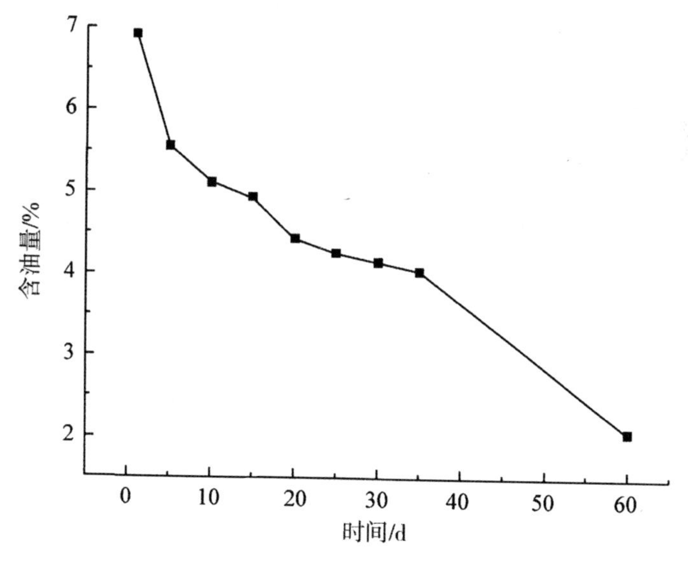

图5-17 原位微生物刺激底层含油量变化

外源菌剂除油2#反应器的表层和底层含油污泥的含油量和3#-2含油量的变化如图5-18和图5-19所示。

2#反应器也没有通电，整体添加外源菌剂溶液以后在分区添加的沼液、牛粪溶液和糖蜜稀释溶液，还预留一块区域作为CK对比，3#-2区同样添加外源菌剂溶液同时也添加了沼液和化学药剂。CK区含油污泥的含油量从6.3281%降低到3.7723%，去除率为40.38%；沼液区含油量从6.5313%下降到3.0227%，去除率为53.72%；添加牛粪区含油量从6.6l81%降到3.3667%，去除率达到49.12%：添加糖蜜稀释溶液区含油量从6.5747%降到3.0763%，去除率达到53.21%；3#-2添加外源菌剂溶液、沼液和化学药剂，含油量从5.5182%降到2.7238%，去除率达到50.64%；2#反应器其底层含油量由6.9316%降到2.2773%，去除率达到67.15%。

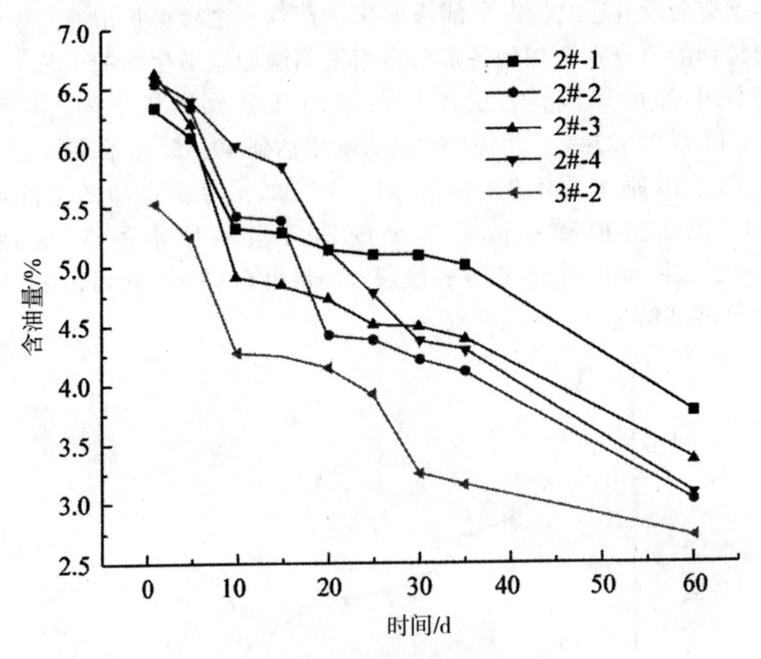

图 5-18 外源菌剂刺激表层含油量变化

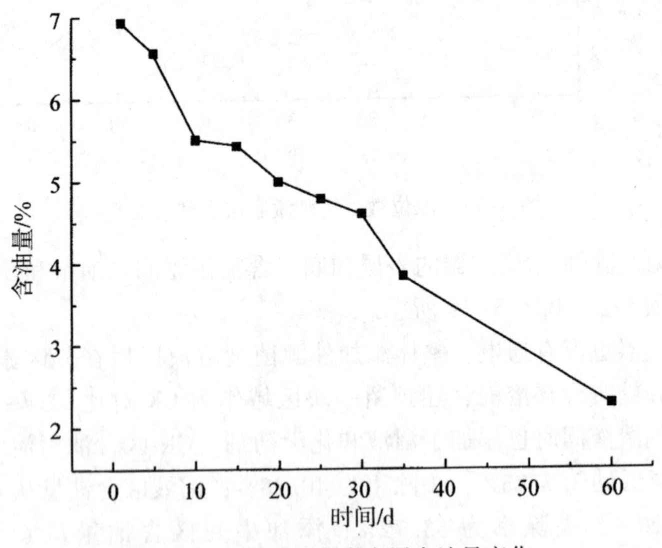

图 5-19 外源菌剂刺激底层含油量变化

电化学生物耦合以电板为电极原位刺激微生物除油，3#-4 区为 CK，4#-1区添加化学药剂和 4#-2 区添加沼液和化学药剂，其表层含油污泥的含油量变化如图 5-20 所示。

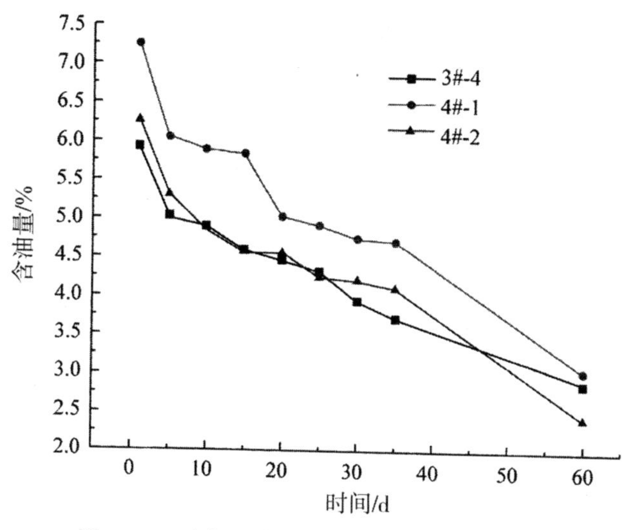

图 5-20　电板原位生物刺激表层含油量变化

以电板为电极原位刺激微生物除油，3#-4 区 CK 含油污泥含油量从 5.9311%降解到 2.9057%，其去除率为 51.01%；4#-1 添加化学药剂区含油污泥含油量从 7.257%下降到 3.0491%，去除率为 57.98%；4#-2 添加化学药剂和沼液区含油污泥含油量从 6.2747%下降到 2.4555%，去除率为 60.87%。

电化学生物耦合以电板为电极添加外源菌剂微生物除油，4#-3 区添加外源菌剂溶液；4#-4 区添加外源菌剂溶液和沼液；4#-5 区添加外源菌剂溶液、沼液和牛粪溶液，其表层含油污泥含油量和 4#反应器底层含油污泥含油量的变化情况如图 5-21 和图 5-22 所示。

以电板为电极添加外源菌剂进行微生物除油，4#-3 添加菌剂区含油污泥含油量从 6.2782%降解到 2.3341%，去除率达到 62.82%；4#-4 添加外源菌剂溶液和沼液区含油污泥含油量从 5.7083%降解到 1.8901%，去除率达到 66.89%；4#-5 添加外源菌剂溶液、沼液和牛粪溶液含油污泥含油量从 5.4610%降解到 1.8609%，去除率达到 65.92%；4#反应器底层以电板为电极含油量从 6.9316%降解到 1.9538%，去除率为 71.81%。

电化学生物耦合以电网为电极刺激原位微生物除油，5#-1 区为 CK 不添加任何营养物质；5#-2 区添加化学药剂；5#-3 区添加化学药剂和沼液。其表层含油污泥的含油量变化如图 5-23 所示。

以电网为电极原位刺激微生物除油，5#-1CK 区含油污泥含油量从 6.0674%降到 3.1212%，去除率为 48.56%；5#-2 区添加化学药剂含油污泥含油量从 5. 6175%降到 2. 8626%，去除率为 49. 04%；5#-3 区添加化学药剂和沼液含油污泥含油量从 5. 5743%降到 2. 2187%，去除率为 60. 19%。

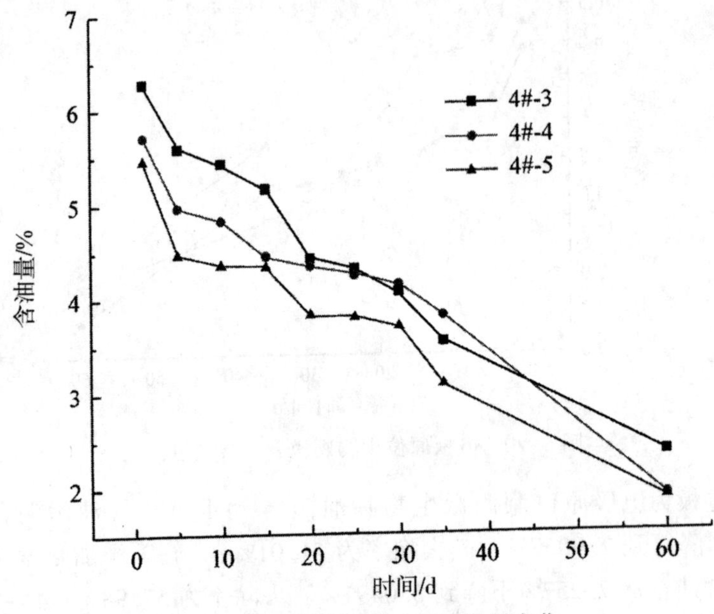

图 5-21　电板菌剂刺激表层含油量变化

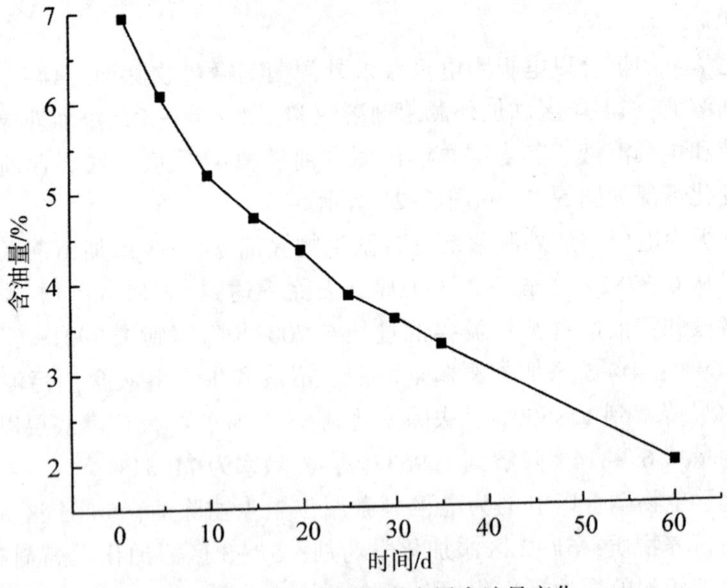

图 5-22　电板菌剂刺激底层含油量变化

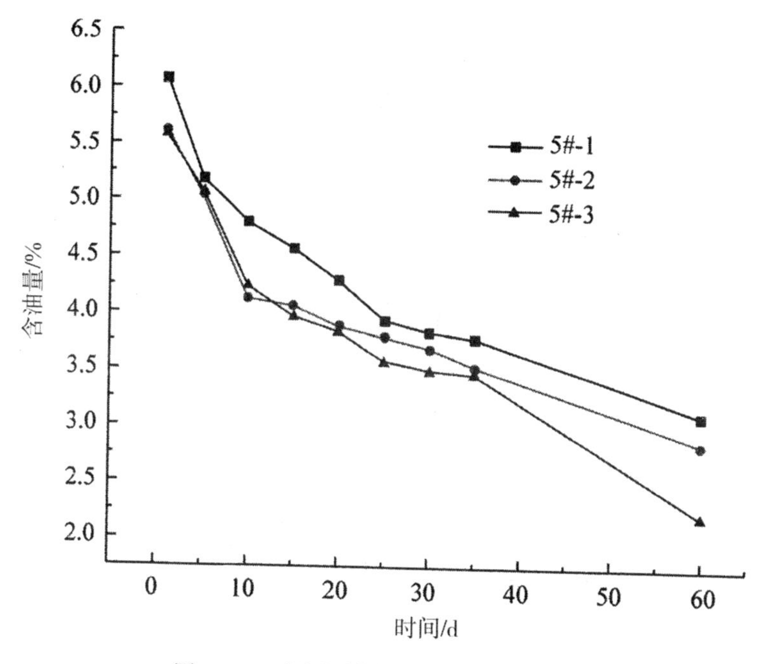

图 5-23　电网原位刺激表层含油量变化

由图 5-24 可见，以电网为电极添加外源菌剂进行微生物除油，5#-4 添加菌剂区含油污泥含油量从 5.7458%降到 2.5029%，去除率达到 56.44%；5#-5 添加菌剂和沼液区含油污泥含油量从 5.5101%降到 2.2039%，去除率达到 60.00%；5#-6 添加菌剂、沼液和化学药剂含油污泥含油量从 53755%降到 2.2581%，去除率达到 57.99%。5#反应器底层以电网为电极去除含油量从 6.9316%降到 2.2008%，去除率为 68.25%，如图 5-25 所示。

在条件相同、微生物源相同的时候进行对比，没有电场作用时，1#反应器中添加化学药剂，添加糖蜜稀释溶液的部分去除残油率高于添加沼液和牛粪溶液部分。因为对于发酵来说，糖蜜本身就是比较好的原料，可以提供底物供微生物生长繁殖；2#反应器和部分 3#反应器中添加了外源菌剂溶液，也是添加糖蜜稀释溶液部分的残油去除率较高；其次是添加沼液部分，通过比较发现，添加化学药剂和添加营养物质相比没有太大差别，这是因为化学药剂中的营养成分被营养液中的成分替代。

在以电板为电极的原位微生物刺激中对比，对污泥残油去除率进行对比，发现去除率最高的是沼液。添加外源菌剂溶液部分的残油去除率高于原位微生物。这是因为对于石油降解来说，外援菌剂中的微生物种类比原

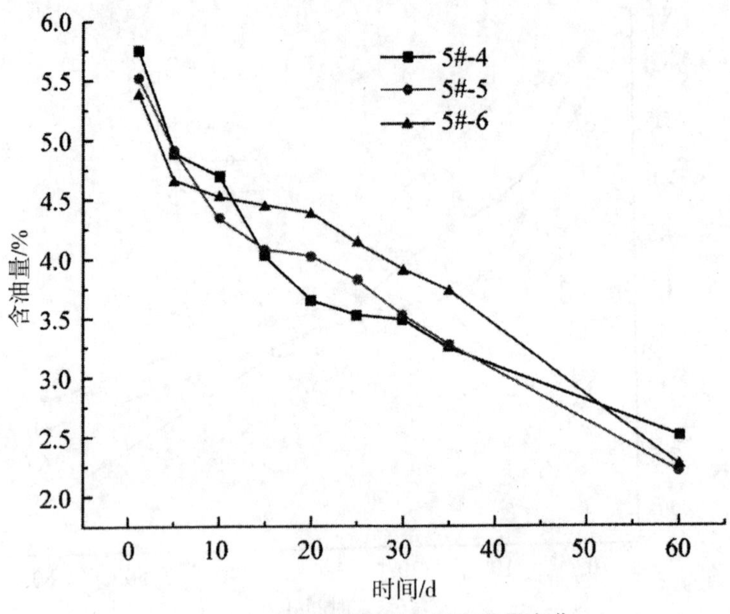

图 5-24　电网菌剂刺激表层含油量变化

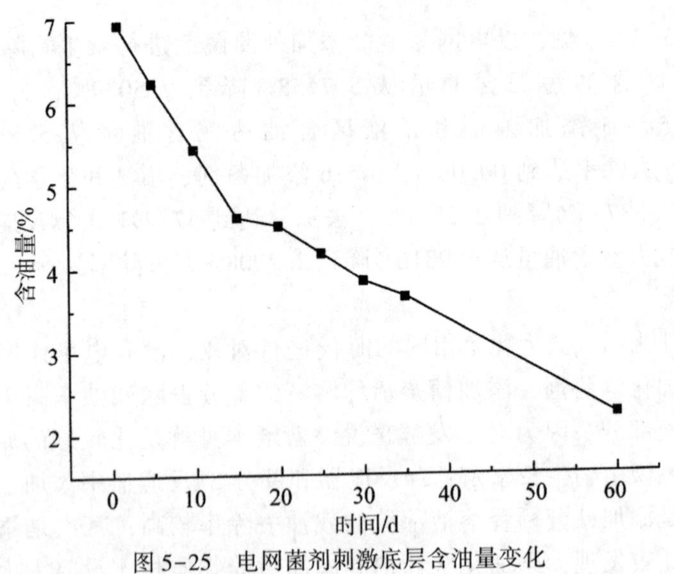

图 5-25　电网菌剂刺激底层含油量变化

位微生物种类丰富，数量也较多。

在以电网为电极的原位微生物刺激中对比，对石油去除率进行对比，发现添加沼液部分的去除率最高。在添加外援菌剂溶液的试验中，去除率较高的也是添加沼液部分。添加外援菌剂溶液的石油去除率高于原位微生物。

在上述所有反应器中，去油率总是底层高于表层，原因大概是底层与表层的湿度不同。适当的湿度具有两个作用，一是含油污泥的电导率增加，使得电流可以更快地通过污泥；二是提供一个良好的环境，以便微生物生长繁殖，加快其分解有机物的速度。

第二节 油田管道腐蚀与防护新技术

一、化学镀镍

化学镀是指在没有外电流通过的情况下，利用化学方法使溶液中的金属离子还原为金属并沉积在基体表面，形成镀层的一种表面加工方法。被镀件浸入镀液中，化学还原剂在溶液中提供电子，使金属离子还原沉积在镀件表面。

$$M^{n+}+ne \rightarrow M$$

化学镀是一个催化的还原过程，还原作用仅仅发生在催化表面上，如果被镀金属本身是反应的催化剂，则化学镀的过程就具有自动催化作用。在化学镀镍—磷过程中，不仅钢铁基体本身是催化剂，而且反应生成物（镍—磷非晶态合金镀层）对反应也有催化作用，使反应能不断继续下去。因此，化学镀镍—磷又称为自催化镀。

与电镀镍相比，化学镀镍—磷具有许多自身的特点。

（1）均镀性。只要跟镀液接触的表面都能形成镀覆层，因此，不管零件形状多么复杂，其镀层厚度都是均匀的。而电镀则受到电流分布不均的影响，在形状复杂的表面（如盲孔）上，镀层厚薄不均，有的地方甚至没有镀层。

（2）良好的耐蚀性。镍是一种热力学稳定性很高的金属，自身就有很好的耐蚀性，在硫酸、盐酸、氢氧化钠、氯化钠等溶液中都是很稳定的，在水和土壤中也有很好的耐蚀性。而镍—磷镀层又是一种非晶态合金镀层，不像晶体那样有固定的晶格，它不会产生晶间腐蚀，所以耐蚀性就更好。在镀层中当磷的含量达8%～9%时，耐蚀性最好，因为这时具有较强的惰性和较高的钝化电位。

（3）高硬度、高耐磨性。化学镀镍—磷镀层具有很高的硬度，HV450～

500，经 300～400℃热处理后，硬度可大幅度提高，达到 HV900～1100，常用于摩擦件。

（4）镀层外观良好，晶粒细小，呈微黄色，极具装饰性。

（5）无须复杂的电解设备及附件。

由于化学镀镍具有上述一些特点，所以在石油、化学化工、航空航天、核能、汽车、电子、机械等工业部门中得到广泛的应用。

（一）化学镀镍机理

化学镀镍机理目前还没有统一的认识，尚无定论。对化学镀镍的解释主要有以下两种理论：

（1）原子氢态理论。该理论认为，镀件表面的催化作用使次磷酸根分解析出初生态原子氢，部分原子氢在镀件表面遇到 Ni^{2+} 就使其还原成金属镍，部分原子氢与次亚磷酸根离子反应生成的磷再与镍反应生成镍化磷，部分原子态氢结合在一起就形成氢气。

$$H_2PO_2^- + H_2O \rightarrow HPO_3^- + 2H + H^+$$

$$Ni^{2+} + 2H \rightarrow Ni + 2H^+$$

$$H_2PO_2^- + H \rightarrow H_2O + OH^- + P$$

$$3P + Ni \rightarrow NiP_3$$

$$2H \rightarrow H_2 \uparrow$$

（2）电化学理论。该理论认为，次磷酸根被氧化释放出电子，使 Ni^{2+} 还原为金属镍。Ni^{2+}、$H_2PO_2^-$、H^+ 吸附在镀件表面形成原电池，电池电动势驱动化学镀镍过程不断进行，在原电池阳极与阴极将分别发生下列反应。

阳极反应

$$H_2PO_2^- + H_2O \rightarrow HPO_3^- + 2H^+ + 2e$$

阴极反应

$$Ni^{2+} + 2e \rightarrow Ni$$

$$H_2PO_2^- + e \rightarrow 2OH^- + P$$

$$2H \rightarrow H_2 \uparrow$$

金属化反应

$$3P + Ni \rightarrow NiP_3$$

（二）镀液成分及工艺条件

1. 镀液成分

主盐：硫酸镍，其次是氯化镍。提供被还原的金属离子。

还原剂：次亚磷酸钠。通过催化脱氢，提供活泼的氢原子，把镍离子还原成金属，同时使镀层中含有磷的成分。它的用量取决于镍盐的浓度，镍与次亚磷酸钠的物质量之比为 0.3 ～ 0.45。次亚磷酸钠含量增大，沉积速度加快，但镀液稳定性下降。

络合剂：乙酸、丙酸、柠檬酸、乳酸、苹果酸等。络合剂的作用是与镍离子形成稳定的络合物，用来控制可供反应的游离镍离子的含量，控制沉积速度，改善镀层外观，同时还起到抑制亚磷酸镍和亚磷酸钠沉淀的作用，使镀液具有较好的稳定性。

缓冲剂：枸橼酸钠、乙酸钠等。起到调解 pH 值的作用，使镀液的 pH 值不致下降过快，同时也具有稳定镀液的作用。

稳定剂：硫脲、重金属离子（如 pb^{2+}、Sn^{2+}、Cd^{2+}）等。用于抑制存在于镀液中的固体微粒的催化活性，以防镀层粗糙和镀液的自发分解。但稳定剂的用量是很有限的，否则将会降低反应速度，甚至抑制镍的沉积。

其他助剂：在镀液中加入氟化物有明显的增速作用；加入一些电镀镍的光亮剂，可以增加镀层的光亮性。

2. 工艺条件

酸性化学镀镍的工艺规范见表 5-1。

表 5-1　酸性化学镀镍的工艺规范　　单位：g/L

镀液的组成	配方一	配方二	配方三
氯化镍	21	—	—
硫酸镍	—	30	28
次亚磷酸钠	24	26	24
苹果酸	—	30	—
枸橼酸钠	10	—	—
琥珀酸	7	—	—
氟化钠	5	—	—
乳酸	—	18	27
丙酸	—	—	2.5
铅离子	—	—	0.001
中和用碱	NaOH 或 NH_4OH		

续表

镀液的组成	配方一	配方二	配方三
pH 值	6	4～5	4～5
温度,℃	90～100	85～95	90～100
沉积速度/（μm/h）	15	15	20
装载量/（dm^2/L）	10～12		

（三）影响化学镀镍的因素

1. H^+的影响

实验中发现 1mol Ni 的沉积会产生 3mol 的 H^+，H^+浓度的增加会引起 pH 值下降，沉积速度下降，镀层光亮性减弱，但含 P 量增加。虽然缓冲剂具有一定的中和酸碱的能力，但即使是最有效的缓冲剂也不能阻止 pH 值的实际下降。因此，在施镀过程中要向镀液中添加 NaOH 或 NH_4OH 等碱性物质，使 pH 值保持在一定的范围之内。

2. $H_2PO_3^-$的影响

亚磷酸盐是比较难溶的，表现出可逆溶解现象，低温时溶解性较好，而高温时溶解性差。镀液中难溶的亚磷酸盐颗粒越多，微粒的催化活性越大，镀液就容易自发分解。虽然络合剂有一定的阻止亚磷酸盐沉积的功能，但当 $H_2PO_3^-$浓度很大，以至进一步添加络合物也不能阻止亚磷酸盐的沉积时，镀液就该废弃了。

3. 络合剂种类的影响

许多有机酸如苹果酸、柠檬酸、琥珀酸、乳酸、丙酸等都可用做络合剂。低稳定常数的镍络合物比高稳定常数的镍络合物镀速快，但镍的沉积为柱状沉积，镀层针孔较多；而高稳定常数的镍络合物镀速虽稍慢，但镍的沉积为片状沉积，镀层针孔较少。苹果酸、柠檬酸属于高稳定常数的络合剂；乳酸、丙酸属于低稳定常数的络合剂。

4. 温度的影响

一般来讲，低于 60℃时，基本不发生沉积镀覆反应，以后随温度升高，镀速按指数规律增加，但镀速过高，P 含量会下降，镀液的稳定性也会受到影响。

(四) 镀液的添加

在施镀过程中镀液中的有效成分被不断消耗，需要进行适当的补充。首先要分析镀液中 Ni^{2+} 的含量。分析方法是以紫脲酸胺作为指示剂，用 0.05M 的 EDTA（乙二胺四乙酸二钠）溶液滴定至玫瑰红色，然后算出应补充硫酸镍的数量，再根据配方比例算出要向镀液中添加的其他成分（还原剂、络合剂等）的数量。

目前，中国很多油田利用化学镀镍—磷技术镀覆油管、水管、套管、抽油杆等设施，取得了许多好的经验，但应该注意：

(1) 在镀覆过程中应始终保持镀液在管内的流动或循环（往往需要强制性循环），以保证管道内壁与镀液充分接触。

(2) 由于镀槽大，镀覆表面积大，容易产生沉淀物（多为亚磷酸盐颗粒和其他杂质），因此，在镀覆过程中应使用过滤装置及时地滤掉这些沉淀物，以保证镀液的清洁。

(3) 要注意加热方式，最好采用带夹套的加热方法，这样可以使镀液受热均匀，不致引起局部过热而导致镀液分解。

二、热喷镀锌和铝技术

(一) 热喷涂锌或铝涂层的形成及结构

1. 热喷涂锌或铝涂层的形成

(1) 金属线材火焰喷涂。以氧—乙炔为热源，将金属线材加热至熔融或塑性状态，在高速气流（压缩空气）作用下，将雾化的金属颗粒以高速打击到工件表面，不断沉积成涂层，如图 5-26 所示。

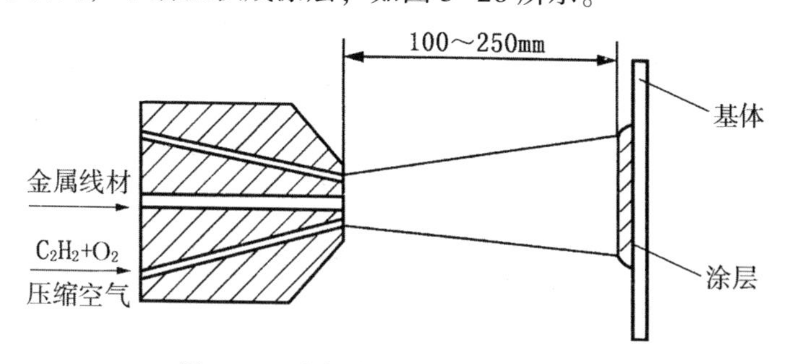

图 5-26　金属线材火焰喷涂示意图

(2) 电弧喷涂。如图 5-27 所示，在喷枪中，两条金属丝作为通电两极，之间的夹角为 30°～60°，接触时形成电弧，将金属丝熔化。由中间管子吹出的高压气流（压缩空气）将熔融金属雾化并喷射于工件上形成涂层。

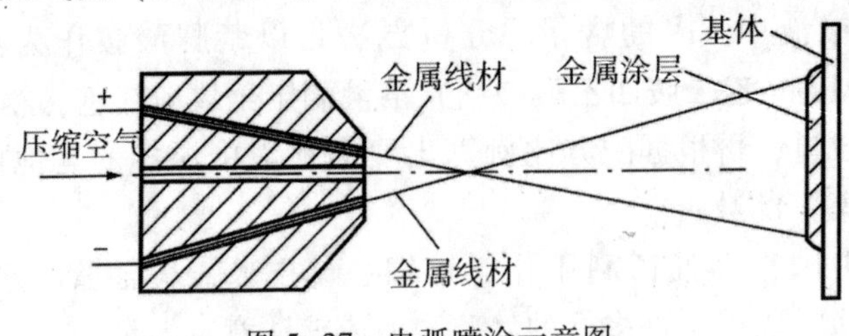

图 5-27　电弧喷涂示意图

2. 热喷涂锌或铝涂层的结构

热喷涂锌或铝涂层的结构是典型的层状结构。这是由于塑性态金属颗粒不断打击到工件表面成为片状所致，无数片状颗粒沉积靠“抛锚效应”相互勾拉，形成层状结构的涂层。

锌或铝喷涂层孔隙率：金属线材火焰喷涂一般为 3%～8%；而电弧喷涂为 3% 以下。

金属线材火焰喷锌或铝涂层与电弧喷涂锌或铝涂层结合强度及喷涂效率比较见表 5-2，从表中可以看出，电弧喷涂涂层结合强度及喷涂效率均比金属线材火焰喷涂要高得多。

表 5-2　电弧喷涂与火焰喷涂比较

喷涂材料	喷涂方法	结合强度/MPa	喷涂效率/（Kg/h）	备注
A1	电弧法	16.84	8	北京工业大学实验结果
		18.62	8	
	火焰法	10.99	5	北京工业大学实验结果
		9.31	5	
Zn	电弧法	13.24	34	北京工业大学实验结果
		14.84	34	
	火焰法	7.26	14	北京工业大学实验结果
		7.84	14	
Cr13 钢	电弧法	31.36	15	—
	火焰法	20.97	5	

续表

喷涂材料	喷涂方法	结合强度/MPa	喷涂效率/（Kg/h）	备注
含碳 0.1%碳钢	电弧法	36.89	14	—
	火焰法	16.07	5	
18—8 钢	电弧法	31.36	15	—
	火焰法	17.35	5	
铝青铜	电弧法	25.48	16	—
	火焰法	17.46	7	

（二）热喷涂锌或铝涂层的制备工艺

1. 金属线材（锌或铝）火焰喷涂涂层的制备工艺

金属线材（锌或铝）火焰喷涂涂层的制备工艺流程图见图 5-28。

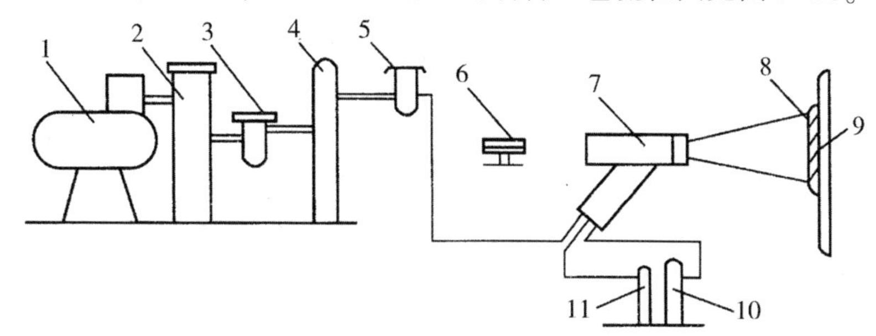

图 5-28　金属线材（锌或铝）火焰喷涂涂层的制备工艺流程图

1—空气压缩机；2—冷凝器；3—油水分离器；4—储气罐；5—空气滤清器；6—盘丝架；7—喷枪；8—涂层；9—工件；10—乙炔瓶；11—氧气瓶

（1）对空气压缩机的要求是：压力 0.4～0.6MPa；排气量 1.2m^3/min，若喷砂与喷涂同时进行，则空气压缩机压力和排气量分别为 0.7～0.8MPa 及 6m^3/min 以上为宜。

（2）氧气瓶压力为 15MPa，容器一般为 40L，可存 6m^3氧气。

（3）乙炔瓶压力为 1.5MPa，瓶内乙炔溶解在含丙酮的多孔物质（活性炭）中。将乙炔以 1.47MPa 压力压进，使用时溶解在丙酮中使乙炔分解供使用。乙炔瓶上必须安装回火防止器。水封式回火防止器要直立安装，且每一把喷枪必须有独立的回火防止器。水封式回火防止器必须设有卸压孔、防爆膜。

(4) 喷涂枪，目前国内能用的金属线材火焰喷涂枪为 BQP-1 型（北京工业大学研制）及 SQP-1 型（上海喷涂机械厂研制）。

(5) 喷锌或铝的工艺参数一般是：乙炔压力为 0.05 ～ 0.10MPa，氧气压力为 0.20 ～ 0.40MPa；压缩空气压力为 0.40 ～ 0.70MPa；氧乙炔火焰为中性焰；喷距为 150 ～ 200mm；涂层厚度为 0.15 ～ 0.25mm，不要一次喷到，应多次喷达。

(6) 涂层后处理（封闭），由热喷涂涂层的形成过程可知，在涂层中必然存在孔隙，例如氧—乙炔火焰线材喷涂铝涂层孔隙率一般为 5% ～ 12%，这将影响到防腐效果，同时会使得涂层的密闭性下降，故必须进行封闭处理。表 5-3 给出了封闭剂的种类和用途，以供选择。

表 5-3　封闭剂种类和用途

种类	封闭剂	施工	适用条件
无机材料	碳酸盐、磷酸盐、铬酸盐及锶盐等水溶液	喷洒或刷涂	一般大气腐蚀
有机材料	环氧树脂、环氧煤沥青、乙烯树脂、氯化橡胶、氨基树脂及不饱和聚酯树脂	刷涂	较恶劣环境、工业大气、海洋大气、海水、化工介质、油田污水
耐高温抗氧化材料	硅树脂+铝粉	刷涂	可耐 550℃以下高温

2. 电弧喷锌或铝涂层的制备工艺

电弧喷涂系统如图 5-29 所示。电源可以是交流电，也可以是直流焊机。其电源外特性是平特性或少许上升特性。在此，为令电弧稳定，可给电弧直流叠加高频脉冲电流。

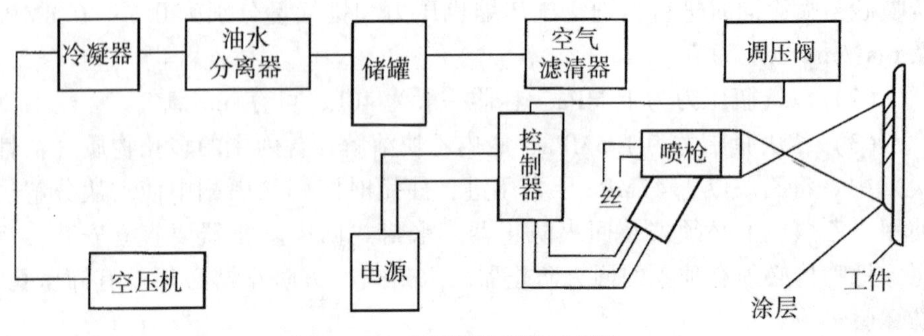

图 5-29　电弧喷涂系统示意图

（1）电弧喷涂的特点：①涂层与基体结合强度高。由于电弧喷涂较之火焰喷涂粒子飞行速度高（约为 100 ～ 180m/s，一般线材火焰喷涂为 80 ～ 160m/s），粒子含热量大，因此，涂层与基体有较强的结合强度，即一般电弧喷涂涂层与基体结合强度为线材火焰喷涂的 1.5 ～ 2 倍。②喷涂效率高。在 20 世纪 70 年代，电弧喷锌速度为 45 ～ 55kg/h，为线材火焰喷涂的 2 倍。到 80 年代，电弧喷锌可达 140kg/h 以上。③设备投资及使用成本低。表 5-4 是美国通用电气公司用 1 台电弧喷涂设备代替以前使用的 4 台火焰喷涂设备对管子喷锌的工艺成本比较，从表中可见电弧喷涂比火焰喷涂成本要低得多。

表 5-4　电弧和火焰线材喷涂工艺成本比较（美国通用电气公司）

喷涂方法	设备成本		操作成本，美元/h			合计美元/h
	设备价格，10^4美元	设备使用成本，美元/h	人工	气体	电	
电弧	0.4 ～ 0.9	0.55	8.0	空气 0.30	0.35	9.2
线材火焰	0.2 ～ 0.4	4.80	8.0	O_2：1.90 C_2H_2：2.60 空气：0.30	—	17

（2）电弧喷涂工艺及参数。电弧喷涂的基体前处理及封闭工艺与金属线材火焰喷涂相同。铝涂层或锌涂层制备喷涂工艺可参考表 5-5。

表 5-5　电弧喷涂铝和锌的工艺参数

喷涂材料	线材直径/mm	电弧电压/V	电弧电流/A	压缩空气/MPa	喷距/mm
铝	1.0	28	158 ～ 180	0.5 ～ 0.7	150 ～ 250
锌	2.0	22	150 ～ 180	0.5 ～ 0.7	150 ～ 250

目前国内使用的电弧喷涂设备主要有以下几种：①D4-400 型电弧喷涂设备，上海喷涂机械厂制造；②CMD-AS1620 型电弧喷涂设备，北京新迪表面技术工程有限制造；③BAS-1 型电弧喷涂设备，北京工业大学制造。

第三节 表面活性剂研究新进展

一、聚电解质表面活性剂

高分子电解质是分子侧基或主链上带有电离基团的聚合物。按电离后保留基团的荷电性质可以有阴离子、阳离子和两性聚电解质。

（一）阴离子聚电解质

阴离子聚电解质的荷电基团通常在它的侧基上，而主链多为亚甲基和次甲基组成的碳链结构。在这一类线型聚电解质分子中，很多个亲水基共同拥有一个很长的疏水基。

1. 羧酸盐聚电解质

典型的羧酸盐聚电解质有丙烯酸（甲基丙烯酸）、丁烯酸、马来酸酐的聚合物。它们的聚合物结构单元如下。

$$\cdots\!\left(CH_2-\underset{\displaystyle COOH}{\underset{|}{CH}}\right)\!\cdots \qquad \cdots\!\left(\underset{\displaystyle HOOC}{\underset{|}{CH}}-\underset{\displaystyle COOH}{\underset{|}{CH}}\right)\!\cdots \qquad \cdots\!\left(CH_2-\underset{\displaystyle CH_2COOH}{\underset{|}{CH}}\right)\!\cdots$$

A 丙烯酸结构单元　　B 马来酸结构单元　　C 丁烯酸结构单元

这些聚羧酸与碱中和可得它们的钠盐。聚丙烯酸可以由丙烯酸聚合来合成，也可以由聚丙烯酰胺或聚丙烯腈水解制备，在由大分子化学反应制备的聚丙烯酸中，往往有一些未水解的丙烯酰胺或丙烯腈结构单元。丙烯酸的聚合需在pH值小于3.5时当其处于不电离的状态下方可进行。马来酸酐难以自聚，需要与其他单体共聚，这些共聚物水解即可得到含马来酸单元的共聚物。

2. 磺酸盐聚电解质

磺酸盐聚电解质的结构单元主要有：烯丙基磺酸，苯乙烯磺酸；以甲基丙烯酸甲酯和丙烯酰胺为母体的磺酸盐单体，如α-甲基丙烯酰氧基乙磺酸盐（SEM）、α-甲基丙烯酰氧基-2-羟基丙磺酸盐、3-烯丙氧基-2-羟基-丙磺酸盐（HAPS）、2-甲基-2-丙烯酰胺基-丙磺酸盐（AMPS）等。它们的聚合物结构单元式如下。

$$\cdots\!\!\left(CH_2-CH\right)\!\!\cdots,\ CH-CH_2SO_3^-\ Na^+$$

A　烯丙基磺酸盐

$$\cdots\!\!\left(CH_2-CH\right)\!\!\cdots,\ CH-C_6H_4-SO_3^-\ Na^+$$

B　苯乙烯磺酸盐

$$\cdots\!\!\left(CH_2-C(CH_3)\right)\!\!\cdots,\ C(CH_3)-C(=O)-O-CH_2CH_2SO_3^-\ Na^+$$

C　α-甲基丙烯酰氧基乙磺酸盐(SEM)

$$\cdots\!\!\left(CH_2-C(CH_3)\right)\!\!\cdots,\ C(CH_3)-C(=O)-O-CH_2-CH(OH)-CH_2SO_3^-\ Na^+$$

D　α-甲基丙烯酰氧基-2-羟基丙磺酸盐

$$\cdots\!\!\left(CH_2-CH\right)\!\!\cdots,\ CH-CH_2-O-CH_2-CH(OH)-CH_2SO_3^-\ Na^+$$

E　3-烯丙氧基-2羟基-丙磺酸盐(HAPS)

$$\cdots\!\!\left(CH_2-CH\right)\!\!\cdots,\ CH-C(=O)-NH-C(CH_3)_2-CH_2-SO_3^-\ Na^+$$

F　2-甲基-2-丙烯酰胺基-丙磺酸盐(AMPS)

聚苯乙烯磺酸可由苯乙烯磺酸（盐）借助水溶液聚合或由聚苯乙烯磺化来制备，可溶于水、甲醇、乙醇而不溶于烃类。其他磺酸盐单体可以借助自由基聚合合成磺酸盐聚合物。在这些单体的聚合物中含有酯基的容易水解；而不含酯基的HAPS和AMPS的聚合物则比较稳定。AMPS的聚合物可作为乳液稳定剂、絮凝剂，造纸的增强剂，在石油工程中有广泛的应用。

除碳链结构外，还有以碳氧为主链的磺酸盐大分子表面活性剂。如以缩水甘淮苯基醚（相对分子质量1000～3000）PPGE磺化合成的磺化度为150%～250%的聚缩水甘油苯基醚磺酸盐。其cmc为10～20g/L，γ_{cmc}在48～53mN/m。

$$C_6H_5-O-CH_2-CH(-O-)CH_2 \xrightarrow{BuLi} \cdots\!\left[O-CH_2-CH\right]_n\!\cdots\ (CH-CH_2-O-C_6H_5) \xrightarrow{H_2SO_4} \cdots\!\left[O-CH_2-CH\right]_n\!\cdots\ (CH-CH_2-O-C_6H_4-SO_3M)$$

3. 硫酸酯盐聚电解质

硫酸酯盐聚电解质表面活性剂主要是将含有羟基的高分子化合物（部

分）硫酸化，或将含有双键的高分子化合物与硫酸反应制得。例如将聚乙烯醇部分硫酸化后再水解，得到带硫酸酯盐阴离子和羟基的阴离子—非离子表面活性剂。

$$\cdots CH_2-\underset{OH}{\underset{|}{CH}}-CH_2-\underset{OH}{\underset{|}{CH}}\cdots \xrightarrow{H_2SO_4} \cdots CH_2-\underset{OH}{\underset{|}{CH}}-CH_2-\underset{OSO_3H}{\underset{|}{CH}}\cdots$$

$$\xrightarrow{NaOH(eq)} \cdots CH_2-\underset{OH}{\underset{|}{CH}}-CH_2-\underset{OSO_3^- \quad Na^+}{\underset{|}{CH}}\cdots$$

烷基酚合成的线型酚醛树脂，与 EO 在酚羟基位置上加成，然后硫酸化，得到含聚氧乙烯和硫酸酯盐的阴离子—非离子表面活性剂。

R—C₆H₄—OH $\xrightarrow{CH_2O}$ ⋯[—C₆H₂(R)(OH)—CH₂—]⋯ $\xrightarrow{CH_2-CH_2\ (O)}$ ⋯[—C₆H₂(R)(O(CH₂CH₂O)ₘH)—CH₂—]⋯

$\xrightarrow{H_2SO_4}$ ⋯[—C₆H₂(R)—CH₂—]⋯ with $O(CH_2CH_2O)_{m-1}CH_2CH_2OSO_3H$

$\xrightarrow{NaOH(eq)}$ ⋯[—C₆H₂(R)—CH₂—]⋯ with $O(CH_2CH_2O)_{m-1}CH_2CH_2OSO_3^- \quad Na^+$

聚丁二烯与硫酸的加成反应也可得到硫酸酯型聚电解质表面活性剂。

$$\cdots[CH_2-CH=CH-CH_2]\cdots \xrightarrow{H_2SO_4} \cdots[CH_2-\underset{OSO_3H}{\underset{|}{CH}}-CH_2-CH_2]\cdots \xrightarrow{NaOH}$$

$$\cdots[CH_2-\underset{OSO_3^-\ Na^+}{\underset{|}{CH}}-CH_2-CH_2]\cdots$$

4. 其他阴离子聚电解质

聚丙烯酰胺和羟胺反应，部分丙烯酰胺结构单元转变为羟肟酸结构单元，合成了羟肟酸聚电解质表面活性剂，反应式如下。该大分子表面活性剂对 Pb^{2+}、Cu^{2+}、Zn^{2+}、Cr^{2+}有很强的螯合能力。

$$\cdots\!\!\left(\!CH_2-\underset{\underset{\underset{NH_2}{|}}{\overset{|}{C=O}}}{CH}\!\right)\!\!\cdots \xrightarrow[NaOH]{羟胺水溶液} \cdots\!\!\left(\!CH_2-\underset{\underset{\underset{HN-O^{-}\ H^{+}\ (Na^{+})}{|}}{\overset{|}{C=O}}}{CH}\!\right)\!\!\cdots$$

聚烯丙基胺与二硫化碳在氢氧化钠条件下反应制备了聚烯丙基氨荒酸盐大分子表面活性剂 PALDC，反应式如下。该大分子表面活性剂对 Pb^{2+}、Cu^{2+}、Zn^{2+}、Hg^{2+}、Ag^{+}的螯合剔除率均达到 96% 以上。

$$\cdots\!\!\left(\!CH_2-\underset{\underset{\underset{NH_2\cdot HCl}{|}}{\overset{|}{CH_2}}}{CH}\!\right)\!\!\cdots \xrightarrow[NaOH]{CS_2} \cdots\!\!\left(\!CH_2-\underset{\underset{\underset{NH-C(=S)-S^{-}\ Na^{+}}{|}}{\overset{|}{CH_2}}}{CH}\!\right)\!\!\cdots$$

（二）阳离子聚电解质

阳离子聚电解质的单体结构、相对分子质量及其分布、共聚阳离子聚电解质的组成和序列结构等对其物化性能有很大影响。因为绝大多数阳离子聚电解质的 K 和 α 值未知，阳离子聚电解质的分子参数以特性黏度 η 和阳离子度 CD（分子中的阳离子结构单元占总结构单元数的百分率）表征。

大多数阳离子聚电解质表面活性剂都溶于水，且水溶液的黏度较大。溶液没有明显的 cmc，但增溶能力很强。这是因为在水溶液中聚电解质的单分子尺寸即已达到胶团大小，无须分子间的缔合就可形成胶束，从而产生加溶作用。阳离子聚电解质表面活性剂降低表面张力或界面张力的能力较小，渗透力较弱，然而乳化稳定性很好。此外，阳离子聚电解质表面活性剂起泡性较差，而一旦起泡就会形成稳定的泡沫。

阳离子聚电解质表面活性剂在较高浓度时由于分子内或分子间的缠绕，在表面的吸附量进一步减小，导致表面张力降低能力更小。但回复到低浓度时，缠绕松开，表面吸附量增大，其降低表面张力的能力可增大些。在有固体悬浮微粒和阳离子聚电解质共存的分散体系中，高分子质量的聚电解质分子一部分吸附于悬浮粒子表面，另一部分则溶解在作为连续相的分散介质中。聚电解质相对分子质量较低时能够阻止粒子间缔合所产生的凝聚，发挥分散剂的作用。相对分子质量较高时，若聚电解质浓度较低，则产生絮凝作用；若聚电解质浓度较高，则使分散体系稳定（即空间稳定现象）。

1. 季铵盐型阳离子聚电解质

季铵盐型阳离子聚电解质是阳离子聚合物最重要的门类。它可以由季铵盐基单体聚合来制备，也可以由聚合物的大分子反应来制备。

(1) 侧基型阳离子聚电解质。季铵盐基单体的种类很多，主要有：二烯丙基二甲（乙）基氯化铵［DADM（E）AC］、(甲基) 丙烯酰氧乙基三甲（乙）基氯化铵、(甲基) 丙烯酰胺甲（乙，丙）基三甲基氯化铵、甲基丙烯酸二甲（乙）基氨基乙酯［DM（E）AEMA］、乙烯基苄基三甲基氯化铵等。这些单体有的可以自聚，亦可共聚；而有的单体聚合活性较低，通常需要与丙烯酰胺类单体共聚。它们的聚合物结构单元式如下。

$$\cdots\!\!-\!\left(CH_2-\underset{\substack{|\\C=O\\|\\O\\|\\CH_2CH_2-\overset{\substack{R^1\ Cl^-\\|}}{\underset{\substack{|\\R^1}}{N^+}}\ H}}{\overset{\substack{R\\|}}{C}}\right)\!-\cdots$$

$R=H,CH_3;R^1=CH_3,C_2H_5$

DM(E)AEMA

$$\cdots\!\!-\!\left(CH_2-\underset{\substack{|\\C=O\\|\\O\\|\\CH_2CH_2-\overset{\substack{R^1\\|}}{\underset{\substack{|\\R^1}}{N^+}}-R^1}}{\overset{\substack{R\\|}}{C}}\right)\!-\cdots\quad Cl^-$$

$R=H,CH_3;R^1=CH_3,C_2H_6$

$$\cdots\!\!-\!\left(CH_2-\underset{\substack{|\\C=O\\|\\NH\\|\\(CH_2)_x-\overset{\substack{CH_3\ \ Cl^-\\|}}{\underset{\substack{|\\CH_3}}{N^+}}-CH_3}}{\overset{\substack{R\\|}}{C}}\right)\!-\cdots$$

$R=H,CH_3;x=1,2,3$

$$\cdots\!\!-\!\left[CH_2-\underset{\substack{|\\C_6H_4\\|\\CH_2-\overset{\substack{CH_3\ \ Cl^-\\|}}{\underset{\substack{|\\CH_3}}{N^+}}-CH_3}}{CH}\right]\!-\cdots$$

乙烯基苄基三甲基氯化铵

DADM（E）AC 分子中有两个双键，它通过成环聚合得到分子链上含五元环为主（也有少量六元环）的环链聚电解质。

$$\begin{matrix}CH_2=CH & CH=CH_2\\ | & |\\ H_2C & CH_2\\ \searrow & \swarrow\\ & N^+\\ \swarrow & \searrow\\ H_3C & CH_3\end{matrix}\xrightarrow{\text{引发剂}}\cdots\!-\!\left[CH_2-\underset{\substack{|\\H_2C}}{CH}-\underset{\substack{|\\CH_2}}{CH}-CH_2\right]_n\!-\cdots\ (\text{环上 }N^+(CH_3)_2)$$

甲基丙烯酸酯类季铵盐单体的聚合活性较大，易于进行自由基聚合，可以和丙烯酰胺共聚合成高相对分子质量的共聚物。

季铵盐基聚电解质也可以借助聚丙烯酰胺的大分子化学反应来制备。

Mannich 反应：聚丙烯酰胺与甲醛和仲胺（如二甲胺）在碱性介质中反应制得带叔氨基的阳离子聚合物。这些聚合物在酸性介质中显示阳离子特性。以烷基化试剂可以将其转变为季铵盐型阳离子聚合物，它在很宽的 pH 值范围内都显示阳离子特性。

$$\cdots\!\!-\!\!\left(CH_2-\underset{\underset{NH_2}{|}}{\underset{C=O}{\underset{|}{CH}}}\right)\!\!-\!\!\cdots \xrightarrow[NaOH]{HCHO,\,HN(R)_2} \cdots\!\!-\!\!\left(CH_2-\underset{\underset{NH-CH_2-N(R)_2}{|}}{\underset{C=O}{\underset{|}{CH}}}\right)\!\!-\!\!\cdots \xrightarrow{R'X} \cdots\!\!-\!\!\left(CH_2-\underset{\underset{NH-CH_2-N^+R_2R'\ X^-}{|}}{\underset{C=O}{\underset{|}{CH}}}\right)\!\!-\!\!\cdots$$

Hoffmann 降级反应：聚丙烯酰胺在碱性条件下与次卤酸盐加热发生脱除羰基的 Hoffmann 降级反应，得到带伯胺侧基的聚乙烯胺。

$$\cdots\!\!-\!\!\left(CH_2-\underset{\underset{NH_2}{|}}{\underset{C=O}{\underset{|}{CH}}}\right)\!\!-\!\!\cdots \xrightarrow[\triangle]{NaXO,\,NaOH} \cdots\!\!-\!\!\left(CH_2-\underset{NH_2}{\underset{|}{CH}}\right)\!\!-\!\!\cdots$$

（2）主链型阳离子聚电解质。季铵盐基在大分子主链上的聚季铵盐电解质可以由二甲基胺与环氧氯丙烷或 α,ω-二卤代烷的反应来合成；A 分子主链带正电，又有羟基，所以其水溶性很好，在空气中亦能强烈吸水。

$$HN(CH_3)_2 + \begin{cases} ClCH_2-\overset{O}{CH-CH_2} \longrightarrow \cdots\!\!-\!\!\left[CH_2-\underset{OH}{\underset{|}{CH}}-CH_2-\overset{CH_3}{\underset{CH_3}{N^+}}\right]\!\!-\!\!\cdots\ Cl^- & A \\ X(CH_2)_mX \longrightarrow \cdots\!\!-\!\!\left[(CH_2)_m-\overset{CH_3}{\underset{CH_3}{N^+}}\right]\!\!-\!\!\cdots\ Cl^- & B \end{cases}$$

也可以由二元叔胺与 α,ω-二二卤代烷的反应合成。

$$(H_3C)_2N-\!\!\left[CH_2\right]_k\!-N(CH_3)_2 + X(CH_2)_mX \longrightarrow \text{---}\!\left[\overset{CH_3}{\underset{CH_3}{N^+}}X^- -(CH_2)_k-\overset{CH_3}{\underset{CH_3}{N^+}}X^- -(CH_2)_m\right]\!\text{---}$$

还可以由环季铵盐开环聚合来合成。

$$\text{环}\left(N^+(R)(CH_3)\right)Br^- \longrightarrow \text{--}\!\left[(CH_2)_3-\overset{CH_3}{\underset{CH_3}{N^+}}Br^-\right]\!\text{--}$$

噁唑啉开环聚合后水解可制得聚亚乙基亚胺，该物质经烷基化也得到主链季铵盐聚电解质。聚亚乙基亚胺的合成反应如下。

$$\text{噁唑啉}(2\text{-}R) \longrightarrow \text{--}\!\left[\underset{R-C=O}{N}-CH_2-CH_2\right]\!\text{--} \xrightarrow{\text{水解}} \text{--}\!\left[NH-CH_2-CH_2\right]\!\text{--}$$

以甲基胺与环氧氯丙烷反应合成主链叔胺聚合物，再以溴代烷对该聚合物中间体进行（部分）烷基化，制得具有表面活性剂分子结构意义上疏水基的大分子表面活性剂 EMR。这可以看作是季铵盐 Gemini 表面活性剂的拓展，其合成反应式如下。

$$H_2NCH_3 + ClCH_2-\underset{O}{CH-CH_2} \longrightarrow \text{---}\!\left[CH_2-\underset{OH}{CH}-CH_2-\overset{Cl^-\ H}{\underset{CH_3}{N^+}}\right]\!\text{---}$$

$$\xrightarrow{CH_3(CH_2)_nBr} \text{---}\!\left[CH_2-\underset{OH}{CH}-CH_2-\overset{Br^-\ (CH_2)_nCH_3}{\underset{CH_3}{N^+}}\right]_x\!\text{---}\ \text{---}\!\left[CH_2-\underset{OH}{CH}-CH_2-\overset{Cl^-\ H}{\underset{CH_3}{N^+}}\right]_y\!\text{---}$$

2. N-杂环阳离子聚电解质

聚 2-（4-）乙烯基吡啶易于以卤代烷对其阳离子化，它们是典型的芳杂环阳离子聚电解质，反应式如下。

$$\text{---}\!\left[CH_2-\underset{\text{2-吡啶}N^+-R}{CH}\right]\!\text{---} \qquad \text{---}\!\left[CH_2-\underset{\text{4-吡啶}N^+-R}{CH}\right]\!\text{---}$$

在甲苯介质中2-乙烯基吡啶聚合物的相对分子质量可达45000左右，以溴甲烷对其烷基化，阳离子度可达65%左右；而以溴代正丁烷进行烷基化，阳离子度只能达到25%。

以聚乙烯醇、卤代烷、广醛基吡啶（异烟酸）为原料分别制得了QW型聚电解质。由广醛基吡啶制得的具有环链结构，而以异烟酸制得的为链状结构，反应式如下。在这些表面活性剂分子中还有大量的羟基使之有良好的水溶性。

QW-1，QW-2：R=CH_3，X^-=I^-；　　QW-3，QW-4：R=C_2H_5，X^-=Br^-.

（三）两性离子聚电解质

1. 共聚物类两性离子聚电解质

阳离子电解质单体（如季铵盐单体）和阴离子电解质单体（如羧酸盐单体）的共聚物为共聚物类两性离子聚电解质。其中有丙烯酸/二甲基二烯丙基氯化铵共聚物、AMPS/丙烯酰氧乙基氯化铵共聚物、3-丙烯酰胺-丙基-三甲基氯化铵/AMPS共聚物、N-甲基-4-乙烯基吡啶/4-乙烯基苯磺酸共聚物、疏水阳离子单体/丙烯酸共聚物等。

2. 偶子型两性离子聚电解质

偶子型两性离子聚电解质的种类有甜菜碱型、氨基酸型、N-杂环偶子型。

在聚乙烯亚胺溶液中加入丙烯酸，将同时发生质子化和Michael反应，产物的部分结构单元成为主链有胺盐基，侧基上有羧基的偶极子；偶极子结构单元序列长度可以达到90%，反应式如下。

$$\text{---}[\text{NHCH}_2\text{CH}_2]\text{---} \xrightarrow{\text{CH}_2=\text{CH(COOH)}} \begin{matrix}\text{CH}_2=\text{CH}-\text{COO}^- \\ \text{---}[\overset{+}{\text{N}}\text{H}_2\text{CH}_2\text{CH}_2]\text{---}\end{matrix} \longrightarrow$$

$$\text{---}[\overset{+}{\text{N}}\text{HCH}_2\text{CH}_2(\text{CH}_2\text{CH}_2\text{COO}^-)]_m\text{------}[\overset{+}{\text{N}}\text{H}_2\text{CH}_2\text{CH}_2]_n\text{---} \quad (\text{CH}_2=\text{CH}-\text{COO}^-)$$

$$m:n=90:10$$

聚乙烯吡啶分别与丁烷磺内酯和卤代乙酸（乙酯）反应合成了 N-杂环阳离子和磺酸基的强偶极子(Hart)和强碱弱酸两性聚电解质，反应式如下。它们具有很好的黏土水化抑制性和絮凝性能。

$$\text{--}[\text{CH}_2-\text{CH}(\text{C}_5\text{H}_4\text{N})]\text{--} \xrightarrow{\text{丁烷磺内酯 }(\text{CH}_2\text{CH}_2\text{CH}_2\text{CH}_2\text{SO}_2\text{O})} \text{--}[\text{CH}_2-\text{CH}(\text{C}_5\text{H}_4\overset{+}{\text{N}}-(\text{CH}_2)_4-\text{SO}_3^-)]\text{--} \quad \text{A}$$

$$\text{--}[\text{CH}_2-\text{CH}(\text{C}_5\text{H}_4\text{N})]\text{--} \xrightarrow{\text{ClCH}_2\text{COOH}} \text{--}[\text{CH}_2-\text{CH}(\text{C}_5\text{H}_4\overset{+}{\text{N}}-\text{CH}_2-\text{COO}^-)]\text{--} \quad \text{B}$$

以二甲基氨基醇的（甲基）丙烯酸酯与 3-溴代丙磺酸反应合成甜菜碱型表面活性单体，然后再进行自由基聚合得到甜菜碱型两性离子聚电解质，反应式如下。

$$\text{---}[\text{CH}_2-\text{C}(\text{CH}_3)]\text{---}, \quad \text{C}(=\text{O})-\text{O}-(\text{CH}_2)_m-\text{N}^+(\text{CH}_3)_2-\text{CH}_2\text{CH}_2\text{CH}_2\text{SO}_3^-$$

二、非离子高分子表面活性剂

非离子高分子表面活性剂的亲水基可以是不电离的极性基团（如羟基、

酰胺基等)，也可以是单体碳原子数相对较少的聚醚（聚氧乙烯)。其中以聚氧乙烯醚亲水基居多。

（一）聚氧乙烯醚高分子表面活性剂

1. 聚氧乙烯醚主链表面活性剂

聚氧乙烯作为主链的表面活性剂主要是氧乙烯和氧化丙烯的嵌段共聚物。其中氧化丙烯嵌段作为疏水基，反应式如下。

$$\cdots\left[CH_2-CH_2-O\right]_m\cdots\quad\cdots\left[CH_2-\underset{\displaystyle CH_3}{\underset{|}{CH}}-O\right]_n\cdots$$

还有聚氧乙烯序列与二元羧酸形成酯的大分子表面活性剂。如3,5-二羧基苯磺酸钠、邻苯二甲酸分别和端羟基聚氧乙烯形成酯的AB型嵌段共聚物，反应式如下。这种大分子表面活性剂分子中除聚氧乙烯外，还有磺酸盐亲水基。

$$H\left[(OCH_2CH_2)_mO-\overset{O}{\overset{\|}{C}}-C_6H_3(SO_3Na)-\overset{O}{\overset{\|}{C}}-O(CH_2CH_2O)_m\overset{O}{\overset{\|}{C}}-C_6H_4-\overset{O}{\overset{\|}{C}}\right]_nOH$$

2. 聚氧乙烯醚支链表面活性剂

大分子主链为碳氢结构，而具有一定序列长度的聚氧乙烯链位于侧基上的聚合物，如甲基丙烯酸聚氧乙烯酯/甲基丙烯酸酯共聚物（下式A)、烷基酚的酚醛树脂与端羟基聚氧乙烯的醚（下式B)、甲基封端聚氧乙烯甲基丙烯酸酯（下式C)、聚醚改性的聚二甲基硅氧烷（下式D)。

$$\cdots\left[\underset{\displaystyle \underset{|}{C}(=O)-OR}{\overset{\displaystyle CH_3}{\overset{|}{C}}}-CH_2\right]_m\cdots\left[\underset{\displaystyle \underset{|}{C}(=O)-O-(CH_2CH_2O)_xH}{\overset{\displaystyle CH_3}{\overset{|}{C}}}-CH_2\right]_n\cdots$$

A

$$\cdots\left[C_6H_2(R)(O(CH_2CH_2O)_xH)-CH_2\right]\cdots$$

B

$$\cdots\!\left[\,\underset{\underset{\underset{O-(CH_2CH_2O)_7-CH_3}{|}}{O=C}}{\overset{CH_3}{C}}-CH_2\right]_n\!\cdots \qquad \cdots\!\left[\underset{CH_3}{\overset{CH_3}{Si}}-O\right]_m\!\cdots\!\left[\underset{O-(RO)_xH}{\overset{CH_3}{Si}}-O\right]_n\!\cdots$$

$R=C_2H_4, CH_2CH(CH_3)$等

C　　　　D

以β-蒎烯/马来酸酐共聚物（1：1）、聚乙二醇单醚（MPEG-500）为原料，在4-二甲氨基吡啶/四氢呋喃介质中，合成了带聚氧乙烯侧基的表面活性剂（甘露），反应式如下。

$$\xrightarrow[\text{DMAP, THF}]{CH_3(OCH_2CH_2)_xOH}$$

（二）多羟基高分子表面活性剂

多羟基高分子表面活性剂中最典型的是聚乙烯醇PVA。它在造纸工业中作施胶剂，涂布纸的颜料黏合剂，因其耐水性较差，需要加入交联剂。借助大分子侧基化学反应使PVA的部分结构单元与卤代烷（或醇）生成醚，制得乙烯醇/乙酸乙烯酯/烷基乙烯基醚的三元共聚物，其疏水性增加，反应式如下。

$$\cdots\!\left[\underset{OH}{CH}-CH_2\right]_x\!\cdots\ \cdots\!\left[\underset{O-C(=O)-CH_3}{CH}-CH_2\right]_y\!\cdots\ \cdots\!\left[\underset{O-C_nH_{2n+1}}{CH}-CH_2\right]_z\!\cdots$$

PVA在无水条件下以叔丁醇钾催化与没食子酸甲酯反应在侧基上引入多个羟基，为移去反应生成的甲醇以使反应正向进行，需在甲醇的沸点以上蒸馏；该产物可作为乳化稳定剂，它具有对重金属离子的螯合功能，反应式如下。

$$\cdots\!\left[CH_2-\underset{OH}{CH}-CH_2-\underset{OH}{CH}\right]\!\cdots \xrightarrow[(CH_3)_3COK,\ 70℃]{CH_3O-C(=O)-C_6H_2(OH)_3} \cdots\!\left[CH_2-\underset{OH}{CH}-CH_2-\underset{O-C(=O)-C_6H_2(OH)_3}{CH}\right]\!\cdots$$

多种天然高聚物属多羟基高分子表面活性剂。如羟乙基纤维素 HEC、羟乙基淀粉等。相对分子质量 50000，脱乙酰度 90% 的壳聚糖以环氧丙烷和溴代烷改性的产物同时引入羟基和疏水基，反应方程式如下。

$$\text{壳聚糖}(-\text{NH}_2)_m \xrightarrow{CH_3CH—CH_2(O)} \text{羟丙基壳聚糖} \xrightarrow{C_nH_{2n+1}X} \text{NH—}C_nH_{2n+1}$$

n=4,8,12,16

（三）聚氨酯表面活性剂

聚氨酯属一类新型非离子高分子表面活性剂，它是利用异氰酸酯基团和端羟基聚醚的化学反应合成的含有氨基甲酸酯基团的高分子物。如六亚甲基二异氰酸酯 HDI 和聚氧乙烯反应合成端异氰酸根聚氨酯大分子单体，然后加入丙烯酰胺封端，从而将双键引入聚氨酯分子链端，得到反应型聚氨酯表面活性剂。其反应方程如下。

$$O{=}C{=}N\text{⟮}CH_2\text{⟯}_6N{=}C{=}O \xrightarrow{\frac{1}{2}H\text{⟮}OCH_2CH_2\text{⟯}_mOH}$$

$$O{=}C{=}N\text{⟮}CH_2\text{⟯}_6NH—\overset{O}{\overset{\|}{C}}\text{⟮}OCH_2CH_2\text{⟯}_mO—\overset{O}{\overset{\|}{C}}—NH\text{⟮}CH_2\text{⟯}_6—N{=}C{=}O \xrightarrow[\text{(质量分数 10\%)}]{\text{AM 水溶液}}$$

$$CH_2{=}CH—\overset{O}{\overset{\|}{C}}—NH—\overset{O}{\overset{\|}{C}}—NH\text{⟮}CH_2\text{⟯}_6NH—\overset{O}{\overset{\|}{C}}\text{⟮}OCH_2CH_2\text{⟯}_mO—\overset{O}{\overset{\|}{C}}—NH\text{⟮}CH_2\text{⟯}_6—NH—\overset{O}{\overset{\|}{C}}—NH—\overset{O}{\overset{\|}{C}}—CH{=}CH_2$$

以蓖麻油、TDI 和 PEO 合成了带蓖麻油酯的聚氨酯表面活性剂，反应以二月桂酸二丁基锡催化，反应式如下。

$$\begin{array}{l} CH_2OCO\text{—(蓖麻油酸链, OH)} \\ CHOCO\text{—(蓖麻油酸链, OH)} \\ CH_2OCO\text{—(蓖麻油酸链, OH)} \end{array} + 2\ CH_3C_6H_3(NCO)_2 + 2\ HO(CH_2CH_2O)_nH$$

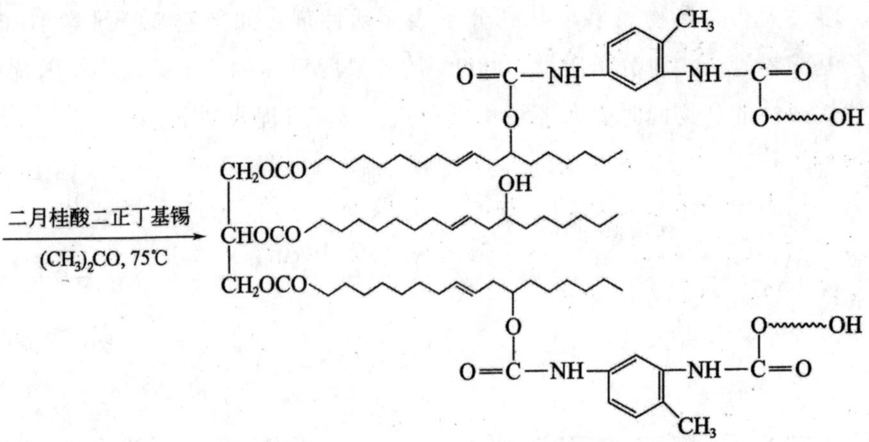

CH_3

O═C—NH—(benzene ring)—NH—C═O

O　　　　　　　　O～～～OH

CH_2OCO～～～～～～～～～

OH

二月桂酸二正丁基锡

→ $CHOCO$～～～～～～～～～

$(CH_3)_2CO$, 75℃

CH_2OCO～～～～～～～～～

O　　　　　　　　O～～～OH

O═C—NH—(benzene ring)—NH—C═O

CH_3

异佛尔酮二异氰酸酯IPDI和PEO、PPO反应合成二嵌段聚氨酯表面活性剂Di-Pun的反应式如下。用相对分子质量2000的PEO合成的Di-pun，其cmc = 2.6×10^{-6}mol/L，γ_{cmc} = 33.7mN/m，比常规双亲嵌段聚合物OP-10降低表面张力的能力要优。

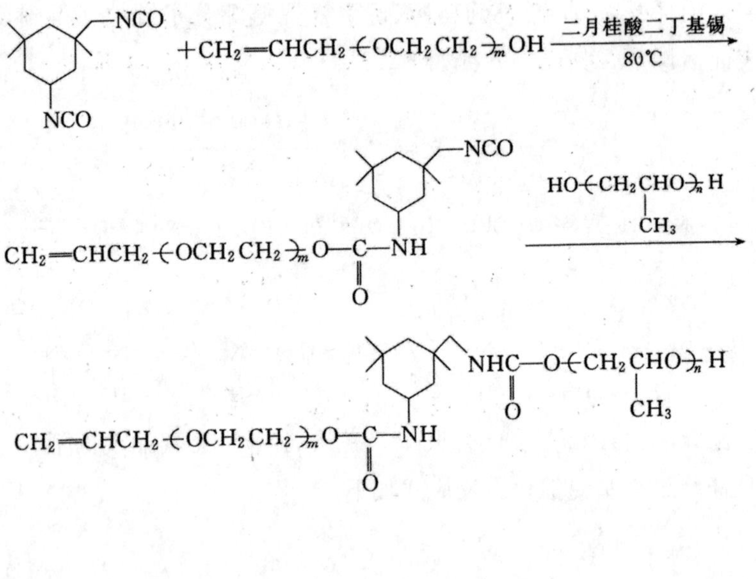

NCO, NCO $+CH_2{=}CHCH_2(OCH_2CH_2)_mOH$ —二月桂酸二丁基锡, 80℃→

NCO

$CH_2{=}CHCH_2(OCH_2CH_2)_mO{-}C(=O){-}NH$ —$HO(CH_2CHO)_nH$ (CH_3)→

$NHC(=O){-}O(CH_2CHO)_nH$ (CH_3)

$CH_2{=}CHCH_2(OCH_2CH_2)_mO{-}C(=O){-}NH$

参考文献

[1] 傅献彩，沈文霞. 物理化学［M］. 北京：高等教育出版社，2006.

[2] 北京大学化学系. 胶体与界面化学实验［M］. 北京：北京大学出版社，1993.

[3] 陈大钧，陈馥等. 油气田应用化学［M］. 北京：石油工业出版社，2015.

[4] 陈铁龙，马喜平. 油田化学与提高采收率技术［M］. 北京：石油工业出版社，2016.

[5] 陈涛平. 石油工程［M］. 北京：石油工业出版社，2011.

[6] 侯万国，孙德军. 应用胶体化学［M］. 北京：化学工业出版社，1997.

[7] 黄汉仁，杨坤鹏，罗平亚. 泥浆工艺原理［M］. 北京：石油工业出版社，1995.

[8] 郭平，刘士鑫，杜建芬. 天然气水合物气藏开发［M］. 北京：石油工业出版社，2006.

[9] 姜继水，宋吉水. 提高石油采收率技术［M］. 北京：石油工业出版社，1999.

[10] 康万利，董喜贵. 三次采油化学原理［M］. 北京：化学工业出版社，1997.

[11] 林尚安. 高分子化学［M］. 北京：科学出版社，1984.

[12] 李健鹰. 泥浆胶体化学［M］. 东营：石油大学出版社，1988.

[13] 刘一江，王香增. 化学调剖堵水技术［M］. 北京：石油工业出版社，1999.

[14] 李化民. 油田含油污水处理［M］. 北京：石油工业出版社，1992.

[15] 陆柱. 油田水处理技术［M］. 北京：石油工业出版社，1990.

[16] 潘祖仁，孙经武. 高分子化学［M］. 北京：化学工业出版社，1982.

[17] 沈钟，王果庭. 胶体与界面化学[M]. 北京：化学工业出版社，1997.

[18] 四川石油管理局. 钻井测试手册[M]. 北京：石油工业出版社，1978.

[19] 吴隆杰，杨凤霞. 钻井液处理剂胶体化学原理［M］. 成都：成都科技大学出版社，1992.

[20] 王克亮，王凤兰，李群，等. 改善聚合物驱油技术研究［M］. 北京：

石油工业出版社，1997.
[21] 夏俭英. 泥浆高分子化学 [M]. 东营：石油大学出版社，1994.
[22] 徐燕莉. 表面活性剂的功能 [M]. 北京：化学工业出版社，2001.
[23] 于涛，丁伟，罗洪君. 油田化学剂 [M]. 北京：石油工业出版社，2002.
[24] 印永嘉. 物理化学简明手册 [M]. 北京：高等教育出版社，1988.
[25] 杨承志. 化学驱提高石油采收率[M]. 北京：石油工业出版社，1999.
[26] 《油气田腐蚀与防护技术手册》编委会. 油气田腐蚀与防护技术手册 [M]. 北京：石油工业出版社，1999.
[27] 中国科学技术大学高分子物理教研室. 高聚物的结构与性能 [M]. 北京：科学出版社，1983.
[28] 郑晓宇，吴肇亮. 油田化学品 [M]. 北京：化学工业出版社，2001.
[29] 周小玲，孟祥江. 油田化学 [M]. 北京：石油工业出版社，2010.
[30] 高英杰. 油田管道成垢影响因素及治理措施研究 [D]. 大庆：东北石油大学，2010.
[31] 宋健. 油田含油污泥热洗处理技术研究 [D]. 大庆：东北石油大学，2015.
[32] 余兰兰，王丹，吉文博，等. 调质-机械分离技术处理油田含油污泥 [J]. 化工机械，2011，38（04）：413-416.
[33] 余兰兰，吉文博，王宝辉，等. 防垢剂 EAS 的合成及其性能研究 [J]. 化工科技，2012，20（02）：33-37.
[34] 余兰兰，郑凯，李妍，等. 硅垢防垢剂 ACAA 的制备及性能研究 [J]. 油田化学，2017，34（04）：694-698.
[35] 余兰兰，宋健，郑凯，等. 热洗法处理含油污泥工艺研究 [J]. 化工科技，2014，22（01）：29-33.
[36] 余兰兰，郭磊，郑凯，等. 硅垢防垢剂 ADCA 合成及性能研究 [J]. 化学反应工程与工艺，2015，31（05）：436-442，448.
[37] Lanlan Yu，Baohui Wang，Xurui Sun，Jian Song. Synthesis and properties of a MEAS quadripolymer scale inhibitor [J]. Desalination and Water Treatment，2014（52）：1865-1871.